MATHEMATISCH-NATURWISSENSCHAFTLICHE
BIBLIOTHEK

19

EINFÜHRUNG
IN DIE MATHEMATISCHE LOGIK

TEIL II
PRÄDIKATENKALKÜL DER ERSTEN STUFE

Von Dr. sc. nat. GÜNTER ASSER

o. Professor für Mathematische Logik und Grundlagen der Mathematik

an der Sektion Mathematik der Ernst-Moritz-Arndt-Universität Greifswald

2. Auflage

LEIPZIG

BSB B.G.TEUBNER VERLAGSGESELLSCHAFT

1975

ISBN 978-3-322-00718-6   ISBN 978-3-322-91274-9 (eBook)
DOI 10.1007/978-3-322-91274-9

VLN 294 — 375/43/75   LSV 1094

Lektor: Dorothea Ziegler

Satz: GG Interdruck Leipzig

Bestell-Nr. 665 631 2

EVP 14,50 Mark

VORWORT

Nachdem seit dem Erscheinen des ersten Teiles der „Einführung in die Mathematische Logik" mehr als 12 Jahre vergangen sind, bin ich nunmehr in der Lage, den zweiten Teil vorzulegen. Entsprechend dem ursprünglichen Plan enthält er die wichtigsten Ergebnisse über die Prädikatenlogik der ersten Stufe, die hier konsequent als Logik (einsortiger) elementarer Sprachen entwickelt wird. Ich behandle dabei sofort den Prädikatenkalkül mit Identität und Operationssymbolen; die zum Teil abweichenden Ergebnisse für den Prädikatenkalkül ohne Identität erscheinen als Resultate über Ausdrücke und Ausdrucksmengen, in denen das Gleichheitszeichen nicht vorkommt. Das hat den Vorteil, daß die Prädikatenlogik der ersten Stufe sofort in einer solchen Allgemeinheit aufgebaut wird, wie man sie in der mathematischen Grundlagenforschung (Metamathematik) beim Studium formalisierter elementarer Theorien in der Regel auch tatsächlich benötigt.

Wie auch im ersten Teil, geht es mir vor allem um die Darstellung der Wechselbeziehungen zwischen semantischen und syntaktischen Fragestellungen. Dabei habe ich mich insbesondere darum bemüht, die Rolle des Modellbegriffs und des auf ihm basierenden Begriffs des logischen Folgerns deutlich herauszuarbeiten. Ich halte den Folgerungsbegriff für den eigentlichen zentralen Begriff der Logik, dessen formale (syntaktische) Erfassung das Hauptproblem der mathematischen Logik darstellt. Dabei kommt dieser formalen Erfassung in der Prädikatenlogik wegen der Nichtentscheidbarkeit der Folgerungsrelation, die allerdings erst im dritten Teil bewiesen wird, grundsätzliche Bedeutung zu.

Die in dieser „Einführung" vertretene semantische Grundauffassung besteht, wie bereits im Vorwort zum ersten Teil angedeutet, in der Anerkennung einer (etwa durch Verwendung von Klassen) von den bekannten Antinomien gereinigten naiven Mengenlehre mit Auswahlaxiom. Neben dem Mengenbegriff werden insbesondere der Abbildungsbegriff und die auf diesem beruhenden Begriffe Kardinal- und Ordinalzahl als inhaltlich gesicherte mathematische Begriffe anerkannt. In einem Anhang bringe ich die wichtigsten Fakten aus der allgemeinen Mengenlehre, insbesondere über Kardinal- und Ordinalzahlen, die über das heute übliche mengentheoretische Allgemeinwissen hinausgehen und die mir für das richtige Verständnis einer Reihe von Begriffen, Sätzen und Beweisen notwendig erscheinen. Der Leser, der mit den einfachsten Grundbegriffen über Kardinal- und Ordinalzahlen nicht vertraut ist, kann diesen Anhang entweder vor dem eigentlichen Studium des Prädikatenkalküls oder im Bedarfsfall studieren.

Die gewählte Darstellungsweise ist in dem Sinne als „klassisch" zu bezeichnen, als alle Betrachtungen im wesentlichen in der Allgemeinheit und in den Begriffen durchgeführt werden, in denen die eigentlichen Probleme formuliert sind. Es wird also bewußt darauf verzichtet, die Probleme in einen (derzeit) allgemeinsten Zusammenhang einzuordnen und sie als Spezialfälle von wesentlich allgemeineren Fragestellungen nachzuweisen. In den letzten Jahren wurden auch in der mathematischen Logik in dieser Hinsicht viele bemerkenswerte Resultate erzielt, insbesondere wurden grundlegende Zusammenhänge mit der Theorie spezieller Arten von Booleschen Algebren entdeckt. Ich bin jedoch der Meinung, daß die Herausarbeitung dieser allgemeinen Zusammenhänge nicht Gegenstand einer Einführung in die mathematische Logik sein kann, zumal hierbei leicht die Gefahr besteht, daß das eigentliche inhaltliche Anliegen im Gestrüpp abstrakter Begriffe und Methoden verloren geht.

Ich möchte zum Abschluß meinen Mitarbeitern Herrn Dr. P. SCHREIBER und Herrn Dr. H.-D. HECKER für die Hilfe danken, die sie mir beim Lesen der Korrekturen gewährt haben. Mein Dank gilt ferner dem Verlag, der auch bei diesem zweiten Teil meine Wünsche bezüglich der Gestaltung des Bandes in großzügiger Weise erfüllte, sowie den Setzern des GG Interdruck Leipzig, die sich redlich bemüht haben, den schwierigen Formelsatz zu meistern.

Greifswald, im März 1972   Günter Asser

INHALT

§ 1. ATTRIBUTE UND QUANTIFIZIERUNGSFUNKTIONEN

Die klassische zweiwertige Aussagenlogik, die im ersten Teil dieser Einführung behandelt wurde, ist ihrem Inhalt nach die Theorie der klassischen Aussagenverknüpfungen (Aussagenfunktionen) *„nicht"*, *„und"*, *„oder"*, *„wenn, so"*, *„genau dann, wenn"*, wobei also zunächst nur der Aufbau komplizierterer Aussagen aus einfachen mit Hilfe dieser Aussagenverknüpfungen betrachtet wird. In der Prädikatenlogik wird darüber hinaus auch der logischen „Feinstruktur" der Aussagen Beachtung geschenkt. Um diese aufzudecken, ist es notwendig, neben dem Begriff der *Aussage* auch den der *Aussageform* zu betrachten (vgl. I, S. 5). Eine solche Aussageform ist, so können wir das in zunächst noch recht unpräziser Form sagen, ein sprachliches Gebilde irgendeiner Art, in dem *freie Variablen* für irgendwelche Dinge auftreten, und das dadurch zu einer Aussage (vgl. I, S. 1) wird, daß man für diese Variablen Bezeichnungen (Namen) für ganz bestimmte Dinge einsetzt. Dabei ist sogleich zu bemerken, daß zu jeder in einer Aussageform auftretenden Variablen ein ganz bestimmter *Variabilitätsbereich* gehört, aus dem man vernünftigerweise die Dinge zu nehmen hat, für die die betrachtete Aussageform überhaupt zu einer sinnvollen Aussage wird. Ferner besitzt naturgemäß jede Aussageform eine bestimmte *Stellenzahl.*[1]

Einige Beispiele aus der Mathematik mögen dies erläutern:

1. Die zweistellige Aussageform „*(die natürliche Zahl)* x teilt *(die natürliche Zahl)* y" (üblicherweise abgekürzt durch: „$x|y$") wird dadurch zu einer (wahren oder falschen) Aussage, daß man für die Variablen x und y Bezeichnungen für bestimmte natürliche Zahlen einsetzt; damit entstehen aus dieser Aussageform z. B. die Aussagen „2|6", „4|2", „27|38" usw. Variabilitätsbereich für die Variablen x und y ist im betrachteten Fall die Menge aller natürlichen Zahlen.

2. Die zweistellige Aussageform „*(die reelle Zahl)* x ist *kleiner als (die reelle Zahl)* y" (abgekürzt durch: „$x < y$") wird dadurch zu einer Aussage, daß man für die Variablen x und y Bezeichnungen für bestimmte reelle Zahlen einsetzt. Dieses Beispiel zeigt zugleich, daß unsere Definition der Aussageform in gewissem Sinne fragmentarisch ist; es gibt nämlich wegen der Überabzählbarkeit der Menge

---

[1] Um unnötige Fallunterscheidungen zu vermeiden, sehen wir auch die Aussagen selbst als spezielle Aussageformen an, nämlich als Aussageformen, deren Stellenzahl gleich Null ist, d.h. in denen keine freien Variablen auftreten.

aller reellen Zahlen kein (endliches) Bezeichnungssystem, vermöge dessen man jeder reellen Zahl in umkehrbar eindeutiger Weise eine Bezeichnung (einen Namen) zuordnen könnte. Diese Schwierigkeit wird jedoch hinfällig, sobald wir den Abstraktionsprozeß von den Aussageformen zu den Attributen vollzogen haben (S. 4), wodurch die Betrachtungen den sprachgebundenen Rahmen verlassen.

3. Die zweistellige Aussageform „*x ist Element der Menge X*" (üblicherweise abgekürzt durch: „$x \in X$") wird z. B. dadurch zu einer Aussage, daß man für die Variable x eine Bezeichnung für eine bestimmte natürliche Zahl und für die Variable X eine Bezeichnung für eine bestimmte Menge von natürlichen Zahlen einsetzt; damit entstehen aus dieser Aussageform z. B. folgende Aussagen: „11 *ist Element der Menge aller Primzahlen*", „*5 ist Element der Menge aller geraden Zahlen*", „$7 \in \{1, 3, 4\}$". Variabilitätsbereich für x ist im zunächst betrachteten Spezialfall die Menge aller natürlichen Zahlen und für X die Menge aller Mengen von natürlichen Zahlen; allgemein kann man im gegenwärtigen Beispiel als Variabilitätsbereich für x irgendeinen „Individuenbereich" I nehmen, und dann wird als Variabilitätsbereich für X vernünftigerweise die Menge aller Mengen von Elementen aus I genommen.

4. In der zweistelligen Aussageform „*(der Punkt) P liegt auf (der Geraden) g*" wird man als Variabilitätsbereich für die Variable P die Menge aller Punkte eines gewissen Raumes nehmen und dann als Variabilitätsbereich für g die Menge aller Geraden dieses Raumes.

Offenbar kann man nun zunächst aus gegebenen Aussageformen dadurch neue erhalten, daß man sie mit Hilfe der Wörter „*nicht*", „*und*", „*oder*", „*wenn, so*", „*genau dann, wenn*" in bekannter Weise aussagenlogisch miteinander verknüpft. Des weiteren kann man aus einer gegebenen n-stelligen Aussageform dadurch Aussageformen geringerer Stellenzahl gewinnen, daß man für gewisse ihrer Variablen Namen von Dingen aus den zugehörigen Variabilitätsbereichen (Konstanten) einsetzt, d. h. indem man gewisse Argumente konstant hält, oder daß man gewisse Variablen – sofern diese den gleichen Variabilitätsbereich haben – gleichsetzt.

So kann man z. B. aus den zweistelligen Aussageformen „$x_1|x_2$", „$x_3|x_4$" und „$x_5|x_6$" die sechsstellige Aussageform

$$\text{„\textit{wenn } } x_1|x_2 \textit{ und } x_3|x_4, \textit{ so } x_5|x_6\text{"}$$

erhalten und aus dieser durch Gleichsetzung (nach entsprechender Umbenennung der Variablen) die dreistellige Aussageform

$$\text{„\textit{wenn } } x|y \textit{ und } y|z, \textit{ so } x|z\text{"}.$$

Aus der zweistelligen Aussageform „$x|y$" kann man durch Einsetzung von Konstanten die einstelligen Aussageformen „$x|2$" und „$2|y$" (d. h. „*y ist gerade*") und die nullstellige Aussageform (Aussage) „$3|9$" gewinnen.

Darüber hinaus gibt es aber noch eine andere Möglichkeit, aus einer gegebenen Aussageform neue Aussageformen und unter Umständen sogar Aussagen zu bilden, nämlich die sogenannten *Quantifizierungen*. Dazu nehmen wir an, es sei uns eine Aussageform „$A(x)$" mit der freien Variablen x vorgegeben, wobei Variabilitätsbereich für x der Bereich I sei. Dann können wir z.B. übergehen zu den Aussageformen „*Für jedes x gilt $A(x)$*" und „*Es gibt ein x, so daß $A(x)$*". Ist nun zunächst x die einzige freie Variable in „$A(x)$", also „$A(x)$" eine einstellige Aussageform, so sind diese neuen Aussageformen offenbar sogar Aussagen, und dabei ist die Aussage „*Für jedes x gilt $A(x)$*" genau dann wahr, wenn für jedes Element aus I die ihm durch „$A(x)$" zugeordnete Aussage wahr ist, und die Aussage „*Es gibt ein x, so daß $A(x)$*" ist genau dann wahr, wenn für wenigstens ein Element aus I die ihm vermöge „$A(x)$" entsprechende Aussage wahr ist.[1]) Kommen dagegen in „$A(x)$" neben x noch andere Variablen frei vor, so sind „*Für jedes x gilt $A(x)$*" und „*Es gibt ein x, so daß $A(x)$*" Aussageformen, die nur noch von den anderen freien Variablen abhängen. Durch die Quantifizierungen „*Für jedes x ...*" und „*Es gibt ein x ...*" wird — wie man sagt — die in „$A(x)$" freie Variable x *gebunden*, wobei allgemein aus einer ursprünglich n-stelligen Aussageform „$A(x)$" ($n \geq 1$) dann eine $(n-1)$-stellige Aussageform wird.[2])

Als Beispiele für Aussagen, die man nach den bisher genannten Prinzipien aus den beiden zweistelligen Aussageformen „$x < y$" und „$x \geq y$" erhalten kann, seien hier die folgenden (wahren) Aussagen über natürliche Zahlen genannt:[3])

„*Für jedes x, y gilt: Wenn nicht $x < y$, so $x \geq y$*",

„*Zu jedem x gibt es ein y, so daß $x < y$*",

---

[1]) Im üblichen mathematischen Sprachgebrauch bedeutet „*Es gibt ein x ...*" stets soviel wie „*Es gibt wenigstens ein x ...*".

[2]) Für die gegenwärtigen unpräzisierten Vorbetrachtungen mag die hierdurch angedeutete Unterscheidung von „freien" und „gebundenen" Variablen genügen. Eine präzise Fassung dieser Begriffe wird später im Rahmen des formalisierten Prädikatenkalküls gegeben (vgl. S. 17). Das Binden von Variablen geschieht übrigens in voller Analogie zum Übergang von einer reellen Funktion $f(x_1, ..., x_n)$, die bezüglich x_n im Intervall von a bis b integrierbar ist, zur Funktion

$$F(x_1, ..., x_{n-1}) = \int_a^b f(x_1, ..., x_{n-1}, x_n) \, dx_n.$$

[3]) Dabei bedeuten die ersten drei Aussagen ausführlich:

„*Für jedes x gilt: Für jedes y gilt: Wenn nicht $x < y$, so $x \geq y$*";

„*Für jedes x gilt: Es gibt ein y, so daß $x < y$*";

„*Nicht (Es gibt ein y, so daß für jedes x gilt: $x < y$)*".

„Es gibt kein y, so daß für jedes x gilt: x < y",

„Für jedes x gilt: Wenn 0 < x, so x ≧ 1".

Die ersten drei Aussagen sind ebenfalls wahre Aussagen, wenn man die in ihnen auftretenden gebundenen Variablen über den Bereich aller reellen Zahlen variieren läßt, während hierbei die vierte Aussage falsch wird.

Im vorliegenden Band werden wir uns nur für solche logisch zusammengesetzten Aussageformen interessieren, die aus gegebenen Grundaussageformen aufgebaut sind, bei denen alle insgesamt auftretenden Variablen über den gleichen Individuenbereich I variieren. Dann enthalten auch die zusammengesetzten Aussageformen nur Variablen für Individuen aus I. Was den „mehrsortigen" Fall betrifft, so besteht hier ein wesentlicher Unterschied, ob die betrachteten Grundobjekte in logischer Hinsicht gleichwertig sind (bzw. als gleichwertig angesehen werden) oder ob gewisse der auftretenden Variablen als Variablen für Mengen von anderen Grundobjekten, Relationen zwischen anderen Grundobjekten oder dgl. interpretiert werden. Der erste Fall läßt sich relativ leicht auf den „einsortigen" Fall zurückführen. Dagegen kommen im zweiten Fall zu den logischen Beziehungen, die unabhängig von der Interpretation der Variablen als Mengen, Relationen usw. gelten, noch allgemeine logische Beziehungen, durch die eine Menge mit ihren Elementen verknüpft ist, die zwischen einer Relation und den in dieser Relation stehenden Objekten vorhanden sind usw. Wir kommen hierauf im dritten Teil dieser Einführung zurück.

Ähnlich wie in der Aussagenlogik machen wir nun auch hier die Feststellung, daß es dafür, ob eine in der betrachteten Weise aus einfacheren Aussageformen „prädikatenlogisch" zusammengesetzte Aussageform bei einer gegebenen Interpretation der in ihr auftretenden freien Variablen zu einer wahren oder falschen Aussage wird, im einzelnen gar nicht darauf ankommt, welchen Sinn (Intention) die verknüpften Aussageformen haben, sondern daß nur deren „Wahrheitswertverlauf" eine Rolle spielt, d.h., daß es nur darauf ankommt, bei welchen Interpretationen ihrer freien Variablen die als einfachste Bausteine verwendeten Aussageformen wahr bzw. falsch werden (Extensionalitätsprinzip). Das liegt natürlich daran, daß die beim Zusammensetzen verwendeten klassischen Aussagenfunktionen extensional sind (vgl. I, S. 4) und daß auch die „Quantifizierungsfunktionen" ein entsprechendes Verhalten zeigen. Auf Grund dessen können wir den in der Aussagenlogik vollzogenen Abstraktionsprozeß (vgl. I, S. 8) auf die Aussageformen ausdehnen und erhalten so zu jeder n-stelligen Aussageform „$A(x_1, ..., x_n)$" im Individuenbereich I eine Funktion, die jedem n-Tupel $[\xi_1, ..., \xi_n]$ von Individuen aus I in eindeutiger Weise einen der Wahrheitswerte W oder F zuordnet. Jede derartige

Funktion nennen wir ein *n-stelliges Attribut in I*.[1]) Ist α ein n-stelliges Attribut in I und $\alpha(\xi_1, \dots, \xi_n) = W$[2]), so sagen wir: *das Attribut α trifft auf das n-Tupel $[\xi_1, \dots, \xi_n]$ zu.* Die einstelligen Attribute bezeichnet man auch als *Eigenschaften*, die zwei- bzw. dreistelligen Attribute als *binäre* bzw. *ternäre Relationen in I*.

In diesem Sinne entspricht im Bereich der natürlichen Zahlen der Aussageform „$x \leqq y$" dasjenige zweistellige Attribut in diesem Bereich, das auf genau die Paare $[m, n]$ von natürlichen Zahlen zutrifft, bei denen $m \leqq n$ ist, also auf die Paare

$$[0, 0], \; [0, 1], \; [0, 2], \dots$$
$$[1, 1], \; [1, 2], \dots$$
$$[2, 2], \dots$$
$$\dots,$$

d. h. die Funktion, die diesen Paaren den Wahrheitswert W und allen anderen Paaren von natürlichen Zahlen den Wahrheitswert F zuordnet.

Das n-stellige Attribut ε_I^n in einem Individuenbereich I, das auf alle n-Tupel $[\xi_1, \dots, \xi_n]$ von Individuen aus I zutrifft, nennen wir *das n-stellige All-Attribut in I*, das n-stellige Attribut ν_I^n in I, das auf kein solches n-Tupel zutrifft, das also allen n-Tupeln den Wert F zuordnet, heißt *das n-stellige Null-Attribut* (oder *leere Attribut*) *in I*. Als *Identität im Individuenbereich I* bezeichnet man dasjenige zweistellige Attribut ι_I in I, das auf genau die Paare $[\xi, \xi]$ mit $\xi \in I$ zutrifft, für das also bei beliebigen $\xi, \eta \in I$ gilt:

$$\iota_I(\xi, \eta) = W \text{ genau dann, wenn } \xi = \eta.$$

Wir werden im folgenden sofort Prädikatenkalkül mit Identität betreiben, was darauf hinausläuft, daß wir das Attribut ι_I von vornherein als ausgezeichnetes logisches Grundattribut in unsere Betrachtungen einbeziehen. Die teilweise abweichenden Resultate für den Prädikatenkalkül ohne Identität gewinnen wir parallel dazu, indem wir letzteren als den Teil des Prädikatenkalküls mit Identität ansehen, in dem die Identität nicht vorkommt.

Der Verknüpfung von Aussageformen mittels der klassischen Aussagefunktionen „*nicht*", „*und*", „*oder*", „*wenn, so*" und „*genau dann, wenn*"

---

[1]) Als „nullstellige" Attribute erscheinen dabei naturgemäß die beiden Wahrheitswerte W und F. Vornehmlich in der älteren Literatur werden die Attribute auch *Prädikate* genannt (daher Prädikatenkalkül). Diese Bezeichnung ist aber nicht ganz gerechtfertigt, da man üblicherweise unter einem Prädikat einen Satzteil, also ein sprachliches Gebilde versteht.

[2]) Mit $\alpha(\xi_1, \dots, \xi_n)$ bezeichnen wir den Wahrheitswert, den das Attribut α dem n-Tupel $[\xi_1, \dots, \xi_n]$ zuordnet.

entspricht die analoge Verknüpfung der zugehörigen Attribute mittels der korrespondierenden klassischen Wahrheitsfunktionen *non, et, vel, seq* und *äq*: Gehört zur Aussageform „$A(x_1, ..., x_n)$" das n-stellige Attribut α und zur Aussageform „$B(y_1, ..., y_m)$" das m-stellige Attribut β, so gehört zur Aussageform „$A(x_1, ..., x_n)$ *und* $B(y_1, ..., y_m)$" das $(n + m)$-stellige Attribut γ, das gegeben wird durch

$$\gamma(\xi_1, ..., \xi_n, \eta_1, ..., \eta_m) = et(\alpha(\xi_1, ..., \xi_n), \beta(\eta_1, ..., \eta_m))$$

usw. Der Gleichsetzung von Argumenten in einer Aussageform entspricht die Gleichsetzung der entsprechenden Argumente im zugehörigen Attribut und ebenso beim Einsetzen von Konstanten.

Bezeichnet z. B. $\varkappa$ das zweistellige Attribut im Bereich der natürlichen Zahlen, das auf genau die Paare $[m, n]$ mit $m \leqq n$ zutrifft, so repräsentiert das dreistellige Attribut

$$\alpha(\xi, \eta, \zeta) = seq(et(\varkappa(\xi, \eta), \varkappa(\eta, \zeta)), \varkappa(\xi, \zeta))$$

die dreistellige Aussageform „*wenn* $x \leqq y$ *und* $y \leqq z$, *so* $x \leqq z$".

Dem Übergang von einer n-stelligen Aussageform „$A(x_1, ..., x_n)$" zur $(n - 1)$-stelligen Aussageform „*Für jedes* x_k *gilt* $A(x_1, ..., x_n)$" bzw. „*Es gibt ein* x_k, *so daß* $A(x_1, ..., x_n)$" $(1 \leqq k \leqq n)$ entspricht bei dem betrachteten Abstraktionsprozeß der Übergang von dem zu „$A(x_1, ..., x_n)$" gehörigen n-stelligen Attribut α zu den $(n - 1)$-stelligen Attributen $Om_k(\alpha)$ und $Ex_k(\alpha)$, für die bei beliebigen $\xi_1, ..., \xi_{k-1}, \xi_{k+1}, ..., \xi_n$ mit $\xi_i \in I$ gilt: $Om_k(\alpha) (\xi_1, ..., \xi_{k-1}, \xi_{k+1}, ..., \xi_n) = W$ genau dann, wenn für jedes $\xi_k \in I$ gilt: $\alpha(\xi_1, ..., \xi_{k-1}, \xi_k, \xi_{k+1}, ..., \xi_n) = W$. $Ex_k(\alpha) (\xi_1, ..., \xi_{k-1}, \xi_{k+1}, ..., \xi_n) = W$ genau dann, wenn es ein $\xi_k \in I$ gibt mit $\alpha(\xi_1, ..., \xi_{k-1}, \xi_k, \xi_{k+1}, ..., \xi_n) = W$. Den „klassischen" Quantifizierungen entsprechen also Funktionen, die nach Fixierung einer Argumentstelle jedem n-stelligen Attribut $(n \geqq 1)$ auf eine gleich noch näher zu schildernde Weise ein $(n - 1)$-stelliges Attribut zuordnen.

Unter einer *einstelligen Quantifizierungsfunktion im Individuenbereich* I verstehen wir allgemein eine Funktion Φ, welche jedem einstelligen Attribut in I in eindeutiger Weise einen der Wahrheitswerte W oder F zuordnet. Ist dann α ein n-stelliges Attribut in I und $1 \leqq k \leqq n$, so bezeichnen wir mit $\Phi_k(\alpha)$ dasjenige $(n - 1)$-stellige Attribut in I, das gegeben wird durch

$$\Phi_k(\alpha) (\xi_1, ..., \xi_{k-1}, \xi_{k+1}, ..., \xi_n) = \Phi(\lambda\xi\alpha(\xi_1, ..., \xi_{k-1}, \xi, \xi_{k+1}, ..., \xi_n)),$$

wenn $\lambda\xi\alpha(\xi_1, ..., \xi_{k-1}, \xi, \xi_{k+1}, ..., \xi_n)$ das durch

$$\lambda\xi\alpha(\xi_1, ..., \xi_{k-1}, \xi, \xi_{k+1}, ..., \xi_n) (\xi_k) = \alpha(\xi_1, ..., \xi_k, ..., \xi_n)$$

definierte einstellige Attribut in I ist. Man erhält also das Attribut $\Phi_k(\alpha)$ dadurch, daß man bei festgehaltenen Argumenten $\xi_1, ..., \xi_{k-1}, \xi_{k+1}, ..., \xi_n$

das Attribut α als Funktion von ξ_k ansieht (darauf läuft nämlich gerade die Bildung des Attributs $\lambda\xi\alpha(\xi_1, \ldots, \xi_{k-1}, \xi, \xi_{k+1}, \ldots, \xi_n)$ hinaus), auf dieses einstellige Attribut die Funktion Φ anwendet und den dabei entstehenden Wahrheitswert als $\Phi_k(\alpha)\,(\xi_1, \ldots, \xi_{k-1}, \xi_{k+1}, \ldots, \xi_n)$ definiert.[1]) In diesem Sinne gehen die obigen Bildungen Om_k und Ex_k aus den einstelligen Quantifizierungsfunktionen Om und Ex hervor, die bei beliebigem Individuenbereich I gegeben werden durch

$$Om(\alpha) = W \text{ genau dann, wenn für jedes } \xi \in I \text{ gilt: } \alpha(\xi) = W,$$

$$Ex(\alpha) = W \text{ genau dann, wenn es ein } \xi \in I \text{ gibt, so daß } \alpha(\xi) = W;$$

die Funktion Om ordnet also bei beliebigem I dem einstelligen All-Attribut ε_I^1 in I den Wahrheitswert W und jedem anderen einstelligen Attribut in I den Wahrheitswert F zu, während die Funktion Ex dem einstelligen Null-Attribut ν_I^1 in I den Wahrheitswert F und jedem anderen einstelligen Attribut in I den Wahrheitswert W zuordnet. Allgemeiner kann man natürlich auch *l-stellige Quantifizierungsfunktionen* betrachten, die zunächst jedem l-stelligen Attribut einen bestimmten Wahrheitswert zuordnen, wodurch dann — in gleicher Weise wie bei den einstelligen Quantifizierungsfunktionen — jedem n-stelligen Attribut mit $n \geqq l$ nach Auszeichnung von l Argumentstellen ein $(n - l)$-stelliges Attribut entspricht, das gerade von den $(n - l)$ nicht ausgezeichneten (d.h. festgehaltenen) Argumenten abhängt. Darüber hinaus kann man aber bei den Aussageformen auch Beispiele für noch allgemeinere extensionale Quantifizierungen

---

[1]) Es sei hier auf folgende Analogie verwiesen (vgl. die Fußnote 2 auf S. 3):

Setzen wir $\Phi(f) = \int_a^b f(\xi)\,d\xi$, so ordnet Φ jeder im Intervall von a bis b integrierbaren reellen Funktion einer reellen Veränderlichen eine eindeutig bestimmte reelle Zahl zu. Ist dann f eine reelle Funktion von n reellen Veränderlichen, die bezüglich ihres k-ten Arguments $(1 \leqq k \leqq n)$ im Intervall von a bis b integrierbar ist, so liefert die Beziehung

$$\Phi_k(f)\,(\xi_1, \ldots, \xi_{k-1}, \xi_{k+1}, \ldots, \xi_n) = \Phi(\lambda\xi f(\xi_1, \ldots, \xi_{k-1}, \xi, \xi_{k+1}, \ldots, \xi_n))$$

mit
$$\lambda\xi f(\xi_1, \ldots, \xi_{k-1}, \xi, \xi_{k+1}, \ldots, \xi_n)\,(\xi_k) = f(\xi_1, \ldots, \xi_k, \ldots, \xi_n)$$

eine reelle Funktion von $n - 1$ reellen Veränderlichen; in der Symbolik der Integralrechnung stellt sich dieser Zusammenhang in der Form

$$\Phi_k(f)\,(\xi_1, \ldots, \xi_{k-1}, \xi_{k+1}, \ldots, \xi_n) = \int_a^b f(\xi_1, \ldots, \xi_{k-1}, \xi, \xi_{k+1}, \ldots, \xi_n)\,d\xi$$

dar.

bilden, die nämlich nicht nur über eine Aussageform, sondern gleichzeitig über mehrere Aussageformen erstreckt sind, und die im Bereich der Attribute zu Quantifizierungsfunktionen führen, die von mehreren Attributen abhängen.[1]) Wir werden jedoch im folgenden – entsprechend der Aufgabenstellung dieser Einführung – nur die „klassischen" Quantifizierungsfunktionen Om (*Generalisierung*) und Ex (*Partikularisierung*) und einige weitere mit ihrer Hilfe definierbare Funktionen studieren.

Als ein Beispiel für eine zweistellige Quantifizierungsfunktion erwähnen wir zunächst die zweistellige Generalisierungsfunktion $Om^{(2)}$, die bei beliebigem Individuenbereich I dem zweistelligen All-Attribut ε_I^2 den Wahrheitswert W und jedem anderen zweistelligen Attribut den Wahrheitswert F zuordnet. Man sieht sofort, daß für jedes n-stellige Attribut α mit $n \geqq 2$ bei beliebigen k_1, k_2 mit $1 \leqq k_1$, $k_2 \leqq n$ und $k_1 \neq k_2$

$$Om^{(2)}_{k_1, k_2}(\alpha) = Om_{k_1}(Om_{k_2}(\alpha)) = Om_{k_2}(Om_{k_1}(\alpha))$$

ist. Diese Quantifizierungsfunktion beschreibt offenbar den Übergang von einer n-stelligen Aussageform „$A(x_1, \ldots, x_n)$" zur $(n - 2)$-stelligen Aussageform „*Für jedes* x_{k_1}, x_{k_2} *gilt*: $A(x_1, \ldots, x_n)$". Ein weiteres Beispiel für eine einstellige Quantifizierungsfunktion ist die Funktion Un, die bei beliebigem Individuenbereich I genau den einstelligen Attributen in I den Wahrheitswert W zuordnet, die auf genau ein Individuum aus I zutreffen. Für ein beliebiges n-stelliges Attribut α in I mit $n \geqq 1$ ist dann $Un_k(\alpha)$ bei gegebenem $k \leqq n$ dasjenige $(n - 1)$-stellige Attribut in I, das auf ein $(n - 1)$-Tupel $[\xi_1, \ldots, \xi_{k-1}, \xi_{k+1}, \ldots, \xi_n]$ genau dann zutrifft, wenn es genau ein $\xi_k \in I$ mit $\alpha(\xi_1, \ldots, \xi_k, \ldots, \xi_n) = W$ gibt, und das den Übergang von einer Aussageform „$A(x_1, \ldots, x_n)$" zur Aussageform „*Es gibt genau ein* x_k, *so daß* $A(x_1, \ldots, x_n)$" widerspiegelt. Entsprechend wird der Übergang von einer Aussageform „$A(x_1, \ldots, x_n)$" $(n \geqq 2)$ zur Aussageform „*Es gibt genau ein Paar* $[x_k, x_l]$, *so daß* $A(x_1, \ldots, x_n)$" $(1 \leqq k < l \leqq n)$ durch die zweistellige Quantifizierungsfunktion $Un^{(2)}$ beschrieben, die bei beliebigem Individuenbereich I genau den zweistelligen Attributen α in I den Wahrheitswert W zuordnet, bei denen es genau ein Paar $[\xi, \eta]$ von Elementen aus I gibt, so daß $\alpha(\xi, \eta) = W$. Eine andere interessante einstellige Quantifizierungsfunktion erhält man, wenn man unseren Abstraktionsprozeß auf die Quantifizierung anwendet, die einer Aussageform „$A(x)$" die Aussageform „*Für fast alle* x *gilt* $A(x)$" zuordnet. Diese Quantifizierung wird allerdings in der Mathematik in verschiedenen Versionen verwendet: In der Theorie der konvergenten Folgen im Sinne

---

[1]) Nach unserer sehr allgemeinen Definition ist eine einstellige Quantifizierungsfunktion in I ein einstelliges Attribut im Bereich aller einstelligen Attribute in I und eine l-stellige Quantifizierungsfunktion ein einstelliges Attribut im Bereich aller l-stelligen Attribute in I. Die zuletzt erwähnten Quantifizierungsfunktionen wären dann mehrstellige Attribute, deren Argumente über Attribute in I jeweils bestimmter Stellenzahl variieren.

von „*Für alle, bis auf höchstens endlich viele x gilt A(x)*" und in der Maßtheorie im Sinne von „*Für alle x mit Ausnahme einer Nullmenge gilt A(x)*". Die erste Art hat in beliebigen Individuenbereichen I einen Sinn (ist allerdings nur in unendlichen Individuenbereichen interessant) und führt dort auf die Quantifizierungsfunktion, die genau den einstelligen Attributen α in I den Wahrheitswert W zuordnet, für die die Menge der $\xi \in I$ mit $\alpha(\xi) = F$ endlich ist;[1] die zweite Art der Quantifizierung hat nur einen Sinn in bezug auf ein bestimmtes Maß im Individuenbereich und führt dann auf die Quantifizierungsfunktion, die genau den einstelligen Attributen α in I den Wert W zuordnet, für die die Menge der $\xi \in I$ mit $\alpha(\xi) = F$ das Maß Null hat. Eine Quantifizierungsfunktion der oben geschilderten noch allgemeineren Art, die nämlich von zwei Attributen abhängt, erhält man, wenn man unseren Abstraktionsprozeß auf die Verknüpfung von Aussageformen anwendet, die Aussageformen „$A_1(x)$" und „$A_2(y)$" die Aussageform „*Es gibt die gleiche Anzahl von x mit $A_1(x)$ wie y mit $A_2(y)$*" zuordnet. Auf die Betrachtung derartiger allgemeiner Quantifizierungsfunktionen wollen wir hier jedoch grundsätzlich verzichten.[2]

Unter den n-stelligen Attributen, die man aus gegebenen Grundattributen mittels der klassischen Wahrheitsfunktionen *non, et, vel, seq, äq* und der klassischen Quantifizierungsfunktionen *Om* und *Ex* in der geschilderten Weise „prädikatenlogisch" zusammensetzen kann, gibt es nun solche, die unabhängig vom Wahrheitswertverlauf der Grundattribute, d.h. bei beliebiger Wahl dieser Grundattribute, gleich dem n-stelligen All-Attribut sind, also für alle n-Tupel von Individuen den Wahrheitswert W liefern. Diesen Attributen entsprechen offensichtlich solche prädikatenlogischen Verknüpfungen von gegebenen Aussageformen, die unabhängig von der inhaltlichen Bedeutung der verknüpften Aussageformen bei jeder Interpretation ihrer freien Variablen eine wahre Aussage liefern, und die wir wieder *Tautologien* nennen wollen. Zum Beispiel ist jede aus gegebenen Aussageformen allein mittels der aussagenlogischen Aussagenfunktionen aufgebaute Aussageform, die hinsichtlich ihres aussagenlogischen Aufbaus eine aussagenlogische Tautologie (vgl. I, S. 6) ist, auch im jetzt betrachteten Sinne eine Tautologie. Daneben liefern aber die prädikatenlogischen Quantifizierungen noch weitere Tautologien, und um deren Untersuchung geht es in erster Linie in der Prädikatenlogik.

---

[1] Diese Quantifizierungsfunktion ist übrigens zur Quantifizierungsfunktion, die zu „*Es gibt unendlich viele x, so daß A(x)*" gehört, in analoger Weise „dual" wie es *Om* zu *Ex* ist.

[2] Bezüglich der Theorie spezieller Klassen von nicht klassischen Quantifizierungsfunktionen verweisen wir z.B. auf A. Mostowski, On a generalization of quantifiers, Fund. Math. 44 (1957), 12—36, W. Issel, Semantische Untersuchungen über Quantoren, Zeitschr. Math. Logik Grundl. d. Math. 15 (1969), 353—358, 16 (1970), 281—296, 421—438 und H.-D. Ebbinghaus, Über für-fast-alle-Quantoren, Arch. Math. Logik Grundlagenforsch. 12 (1969), 179—193.

Ist z. B. α ein beliebiges einstelliges Attribut im Individuenbereich I und bezeichnet *non* α das durch

$$(non\ \alpha)\ (\xi) = non\ \alpha((\xi))$$

charakterisierte einstellige Attribut in I, so wird

$$äq(Om(\alpha),\ non(Ex(non\ \alpha))) = W.$$

Denn ist α das einstellige All-Attribut ε_I^1, so wird *non* α das einstellige Null-Attribut ν_I^1 und folglich $Om(\alpha) = W$, $non\ (Ex(non\ \alpha)) = non\ (F) = W$ und mithin $äq(Om(\alpha),\ non(Ex(non\ \alpha))) = W$. Ist dagegen α verschieden von ε_I^1, so wird $Om(\alpha) = F$ und $non(Ex(non\ \alpha)) = F$, und dann gilt unsere Behauptung ebenfalls. Setzen wir für α speziell $\lambda\xi\alpha(\xi_1, ..., \xi_{k-1}, \xi, \xi_{k+1}, ..., \xi_n)$ ein, wobei jetzt α ein n-stelliges Attribut in I und k eine gegebene Zahl mit $1 \leq k \leq n$ ist, so erhalten wir:

$$äq(Om_k(\alpha),\ non(Ex_k(non\ \alpha))) = \varepsilon_I^{n-1}.$$

Dieses Resultat besagt, daß die Aussageform

„Für jedes x gilt A(x) genau dann, wenn

es gibt kein x, so daß nicht A(x)"

eine Tautologie ist, d. h., welche Aussageform „$A(x)$" beliebiger Stellenzahl n man auch nimmt, immer liefert die betrachtete logische Zusammensetzung eine Aussageform, die bei jeder Interpretation ihrer freien Variablen wahr ist.

Im Hinblick auf die Anwendungen der Prädikatenlogik in der Mathematik wollen wir unseren Ansatz gleich noch etwas verallgemeinern. Wir wollen nämlich ausdrücklich zulassen, daß in den betrachteten Aussageformen – wie das in der Mathematik meistens der Fall ist – explizit auch *Operationssymbole* auftreten. Dabei ist allgemein ein n-stelliges Operationssymbol ein Zeichen für eine bestimmte n-stellige *Operation* (*Funktion*) im zugrunde liegenden Individuenbereich I, d. h. für eine Abbildung, welche jedem n-Tupel von Individuen aus I in eindeutiger Weise ein Element aus I zuordnet.[1]) Wie sich unter dieser zusätzlichen Bedingung die zusammengesetzten Aussageformen genau aufbauen, lehren die Ausdrucksbestimmungen im folgenden Paragraphen.

§ 2. AUSDRÜCKE EINER ELEMENTAREN SPRACHE

Wir wollen im folgenden, wie sich das in den letzten Jahren immer mehr eingebürgert hat, die Prädikatenlogik der ersten Stufe als Logik beliebiger (formalisierter) elementarer Sprachen auffassen. Im vorliegenden Paragraphen wollen wir zunächst die Ausdrucksmittel einer elementaren

---

[1]) Die Operationssymbole bezeichnen im folgenden also grundsätzlich *eindeutige* und *unbeschränkt ausführbare* Operationen.

Sprache charakterisieren und einige später benötigte semiotische (zeichen-theoretische) Begriffsbildungen diskutieren.

Eine elementare Sprache wird festgelegt durch ein System[1]) $B_1 = \{a_\lambda | \lambda \in \Lambda\}$ von Zeichen, genannt *Individuensymbole*, ein System $B_2 = \left\{ A_\mu^{m_\mu} \middle| \mu \in M \right\}$ von Zeichen, genannt *Attributensymbole*, und ein System $B_3 = \left\{ F_\nu^{n_\nu} \middle| \nu \in N \right\}$ von Zeichen, genannt *Operations-* oder *Funktionssymbole*. Die Index-bereiche Λ, M und N können dabei Mengen beliebiger Mächtigkeit sein. Die oberen Indizes m_μ und n_ν bei den Attributen- bzw. Funktions-symbolen bezeichnen gegebene natürliche Zahlen ≥ 1; wir nennen m_μ bzw. n_ν den *Stellenindex* des betreffenden Symbols[2]) und μ bzw. ν seinen *Unterscheidungsindex*. Das Tripel $B = [B_1, B_2, B_3]$ wollen wir *die Basis* der zu konstituierenden Sprache nennen.

Als *Grundzeichen* zum Aufbau der Ausdrücke der durch die Basis B fest-gelegten elementaren Sprache verwenden wir die folgenden Zeichen: (1) Die Symbole a_λ $(\lambda \in \Lambda)$, $A_\mu^{m_\mu}$ $(\mu \in M)$ und $F_\nu^{n_\nu}$ $(\nu \in N)$ aus der Basis B; (2) die *logischen Zeichen* $\sim, \wedge, \vee, \rightarrow, \leftrightarrow, \bigwedge, \bigvee$; (3) das *Gleichheitszeichen* $=$;[3]) (4) die *Individuenvariablen* $x_0, x_1, x_2, \ldots$, (5) die *Klammern* (,) und ein *Komma* als *technische Zeichen*. Die Zeichen $\sim, \wedge, \vee, \rightarrow, \leftrightarrow$ nennen wir wieder *aussagenlogische Funktoren*. Das Zeichen $\bigwedge$ heißt *der Generalisator*, das Zeichen $\bigvee$ *der Partikularisator*; zusammenfassend werden diese beiden Zeichen auch *Quantoren* genannt.

Durch Aneinanderreihung von endlich vielen (nicht notwendig ver-schiedenen) Grundzeichen erhalten wir die *Zeichenreihen* der zu konstituie-renden elementaren Sprache. Wir merken an, daß die Zeichenreihen ent-weder als „konkrete" Zeichenreihen aus den als „konkrete" Zeichen

---

[1]) Hierunter verstehen wir eine Abbildung, welche jedem Index λ aus dem Indexbereich Λ umkehrbar eindeutig ein Symbol a_λ zuordnet; analog bei den Attributen- und Funktionssymbolen, wobei zugelassen ist, daß verschiedene Attributen- oder Funktionssymbole denselben Stellenindex besitzen. Handelt es sich um eine eindeutige Abbildung, so sprechen wir von einer Familie.

[2]) Durch die spätere Interpretation werden die a_λ $(\lambda \in \Lambda)$ als Zeichen für Indi-viduen eines Individuenbereiches I, die Attributensymbole $A_\mu^{m_\mu}$ $(\mu \in M)$ als Zeichen für m_μ-stellige Attribute in I und die Operationssymbole $F_\nu^{n_\nu}$ $(\nu \in N)$ als Zeichen für n_ν-stellige Operationen (Funktionen) in I gedeutet. Auf die Be-trachtung 0-stelliger Attribute (vgl. S. 5) soll dabei grundsätzlich verzichtet werden. Die Individuensymbole könnten rein formal auch als 0-stellige Opera-tionssymbole aufgefaßt werden.

[3]) Daneben verwenden wir nach wie vor dieses Zeichen auch zur Bezeichnung der inhaltlichen Gleichheit irgendwelcher Objekte. Aus dem Zusammenhang ist dabei stets eindeutig zu entnehmen, welche Rolle es spielt.

aufgefaßten Grundzeichen angesehen werden können oder auch (vgl. I, § 12) als abstrakte Objekte einer freien Halbgruppe, deren Erzeugendensystem aus den als abstrakte Objekte betrachteten Grundzeichen besteht. Die zweite Auffassung ist insbesondere bei elementaren Sprachen mit überabzählbar vielen Individuen-, Attributen- oder Operationssymbolen vorteilhaft, da sich hier bei der Auffassung der Symbole als konkrete Zeichen die begriffliche Schwierigkeit ergibt, überabzählbar viele konkrete Zeichen „typographisch" unterscheiden zu müssen. Bei der abstrakten Betrachtungsweise ist die typographische Gestalt der Symbole der Basis B ohne Belang. Von Bedeutung sind hier nur die Mächtigkeit $|A|$ von A (d. h. die Anzahl der Individuensymbole) und die Familien $\{m_\mu | \mu \in M\}$ und $\{n_\nu | \nu \in N\}$. Das Tripel $\sigma_B = [|A|, \{m_\mu | \mu \in M\}, \{n_\nu | \nu \in N\}]$ nennt man auch die *Signatur* der betrachteten Sprache.

Sind die Mengen A, M und N endlich oder abzählbar unendlich, so ist die Menge aller Zeichenreihen über B abzählbar unendlich. Zum Beweis hierfür nehmen wir z. B. an, die Mengen A, M und N seien alle drei abzählbar unendlich, ohne Beschränkung der Allgemeinheit gleich der Menge aller natürlichen Zahlen. Wir betrachten dann die durch folgende Tabelle gegebene umkehrbar eindeutige Abbildung γ von der Menge aller Grundzeichen z auf die Menge aller natürlichen Zahlen $\geqq 1$

z	$\sim$	$\wedge$	$\vee$	$\rightarrow$	$\leftrightarrow$	$\bigwedge$	$\bigvee$	$=$	$($	$)$	$,$
$\gamma(z)$	1	2	3	4	5	6	7	8	9	10	11

z	x_i	a_i	$A_i^{m_i}$	$F_i^{n_i}$	
$\gamma(z)$	$12 + 4i$	$13 + 4i$	$14 + 4i$	$15 + 4i$	$(i = 0, 1, 2, ...)$.

Ist $Z = z_1 \ldots z_k$ eine beliebige Zeichenreihe über der Basis B, so setzen wir

$$g(Z) = p_1^{\gamma(z_1)} \cdots p_k^{\gamma(z_k)}$$

wobei $p_1 = 2$, $p_2 = 3$, $p_3 = 5$, $\ldots$, p_k die k-te Primzahl ist. Man bezeichnet $g(Z)$ als *die Gödelzahl von Z bezüglich der betrachteten Numerierung γ der Grundzeichen.* Offenbar wird durch g die Menge aller Zeichenreihen über B umkehrbar eindeutig auf eine bestimmte Teilmenge der Menge aller natürlichen Zahlen abgebildet, und zwar auf die Menge aller derjenigen Zahlen, in deren Primzahlzerlegung mit einer Primzahl auch jede kleinere Primzahl als Primfaktor auftritt. Hieraus folgt leicht, daß die Menge aller Zeichenreihen über B abzählbar unendlich ist.

Falls eine oder mehrere der Mengen A, M, N überabzählbar sind, ist die Mächtigkeit der Menge aller Zeichenreihen über B gleich dem Maximum der

Mächtigkeiten $|A|$, $|M|$, $|N|$. Der Beweis hierfür erfordert einige einfache Hilfsmittel aus der Arithmetik der transfiniten Kardinalzahlen und sei daher übergangen.

Unter den Zeichenreihen, die sich bei gegebener Basis B durch Aneinanderreihen von je endlich vielen Grundzeichen gewinnen lassen, sondern wir zunächst durch eine induktive Definition die *Terme der durch B festgelegten Sprache* aus, die wir auch als *Terme über der Basis B* oder kurz als *B-Terme* bezeichnen wollen. Soweit aus dem Zusammenhang klar ist, welche Basis B betrachtet wird, sprechen wir auch einfach von *Termen*.

(1) Die Variablen x_i ($i = 0, 1, 2, ...$) und die Individuensymbole a_λ ($\lambda \in A$) sind B-Terme.

(2) Mit Zeichenreihen $Z_1, ..., Z_{n_\nu}$ ist bei beliebigem $\nu \in N$ auch die Zeichenreihe $F_\nu^{n_\nu}(Z_1, ..., Z_{n_\nu})$ ein B-Term.

(3) Eine Zeichenreihe Z ist nur dann ein B-Term, wenn das auf Grund von (1) und (2) der Fall ist.

Natürlich handelt es sich (vgl. I, S. 11) bei dieser Termdefinition genau genommen um eine induktive Definition über eine zunächst einzuführende *Termstufe*.

Zur Bezeichnung von Termen verwenden wir im folgenden in der Regel· den Buchstaben „t" (evtl. mit Indizes).

Den induktiven Aufbau der Terme möge das folgende Beispiel erläutern, wobei $B = [\{a_1\}, \{A_1^2, A_2^2\}, \{F_1^2, F_2^1\}]$ sei: Wegen (1) sind zunächst x_2 und a_1 Terme; dann ist nach (2) auch $F_1^2(x_2, a_1)$ ein Term; abermals nach (2) ist daraufhin auch $F_2^1(F_1^2(x_2,a_1))$ ein Term; daneben ist nach (1) x_1 ein Term; mithin ist wieder nach (2) auch $F_1^2(x_1, F_2^1(F_1^2(x_2,a_1)))$ ein Term usw.

Auf Grund der Termdefinition ist unmittelbar klar, daß für die Bildung der B-Terme das System B_2 der Attributensymbole von B ohne Belang ist; in einem Term kommt kein Attributsymbol und natürlich auch keines der Zeichen $\sim$, $\wedge$, $\vee$, $\rightarrow$, $\leftrightarrow$, $\bigwedge$, $\bigvee$, $=$ vor. Ist die Menge N leer, so entfällt die Bedingung (2), und als B-Terme treten nur die Individuensymbole und die Individuenvariablen auf; ist außerdem auch noch die Menge A leer, so reduzieren sich die B-Terme auf die Individuenvariablen. *Sind die Mengen A und N endlich oder abzählbar unendlich, so ist die Menge aller B-Terme abzählbar unendlich. Ist die Menge A oder die Menge N überabzählbar, so ist die Mächtigkeit der Menge aller B-Terme gleich dem Maximum der Mächtigkeiten $|A|$ und $|N|$.*

Falls die Basis B „entscheidbar" ist, d.h., falls man von einem beliebig hingeschriebenen Symbol stets in endlich vielen Schritten entscheiden kann, ob es zu B_1 oder B_2 oder B_3 gehört,[1]) *ist auch die Menge der B-Terme entscheidbar*. Um nämlich von einer gegebenen Zeichenreihe zu entscheiden, ob sie Term ist oder nicht, genügt es — analog wie beim Entscheidungsverfahren für die Ausdrücke des Aussagenkalküls (vgl. I, S. 12) — für endlich viele kürzere Zeichenreihen diese Entscheidung herbeizuführen, und damit kommt man nach endlich vielen Schritten zum Ziel. Ähnlich wie im Aussagenkalkül die Ausdrücke, kann man auch die Terme durch gewisse strukturelle Eigenschaften explizit charakterisieren, worauf wir jedoch nicht näher eingehen wollen. Interessant ist es vielleicht noch, daß man in Analogie zur ŁUKASIEWICZschen klammerfreien Schreibweise der Ausdrücke des Aussagenkalküls (vgl. I, S. 17) auch die Terme ohne Verwendung von Klammern und Kommata schreiben kann; allerdings geht dabei die Übersichtlichkeit sehr schnell verloren.

Wir sagen, in *der Zeichenreihe Z komme die Variable x_k vollfrei vor*, wenn die Variable x_k in Z vorkommt, dagegen aber die Zeichenreihen $\bigwedge x_k$ und $\bigvee x_k$ nicht als Teilzeichenreihen in Z enthalten sind, d.h., wenn in Z die Variable x_k vorkommt, aber nirgends unmittelbar davor ein Quantor steht. Kommt in einer Zeichenreihe an einer Stelle die Variable x_k vor und steht unmittelbar davor ein Quantor, so wollen wir sagen, daß *an der betreffenden Stelle die Variable x_k quantifiziert vorkommt*, und zwar *generalisiert*, wenn davor der Generalisator $\bigwedge$ steht, und *partikularisiert*, wenn davor der Partikularisator $\bigvee$ steht. Es kommt also in Z die Variable x_k genau dann vollfrei vor, wenn sie zwar vorkommt, aber nirgends, wo sie vorkommt, quantifiziert ist.

Damit können wir nun auch die *Ausdrücke der durch die Basis B festgelegten elementaren Sprache* definieren. Wir bezeichnen diese Ausdrücke als *Ausdrücke über der Basis B* oder kurz als *B-Ausdrücke*. Soweit aus dem Zusammenhang klar ist, welche Basis B betrachtet wird, sprechen wir auch einfach von *Ausdrücken*. Bei der Ausdrucksdefinition handelt es sich wieder um eine induktive Definition:

(1) a) Sind $t_1, \ldots, t_{m_\mu}$ B-Terme, so ist bei beliebigem $\mu \in M$ die Zeichenreihe $A^{m_\mu}_\mu t_1 \ldots t_{m_\mu}$ ein B-Ausdruck;

b) Sind t_1, t_2 B-Terme, so ist die Zeichenreihe $t_1 = t_2$ ein B-Ausdruck.

(2) a) Mit einer Zeichenreihe Z ist stets auch die Zeichenreihe $\sim Z$ ein B-Ausdruck;

b) Mit Zeichenreihen Z_1, Z_2 sind auch die Zeichenreihen $(Z_1 \wedge Z_2)$. $(Z_1 \vee Z_2)$, $(Z_1 \rightarrow Z_2)$ und $(Z_1 \leftrightarrow Z_2)$ B-Ausdrücke;

---

[1]) Man kann durchaus Beispiele angeben, wo das nicht der Fall ist; dann ist allerdings auch die Menge aller Zeichenreihen über B nicht entscheidbar.

c) Ist Z ein B-Ausdruck, in dem die Variable x_k vollfrei vorkommt,[1]) so sind auch die Zeichenreihen $\bigwedge x_k Z$ und $\bigvee x_k Z$ B-Ausdrücke.

(3) Eine Zeichenreihe Z ist nur dann B-Ausdruck, wenn das auf Grund von (1) und (2) der Fall ist.

Ausdrücke deuten wir im folgenden wieder allgemein durch den Buchstaben „H" (evtl. mit Indizes) an, Mengen von Ausdrücken durch „X" oder „Y" (gleichfalls evtl. mit Indizes). Die Menge aller B-Ausdrücke bezeichnen wir mit $ausd^B$.

Die Ausdrücke der unter (1) angegebenen Form nennt man *prädikative Ausdrücke*, die anderen heißen *zusammengesetzte Ausdrücke*. Wir merken an, daß man natürlich jeden B-Ausdruck H auffassen kann als einen Ausdruck über der Basis B_H, die aus allen den Symbolen der Basis B aufgebaut ist, die in H effektiv vorkommen.

Kommt in einem Ausdruck H das Gleichheitszeichen nicht vor, so nennen wir H einen *identitätsfreien Ausdruck*. Die Menge aller identitätsfreien B-Ausdrücke bezeichnen wir mit $ausd^{BO}$. Offenbar werden die identitätsfreien Ausdrücke induktiv gerade durch die Bedingungen (1)a), (2) und (3) charakterisiert, d.h., man erhält genau diese Ausdrücke, wenn man die Bedingung (1)b) streicht. Ist die Menge M leer, d.h., sind keine Attributensymbole vorhanden, so ist auch die Menge $ausd^{BO}$ leer, d.h., dann gibt es keine identitätsfreien Ausdrücke. Ist allgemein X eine beliebige Menge von B-Ausdrücken, so bezeichnet X^O die Menge der identitätsfreien Ausdrücke aus X, d.h. $X^O = X \bigwedge ausd^{BO}$.

Ein Beispiel für den induktiven Aufbau von Ausdrücken über der Basis $B = [\{a_1\}, \{A_1^2, A_2^2\}, \{F_1^2, F_2^1\}]$ ist folgendes: Zunächst erkennt man leicht, daß folgende Zeichenreihen B-Terme sind:

$$x_0 \quad x_1 \quad F_2^1(x_1) \quad F_1^2(a_1, F_2^1(x_0)).$$

Nach Bedingung (1)a) der Ausdrucksdefinition sind dann

$$A_1^2 x_0 F_2^1(x_1) \quad A_2^2 x_0 x_1 \quad A_1^2 F_1^2(a_1, F_2^1(x_0)) F_2^1(x_1)$$

B-Ausdrücke, und zwar prädikative Ausdrücke; nach Bedingung (2)b) ist dann auch

$$(A_2^2 x_0 x_1 \rightarrow A_1^2 x_0 F_2^1(x_1))$$

ein Ausdruck, und man erkennt, daß in ihm die Variable x_0 vollfrei vorkommt; auf Grund von Bedingung (2)c) kann man diese vollfreie Variable z. B. partikularisieren und gelangt so zum Ausdruck

$$\bigvee x_0 (A_2^2 x_0 x_1 \rightarrow A_1^2 x_0 F_2^1(x_1));$$

---

[1]) In der Literatur wird gelegentlich auf diese Voraussetzung verzichtet. Dann wird zwar der Formalismus etwas einfacher, dafür treten aber an anderen Stellen gewisse Komplikationen auf.

Bedingung (2)a) liefert dann, daß auch

$$\sim \bigvee x_0(A_2^2 x_0 x_1 \rightarrow A_1^2 x_0 F_2^1(x_1))$$

ein Ausdruck ist und nochmalige Anwendung von (2)b) liefert den Ausdruck

$$(\sim \bigvee x_0(A_2^2 x_0 x_1 \rightarrow A_1^2 x_0 F_2^1(x_1)) \wedge A_1^2 F_1^2(a_1, F_2^1(x_0)) F_2^1(x_1));$$

in diesem Ausdruck kommt jetzt zwar die Variable x_0 noch vor, jedoch nicht vollfrei, denn an der 4. Stelle dieses Ausdrucks steht die Variable x_0, und unmittelbar davor an der 3. Stelle steht der Partikularisator; hingegen kommt in diesem Ausdruck die Variable x_1 vollfrei vor, so daß wir sie z. B. generalisieren können, was uns zum Ausdruck

$$\bigwedge x_1(\sim \bigvee x_0 (A_2^2 x_0 x_1 \rightarrow A_1^2 x_0 F_2^1(x_1)) \wedge A_1^2 F_1^2(a_1, F_2^1(x_0)) F_2^1(x_1)) \qquad (1)$$

führt, usw. Alle bisher betrachteten Ausdrücke sind identitätsfrei. Ein Beispiel für einen B-Ausdruck, in dem das Gleichheitszeichen vorkommt, ist:

$$(\bigvee x_1(x_1 = F_2^1(x_1) \wedge A_1^2 x_1 F_1^2(a_1, F_2^1(x_0))) \rightarrow \bigvee x_1 A_1^2 F_2^1(x_1) F_1^2(a_1, F_2^1(x_0))) . \qquad (2)$$

Sind die Indexbereiche Λ, M und N endlich oder abzählbar unendlich, so ist die Menge aller B-Ausdrücke abzählbar unendlich, sind einer oder mehrere dieser Indexbereiche überabzählbar, so ist die Mächtigkeit der Menge aller B-Ausdrücke gleich dem Maximum der Mächtigkeiten $|\Lambda|$, $|M|$, $|N|$.

Man überlegt sich leicht, daß *man bei „entscheidbarer" Basis B von jeder vorgelegten Zeichenreihe wiederum in endlich vielen Schritten entscheiden kann, ob sie B-Ausdruck ist oder nicht.* Ebenso lassen sich bei beliebiger Basis B die Ausdrücke durch gewisse strukturelle Bedingungen explizit charakterisieren. Schließlich ist es ohne weiteres möglich, die Łukasiewiczsche klammerfreie Schreibweise auf den Prädikatenkalkül zu übertragen. Wir wollen jedoch darauf nicht näher eingehen.

Auf Grund unserer Definition der Ausdrücke kann man beweisen, daß *hinter jeder Stelle, an der in einem Ausdruck H eine Variable x_k quantifiziert vorkommt, ein eindeutig bestimmter Teilausdruck H^* von H beginnt, in dem die Variable x_k zudem vollfrei vorkommt.* Diesen Teilausdruck nennen wir *den zu der betreffenden Stelle gehörigen Wirkungsbereich der Variablen x_k im Ausdruck H.* Da in einem Ausdruck H ein und dieselbe Variable x_k an mehreren Stellen quantifiziert vorkommen kann und dabei jedesmal ein anderer Ausdruck als Wirkungsbereich möglich ist, muß man zur eindeutigen Charakterisierung eines Wirkungsbereiches von x_k in H im allgemeinen durchaus die Stelle angeben, zu der er gehört. Die Existenz eines solchen Wirkungsbereiches ergibt sich unmittelbar durch vollständige Induktion über die Kompliziertheit des Ausdrucks H. Für den induktiven Beweis der Eindeutigkeit benötigt man dagegen noch zusätzlich, daß jeder echte Teilausdruck eines zusammengesetzten Ausdrucks einer der Formen $(H_1 \wedge H_2)$, $(H_1 \vee H_2)$, $(H_1 \rightarrow H_2)$, $(H_1 \leftrightarrow H_2)$ in H_1 oder H_2 beginnt und endet, und analog jeder echte Teilausdruck eines Ausdrucks einer der Formen $\sim H$, $\bigwedge x_k H$, $\bigvee x_k H$ in H beginnt und endet. Der exakte Beweis dieser anschaulich recht evidenten Tatsachen ist allerdings mit einigen Schwierigkeiten verbunden, so daß wir auf ihn verzichten wollen.

In dem oben konstruierten Ausdruck (1) ist Wirkungsbereich für die (nur) an der 6. Stelle partikularisiert vorkommende Variable x_0 der Ausdruck $(A_2^2 x_0 x_1 \to A_1^2 x_0 F_2^1(x_1))$ und Wirkungsbereich für die an der 2. Stelle generalisiert vorkommende Variable x_1 der ganze darauf folgende Rest des betrachteten Ausdrucks. Im Ausdruck (2) hat die an der 3. Stelle partikularisiert vorkommende Variable x_1 den Wirkungsbereich $(x_1 = F_2^1(x_1) \wedge A_1^2 x_1 F_1^2(a_1, F_2^1(x_0)))$ und die an der 26. Stelle partikularisiert vorkommende Variable x_1 den Wirkungsbereich $A_1^2 F_2^1(x_1) F_1^2(a_1, F_2^1(x_0))$.

Wir sagen, *die Variable x_k komme im Ausdruck H an einer gewissen Stelle gebunden vor*, wenn sie an dieser Stelle vorkommt und dort entweder quantifiziert ist oder in einem Wirkungsbereich von x_k in H liegt. Wenn die Variable x_k in H an wenigstens einer Stelle gebunden vorkommt, so sagen wir kurz: *x_k kommt in H gebunden vor*. Offenbar kommt eine Variable x_k in H genau dann gebunden vor, wenn sie dort an wenigstens einer Stelle quantifiziert vorkommt, d.h., wenn sie nicht vollfrei in H vorkommt. Wir sagen, *die Variable x_k komme im Ausdruck H an einer gewissen Stelle frei vor*, wenn sie an dieser Stelle vorkommt und dort weder quantifiziert ist noch in einem Wirkungsbereich von x_k in H liegt, wenn sie also dort vorkommt und nicht gebunden ist. Kommt die Variable x_k an wenigstens einer Stelle von H frei vor, so sagen wir wieder kurz: *x_k kommt in H frei vor*. Damit erhält man z. B. sofort, daß eine Variable x_k in einem Ausdruck H genau dann vollfrei vorkommt, wenn sie in H vorkommt und wenn die Variable x_k an allen Stellen, an denen sie überhaupt vorkommt, sogar frei vorkommt.

Im Ausdruck

$$\big(\bigvee x_1(A_1^2 x_1 x_0 \wedge F_2^1(x_1) = x_2) \to (\bigwedge x_1 \bigvee x_0 A_1^2 x_1 x_0 \wedge F_1^2(x_1, x_2) = x_2)\big)$$

kommt die Variable x_0 an der 7. Stelle frei und an der 21. und 24. Stelle gebunden vor, an der 21. Stelle nämlich quantifiziert und an der 24. Stelle im zur 21. Stelle gehörigen Wirkungsbereich; die Variable x_1 kommt an der 28. Stelle frei und an der 3., 6., 11., 19. und 23. Stelle gebunden vor; die Variable x_2 kommt an der 14., 30. und 33. Stelle frei vor, und da das alle Stellen sind, an denen x_2 überhaupt vorkommt, ist x_2 im betrachteten Ausdruck sogar vollfrei.

Ein Ausdruck, in dem keine Variable frei vorkommt, in dem also alle Variablen, überall wo sie vorkommen, gebunden sind, heißt *abgeschlossen in bezug auf Individuenvariablen* oder kurz *eine Aussage*.

Um anzudeuten, daß in einem Ausdruck H die Variable x_k vollfrei vorkommt, schreiben wir im folgenden häufig „$H(x_k)$", und um anzudeuten, daß x_k in H frei vorkommt, schreiben wir „$H[x_k]$". Ist dann t ein beliebiger Term, so bezeichnet $H(x_k/t)$ oder kurz $H(t)$ denjenigen Ausdruck, den man erhält, wenn man in $H(x_k)$ die Variable x_k an allen Stellen, an denen sie vorkommt, durch den Term t ersetzt. Entsprechend bedeutet $H[x_k/t]$ oder kurz $H[t]$ den Ausdruck, den man aus $H[x_k]$ erhält, wenn man dort die Variable x_k an allen Stellen, an denen sie frei vorkommt, durch den Term t ersetzt (kommt in $H[x_k]$ die Variable x_k sogar vollfrei vor, so sind $H[x_k/t]$ und $H(x_k/t)$ offenbar gleichbedeutend). Allerdings lassen wir derartige *vollfreie* und *freie Termeinsetzungen* grundsätzlich nur dann zu, wenn dabei keine *Variablenkonfusion* eintritt, was besagen soll, daß keine der in t vorkommenden Variablen bei den Ersetzungen von x_k durch t irgendwo gebunden wird. In diesem Fall soll t kurz *ein zulässiger Term* genannt werden. Das Verbot der Variablenkonfusion ist offenbar gleichwertig der Forderung, daß die Variable x_k an keiner Stelle, an der sie in H frei vorkommt, im Wirkungsbereich einer in t vorkommenden Variablen liegt. Ist der Term t eine Variable x_l, so sprechen wir statt von Termeinsetzung auch von *vollfreier* bzw. *freier Umbenennung*. Sind die Mengen Λ und N der Basis B leer, so reduziert sich die Termeinsetzung auf diese Umbenennungen.

Ist z. B. $H(x_1)$ der Ausdruck

$$\bigwedge x_0 (A_1^2 x_0 x_1 \rightarrow x_0 = x_1)$$

und t der Term $F_1^2(a_1, x_2)$, so ist $H(x_1/t)$ der Ausdruck

$$\bigwedge x_0 (A_1^2 x_0 F_1^2(a_1, x_2) \rightarrow x_0 = F_1^2(a_1, x_2)),$$

und hierbei wurde gegen das Verbot der Variablenkonfusion nicht verstoßen. Dagegen ist es z. B. nicht erlaubt, in $H(x_1)$ für x_1 den Term $F_2^1(x_0)$ einzusetzen, da hierbei die in diesem Term vorkommende Variable x_0 gebunden würde. Ist $H[x_1]$ der Ausdruck

$$(\bigvee x_1 A_1^2 x_1 x_1 \rightarrow \bigvee x_2 A_1^2 x_1 x_2)$$

und t der Term $F_2^1(x_1)$, so ist $H[x_1/t]$ der Ausdruck

$$(\bigvee x_1 A_1^2 x_1 x_1 \rightarrow \bigvee x_2 A_1^2 F_2^1(x_1) x_2).$$

Eine Konfusion würde z. B. eintreten, wollte man in $H[x_1]$ für x_1 den Term $F_1^2(a_1, F_2^1(x_2))$ einsetzen.

Ist $H(x_{k_1}, ..., x_{k_r})$ ein Ausdruck, in dem die Variablen $x_{k_1}, ..., x_{k_r}$ vollfrei vorkommen, und sind $t_1, ..., t_r$ beliebige Terme, so sei $H(x_{k_1}/t_1, ..., x_{k_r}/t_r)$ oder kurz $H(t_1, ..., t_r)$ derjenige Ausdruck, der aus $H(x_{k_1}, ..., x_{k_r})$ entsteht, wenn man s i m u l t a n x_{k_1} überall durch $t_1, ..., x_{k_r}$ überall durch t_r ersetzt. Auch hierbei setzen wir wieder grundsätzlich voraus, daß bei der Einsetzung keine Variablenkonfusionen eintreten, d. h., keine Variable x_{k_ϱ} darf in $H(x_{k_1}, ..., x_{k_r})$ irgendwo im Wirkungsbereich einer Variablen liegen, die im für x_{k_ϱ} einzusetzenden Term t_ϱ vorkommt ($\varrho = 1, ..., r$). Entsprechend wird $H[x_{k_1}/t_1, \ldots, x_{k_r}/t_r]$ definiert. Man zeigt ähnlich wie im Aussagenkalkül (vgl. I, S. 25), daß *jede simultane vollfreie (freie) Termeinsetzung einer Kette von einfachen vollfreien (freien) Termeinsetzungen gleichwertig ist und auch umgekehrt jede Kette von einfachen Termeinsetzungen durch eine einzige simultane Termeinsetzung realisiert werden kann.*

Ist $H(x_0, x_1, x_2)$ der Ausdruck $x_0 = x_1 \wedge x_1 = x_2 \to x_0 = x_2$, so bedeutet $H(x_0/x_1, x_1/x_2, x_2/x_0)$ den Ausdruck $x_1 = x_2 \wedge x_2 = x_0 \to x_1 = x_0$. Eine Kette von vollfreien Umbenennungen (also speziellen Termeinsetzungen), die dasselbe leistet, wäre z. B.

$$x_0 = x_1 \wedge x_1 = x_2 \to x_0 = x_2,$$

$$x_3 = x_1 \wedge x_1 = x_2 \to x_3 = x_2,$$

$$x_3 = x_1 \wedge x_1 = x_0 \to x_3 = x_0,$$

$$x_3 = x_2 \wedge x_2 = x_0 \to x_3 = x_0,$$

$$x_1 = x_2 \wedge x_2 = x_0 \to x_1 = x_0.$$

Neben den Termeinsetzungen werden im folgenden noch die sogenannten gebundenen Umbenennungen eine wesentliche Rolle spielen. Wir sagen, *der Ausdruck H geht durch eine gebundene Umbenennung in den Ausdruck H' über,* wenn man H' dadurch aus H erhalten kann, daß man eine in H gebunden vorkommende Variable x_k an einer Stelle in H, an der sie quantifiziert vorkommt, und an allen Stellen des zugehörigen Wirkungsbereiches durch eine andere Variable x_l ersetzt. Auch hierbei setzen wir wieder grundsätzlich voraus, daß keine *Variablenkonfusion* eintritt, was jetzt besagen soll, daß an keiner Stelle, an der in H eine Variable frei vorkommt, nach der Ersetzung — also in H' — eine gebundene Variable steht. Dieses Verbot der Variablenkonfusion ist gleichwertig damit, daß die Variable x_l, in die umbenannt wird, in dem von der Umbenennung betroffenen Wirkungsbereich nicht frei vorkommt. Daneben muß aber bei einer gebundenen Umbenennung immer noch darauf geachtet werden, daß das Resultat H' der Umbenennung ein Ausdruck bleibt. Man erreicht das dadurch, daß man noch ein Verbot der *Variablenkollision* aufnimmt. Dieses besteht in folgenden Forderungen: (1) Die Variable x_l, in die umbenannt wird, darf in dem von der Umbenennung betroffenen Wirkungsbereich von x_k in H nicht quantifiziert vorkommen; (2) dieser Wirkungsbereich darf seinerseits nicht in einem Wirkungsbereich von x_l in H liegen.

Wir betrachten als Beispiel den Ausdruck

$$(\bigvee x_0 \wedge x_1 (A_1^2 x_0 x_1 \to \bigvee x_2 (A_1^2 x_2 x_1 \wedge x_1 = x_3)) \wedge \bigvee x_1 x_1 = x_2).$$

Eine erlaubte gebundene Umbenennung ist der Übergang zum Ausdruck

$$(\bigvee x_0 \wedge x_4 (A_1^2 x_0 x_4 \to \bigvee x_2 (A_1^2 x_2 x_4 \wedge x_4 = x_3)) \wedge \bigvee x_1 x_1 = x_2).$$

Verboten sind dagegen die entsprechende Umbenennung von x_1 in x_3 (Variablenkonfusion) und die von x_1 in x_0 oder x_2 (Variablenkollision).

Wir sagen, daß *der Ausdruck H' aus dem Ausdruck H durch eine Kette von gebundenen Umbenennungen entsteht*, wenn es eine endliche Folge $H_1, \dots,$ H_n von Ausdrücken gibt, die mit H beginnt und mit H' endet (bei der also H_1 der Ausdruck H und H_n der Ausdruck H' ist) und in der allgemein H_{i+1} durch eine (einfache) gebundene Umbenennung aus H_i entsteht $(i = 1, \dots, n - 1)$. Daneben kann man den Begriff *der simultanen gebundenen Umbenennung* einführen, auf dessen genaue Formulierung wir hier jedoch verzichten wollen. Man kann wieder zeigen, daß *jeder Ausdruck H', der durch eine Kette von gebundenen Umbenennungen aus H erhalten werden kann, auch durch eine einzige simultane gebundene Umbenennung aus H entsteht, und daß umgekehrt jede simultane gebundene Umbenennung in eine Kette von einfachen gebundenen Umbenennungen aufgelöst werden kann.*

Von einem gegebenen Ausdruck H kann man durch eine Kette von gebundenen Umbenennungen stets zu einem Ausdruck H' übergehen, in dem alle die Variablen, die in H frei vorkommen, sogar vollfrei vorkommen, und das kann man natürlich auch noch so einrichten, daß bei beliebigem H der zugehörige Ausdruck H' stets in einer ganz bestimmten Weise aus H hervorgeht, also H' eindeutig durch H bestimmt ist. Die Aussage, die man dann erhält, wenn man anschließend alle in H' vollfrei vorkommenden Variablen (z. B. in der Reihenfolge ihres ersten Auftretens in H') am Anfang generalisiert, nennen wir *die Generalisierte von H ($Gen(H)$)*; partikularisiert man dagegen am Anfang von H' alle diese Variablen, so erhält man *die Partikularisierte von H ($Prt(H)$)*.

Bei einer vollfreien oder freien Termeinsetzung tritt sicher dann keine Variablenkonfusion ein, wenn keine der im einzusetzenden Term t vorkommenden Variablen im Ausdruck H, in dem die Einsetzung erfolgen soll, gebunden vorkommt. Das läßt sich aber stets dadurch erreichen, daß man den Ausdruck H vor der Einsetzung einer geeigneten Kette von gebundenen Umbenennungen unterwirft, wodurch übrigens auch erreicht werden kann, daß die in H evtl. nur frei vorkommende Variable x_k, in die die Einsetzung erfolgen soll, sogar vollfrei vorkommt. Die Termeinsetzungen werden also uneingeschränkt, d. h. bei beliebigem t als vollfreie Termeinsetzungen ausführbar, wenn man zuläßt, daß der Ausdruck H, in den die Einsetzung erfolgt, vor der Einsetzung einer geeigneten Kette von gebundenen Umbenennungen unterworfen wird. Eine derartige *verallgemeinerte Termeinsetzung* wollen wir im folgenden durch $H\{x_k/t\}$ andeuten. Durch eine Verabredung darüber, in welcher Weise die gebundenen Umbenennungen vorgenommen werden sollen, kann man erreichen, daß $H\{x_k/t\}$ jeweils ein durch H und t eindeutig bestimmter Ausdruck ist (z. B. kann man verabreden, daß die in H gebunden auftretenden Variablen, in der Reihenfolge ihres ersten Auftretens in H, gebunden in $x_{i_1+1}, x_{i_1+2}, \dots$ umbenannt werden, wenn x_{i_1} die Variable mit größtem Unterscheidungsindex ist, die in H und t auftritt). Falls die Variable x_k im Ausdruck H nicht frei vorkommt, soll $H\{x_k/t\}$ einfach den Ausdruck H bedeuten.

Die prädikativen Ausdrücke und die Ausdrücke, die mit einem Quantor beginnen, bezeichnen wir zusammenfassend als *aussagenlogisch einfache Ausdrücke*. Dann gilt: *Die Menge aller B-Ausdrücke ist die kleinste Menge von Zeichenreihen, die die aussagenlogisch einfachen B-Ausdrücke enthält und die in bezug auf die aussagenlogischen Verknüpfungen abgeschlossen ist*, d. h. die Bedingungen (2) a) und b) der Ausdrucksdefinition erfüllt. Anders ausgedrückt besagt das, daß man jeden Ausdruck über der Basis B dadurch aus einem passenden Ausdruck des Aussagenkalküls gewinnen kann, daß man in letzterem für jede Aussagenvariable einen bestimmten aussagenlogisch einfachen B-Ausdruck einsetzt, wobei man es überdies noch so einrichten kann, daß für je zwei verschiedene Aussagenvariablen auch verschiedene aussagenlogisch einfache Ausdrücke einzusetzen sind. Natürlich gibt es zu jedem B-Ausdruck unendlich viele Ausdrücke des Aussagenkalküls, aus denen man ihn in der beschriebenen Weise erhalten kann, jedoch unterscheiden sich irgend zwei von ihnen nur durch eine eineindeutige simultane Umbenennung ihrer Aussagenvariablen.

In diesem Sinne entsteht z. B. der Ausdruck

$$((\bigvee x_0 x_0 = x_1 \wedge A_2^2 x_0 x_1) \to (\sim \bigvee x_0 x_0 = x_1 \vee \bigwedge x_1 (A_2^0 x_1 x_1 \to x_0 = x_1)))$$

aus dem aussagenlogischen Ausdruck $((p \wedge q) \to (\sim p \vee r))$, indem man für die Aussagenvariablen p, q, r die aussagenlogisch einfachen Ausdrücke $\bigvee x_0 x_0 = x_1$, $A_2^2 x_0 x_1$, $\bigwedge x_1 (A_2^2 x_1 x_1 \to x_0 = x_1)$ einsetzt.

In der Literatur sind genauso wie bei den aussagenlogischen Funktoren auch bei den Quantoren eine Reihe von anderen Symbolen üblich. So schreibt man statt $\bigwedge x_k H(x_k)$ vielfach $\mathsf{V} x_k H(x_k)$ oder $(x_k) H(x_k)$ oder $\Pi_{x_k} H(x_k)$ und statt $\bigvee x_k H(x_k)$ vielfach $\exists\, x_k H(x_k)$ oder $(E x_k) H(x_k)$ oder $\Sigma_{x_k} H(x_k)$.

Beim Niederschreiben von konkreten Ausdrücken wollen wir auch im Prädikatenkalkül die bereits im Aussagenkalkül getroffenen Verabredungen über die Klammersparung usw. verwenden (vgl. I, S. 15). Ferner schreiben wir statt $\bigwedge x_k H(x_k)$ auch $\bigwedge_{x_k} H(x_k)$ und statt $\bigvee x_k H(x_k)$ entsprechend $\bigvee_{x_k} H(x_k)$. Für $\bigwedge x_{k_1} \bigwedge x_{k_2} \ldots \bigwedge x_{k_r} H(x_{k_1}, \ldots, x_{k_r})$[1]) schreiben wir dann $\bigwedge\limits_{x_{k_1}, \ldots, x_{k_r}} H(x_{k_1}, \ldots, x_{k_r})$ und für $\bigvee x_{k_1} \bigvee x_{k_2} \ldots \bigvee x_{k_r} H(x_{k_1}, \ldots, x_{k_r})$ entsprechend $\bigvee\limits_{x_{k_1}, \ldots, x_{k_r}} H(x_{k_1}, \ldots, x_{k_r})$. Individuenvariablen deuten wir in kon-

---

[1]) $H(x_{k_1}, \ldots, x_{k_r})$ bedeutet dabei einen Ausdruck, in dem die Variablen $x_{k_1}, \ldots, x_{k_r}$ vollfrei vorkommen.

kreten Beispielen durch x, y, z oder dgl. an,[1]) und auch als Symbole der Basis B werden von Fall zu Fall irgendwelche andere Zeichen genommen. Schließlich schreiben wir bei beliebigen Termen t_1, t_2 statt $\sim t_1 = t_2$ auch $t_1 \neq t_2$.

So bedeutet z. B.

$$\bigwedge_{x_0, x_1} (A_2^2 x_0 x_1 \cdot \wedge \cdot x_0 = x_1 \rightarrow \bigvee_{x_3} A_1^2 x_0 x_3) \vee \bigwedge_{x_1'} x_1 \neq a_1$$

ausführlich geschrieben den Ausdruck

$$\left(\bigwedge x_0 \bigwedge x_1 (A_2^2 x_0 x_1 \wedge (x_0 = x_1 \rightarrow \bigvee x_3 A_1^2 x_0 x_3)) \vee \bigwedge x_1 \sim x_1 = a_1 \right)$$

§ 3. INTERPRETATION DER AUSDRÜCKE EINER ELEMENTAREN SPRACHE

Vorgegeben sei eine feste Basis $B = [B_1, B_2, B_3]$. Des weiteren sei I ein beliebiger nichtleerer[2]) *Individuenbereich*. Unter einer *Interpretation von B in I* verstehen wir eine Funktion ω, welche jedem Individuensymbol a_λ aus B_1 ein bestimmtes Individuum $\omega(a_\lambda)$ aus I, jedem Attributensymbol $A_\mu^{m_\mu}$ aus B_2 ein bestimmtes m_μ-stelliges Attribut $\omega(A_\mu^{m_\mu})$ in I und jedem Operationssymbol $F_\nu^{n_\nu}$ aus B_3 eine bestimmte n_ν-stellige Operation $\omega(F_\nu^{n_\nu})$ in I zuordnet. Ein geordnetes Paar $\Sigma = [I, \omega]$ aus einem nichtleeren Individuenbereich I und einer Interpretation ω von B in I nennen wir *eine Algebra* oder *eine Struktur vom Typ der Basis B* oder kurz eine *B-Algebra (über I)*.[3])

---

[1]) Entsprechend wie im Aussagenkalkül hinsichtlich der Verwendung von p, q, r usw. als Aussagenvariablen muß man sich dabei zunächst eine Verabredung darüber getroffen denken, für welche Individuenvariablen diese Zeichen stehen sollen.

[2]) Auf die Betrachtung des leeren Individuenbereiches wollen wir im folgenden grundsätzlich verzichten.

[3]) Eine solche Algebra kann auch aufgefaßt werden als ein Quadrupel $\left[I, \{\alpha_\lambda | \lambda \in \Lambda\}, \{\alpha_\mu^{m_\mu} | \mu \in M\}, \{\varphi_\nu^{n_\nu} | \nu \in N\} \right]$ aus einem Individuenbereich I (der *Trägermenge* der Algebra), einer Familie $\{\alpha_\lambda | \lambda \in \Lambda\}$ von Elementen aus I (den *Konstanten* der Algebra), einer Familie $\left\{ \alpha_\mu^{m_\mu} | \mu \in M \right\}$ von Attributen in I (den *Relationen* der Algebra) und einer Familie $\left\{ \varphi_\nu^{n_\nu} | \nu \in N \right\}$ von Funktionen in I (den *Operationen* der Algebra). In diesem oder ähnlichem Sinne wird heute vielfach in der Literatur nach BIRKHOFF der Begriff der (abstrakten) Algebra verwendet.

B-Algebren $[I_1, \omega_1]$ und $[I_2, \omega_2]$ heißen *isomorph*, wenn es eine umkehrbar eindeutige Abbildung Φ von I_1 auf I_2 gibt, so daß

$$\Phi\left(\omega_1(a_\lambda)\right) = \omega_2(a_\lambda) \quad \text{für alle } a_\lambda \text{ aus } B_1, \tag{1}$$

$$\omega_2\left(A^m_\mu{}^\mu\right)\left(\Phi(\xi_1), \dots, \Phi(\xi_{m_\mu})\right) = \omega_1\left(A^m_\mu{}^\mu\right)\left(\xi_1, \dots, \xi_{m_\mu}\right) \tag{2}$$

für alle $A^m_\mu{}^\mu$ aus B_2 und alle $\xi_1, \dots, \xi_{m_\mu} \in I_1$,

$$\omega_2\left(F^{n_\nu}_\nu\right)\left(\Phi(\xi_1), \dots, \Phi(\xi_{n_\nu})\right) = \Phi\left(\omega_1(F^{n_\nu}_\nu)(\xi_1, \dots, \xi_{n_\nu})\right) \tag{3}$$

für alle $F^{n_\nu}_\nu$ aus B_3 und alle $\xi_1, \dots, \xi_{n_\nu} \in I_1$.

Entsprechend heißt die B-Algebra $[I_2, \omega_2]$ *homomorph* der B-Algebra $[I_1, \omega_1]$, wenn es eine eindeutige Abbildung Φ von I_1 auf I_2 gibt, die die Bedingungen (1) bis (3) erfüllt. Auf die allgemeine Theorie der Isomorphie und Homomorphie abstrakter Algebren wollen wir hier nicht eingehen, da wir im folgenden nur einige ganz einfache Dinge benötigen werden.

Es sei I ein beliebiger nichtleerer Individuenbereich, ω eine Interpretation der Basis B in I und Σ die B-Algebra $[I, \omega]$. Unter *einer Belegung der Individuenvariablen mit Individuen aus I* verstehen wir eine Abbildung f, durch welche jeder Individuenvariablen x_i in eindeutiger Weise ein Element $f(x_i)$ aus I zugeordnet wird. Entsprechend der induktiven Definition der B-Terme (S. 13) definieren wir nun induktiv *den Wert eines solchen Termes t in der Algebra Σ bei einer Belegung f der Individuenvariablen mit Individuen aus I ($Wert_\Sigma(t, f)$)*:

(1) $Wert_\Sigma(x_i, f) = f(x_i) \quad (i = 0, 1, 2, \dots)$,

$\quad\;\; Wert_\Sigma(a_\lambda, f) = \omega(a_\lambda) \quad (a_\lambda \text{ aus } B_1)$.

(2) $Wert_\Sigma\left(F^{n_\nu}_\nu(t_1, \dots, t_{n_\nu}), f\right)$

$$= \omega\left(F^{n_\nu}_\nu\right)\left(Wert_\Sigma(t_1, f), \dots, Wert_\Sigma(t_{n_\nu}, f)\right) \quad \left(F^{n_\nu}_\nu \text{ aus } B_3\right).\,[1]$$

Auf Grund dieser Definition ergibt sich sofort, daß $Wert_\Sigma(t, f)$ *für jeden B-Term t und jede Belegung f ein eindeutig bestimmtes Element des Individuenbereiches I der Algebra Σ ist*; denn für die Terme „0-ter Stufe", d.h. für die Individuenvariablen x_i und die Individuensymbole a_λ, ist das nach (1) der Fall, und wenn die Behauptung für die Terme $t_1, \dots, t_{n_\nu}$ gilt, so gilt sie nach

---

[1]) $Wert_\Sigma\left(F^{n_\nu}_\nu(t_1, \dots, t_{n_\nu}), f\right)$ ergibt sich also dadurch, daß man die n_ν-stellige Operation $\omega\left(F^{n_\nu}_\nu\right)$ auf das n_ν-Tupel $[Wert_\Sigma(t_1, f), \dots, Wert_\Sigma(t_{n_\nu}, f)]$ anwendet.

(2) auch für den Term $F_{\nu}^{n_\nu}(t_1, \ldots, t_{n_\nu})$, und daraus folgt nach Bedingung (3) der Termdefinition, daß unsere Behauptung für alle Terme richtig ist. Entsprechend beweist man induktiv, daß $Wert_\Sigma(t, f)$ *für einen beliebigen Term t nur von den Werten der Interpretation ω für die in t effektiv auftretenden Individuen- und Operationssymbole sowie von den Werten von f für die in t effektiv auftretenden Individuenvariablen abhängt*, oder anders ausgedrückt: Sind $\Sigma = [I, \omega]$ und $\Sigma^* = [I, \omega^*]$ B-Algebren über dem Individuenbereich I mit $\omega^*(a_\lambda) = \omega(a_\lambda)$ für alle in t, auftretenden a_λ und $\omega^*(F_\nu^{n_\nu}) = \omega(F_\nu^{n_\nu})$ für alle in t auftretenden $F_\nu^{n_\nu}$ und sind f und f^* Belegungen der Individuenvariablen mit Individuen aus I mit $f^*(x_i) = f(x_i)$ für alle in t auftretenden x_i, so ist $Wert_\Sigma(t, f) = Wert_{\Sigma^*}(t, f^*)$.

Es sei z. B. t der Term $F_1^2(x_1, F_2^1(F_1^2(x_2, a_1)))$ über der Basis $B = [\{a_1\}, \{A_1^2, A_2^2\}, \{F_1^2, F_2^1\}]$ und $\Sigma = [I, \{\alpha_1\}, \{\alpha_1^2, \alpha_2^2\}, \{\varphi_1^2, \varphi_2^1\}]$ die B-Algebra, bei der I die Menge aller natürlichen Zahlen, α_1 die Zahl Eins, α_1^2 und α_2^2 irgendwelche Relationen im Bereich der natürlichen Zahlen und $\varphi_1^2(\xi, \eta) = \xi + \eta$, $\varphi_2^1(\xi) = \xi^2$ $(\xi, \eta \in I)$ bedeuten. Definitionsgemäß ist dann für eine beliebige Belegung f

$$Wert_\Sigma(t, f) = f(x_1) + (f(x_2) + 1)^2,$$

so daß also bei $f(x_1) = 5$ und $f(x_2) = 3$ z. B. $Wert_\Sigma(t, f) = 21$ wird.

Es seien nun $\Sigma_1 = [I_1, \omega_1]$ und $\Sigma_2 = [I_2, \omega_2]$ homomorphe (isomorphe) B-Algebren und es sei Φ ein Homomorphismus (Isomorphismus) von Σ_1 auf Σ_2. Es werde ferner für eine beliebige Belegung f der Individuenvariablen mit Individuen aus I_1 unter Φf diejenige Belegung der Individuenvariablen mit Individuen aus I_2 verstanden, die gegeben wir durch

$$\Phi f(x_i) = \Phi(f(x_i)) \qquad (i = 0, 1, 2, \ldots).$$

Dann ist, so behaupten wir, für jeden Term t über B

$$\Phi(Wert_{\Sigma_1}(t, f)) = Wert_{\Sigma_2}(t, \Phi f).$$

Den Beweis führen wir durch vollständige Induktion über die Kompliziertheit des Terms t. Ist t die Individuenvariable x_i, so ist $\Phi(Wert_{\Sigma_1}(t, f))$ $= \Phi(f(x_i)) = \Phi f(x_i) = Wert_{\Sigma_2}(t, \Phi f)$, und ist t das Individuensymbol a_λ (aus B_1), so ist entsprechend $\Phi(Wert_{\Sigma_1}(t, f)) = \Phi(\omega_1(a_\lambda)) = \omega_2(a_\lambda) = Wert_{\Sigma_2}(t, \Phi f)$. Wir nehmen nun an, die Behauptung wäre bei gegebenem $F_\nu^{n_\nu}$ aus B_3 für die Terme $t_1, \ldots, t_{n_\nu}$ bereits bewiesen und es sei t der Term $F_\nu^{n_\nu}(t_1, \ldots, t_{n_\nu})$; dann wird

$$\Phi(Wert_{\Sigma_1}(t, f)) = \Phi\left(\omega_1(F_\nu^{n_\nu})\,(Wert_{\Sigma_1}(t_1, f), \ldots, Wert_{\Sigma_1}(t_{n_\nu}, f))\right)$$

$$= \omega_2(F_\nu^{n_\nu})\,\{\Phi(Wert_{\Sigma_1}(t_1, f)), \ldots, \Phi(Wert_{\Sigma_1}(t_{n_\nu}, f))\}$$

$$= \omega_2(F_\nu^{n_\nu})\,(Wert_{\Sigma_2}(t_1, \Phi f), \ldots, Wert_{\Sigma_2}(t_{n_\nu}, \Phi f))$$

$$= Wert_{\Sigma_2}(t, \Phi f),$$

d.h., dann gilt unsere Behauptung auch für t. Damit ist der behauptete Satz bewiesen.

Bevor wir zur Interpretation der Ausdrücke über B kommen, wollen wir zunächst noch eine Bezeichnung einführen. Es sei f eine Belegung der Individuenvariablen mit Individuen aus einem Individuenbereich I, x_k eine bestimmte Individuenvariable und ξ ein gegebenes Element aus I; dann verstehen wir unter $f\left\langle{x_k \atop \xi}\right\rangle$ diejenige Belegung über I, die gegeben wird durch

$$f\left\langle{x_k \atop \xi}\right\rangle(x_i) = \begin{cases} f(x_i), & \text{falls} \quad i \neq k \\ \xi, & \text{falls} \quad i = k \end{cases} \quad (i = 0, 1, 2, \ldots),$$

die also der Variablen x_k den Wert ξ zuordnet und ansonsten mit der Belegung f übereinstimmt, und in analoger Weise ist allgemein $f\left\langle{x_{k_1}, \ldots, x_{k_r} \atop \xi_1, \ldots, \xi_r}\right\rangle$ definiert.

Entsprechend der induktiven Definition der B-Ausdrücke (S. 14) definieren wir folgendermaßen induktiv *den Wert eines Ausdrucks H in der B-Algebra $\Sigma = [I, \omega]$ bei einer Belegung f der Individuenvariablen mit Individuen aus I ($\text{Wert}_\Sigma(H, f)$):*

(1) a) $\text{Wert}_\Sigma\left(A^{m_\mu}_\mu t_1 \ldots t_{m_\mu}, f\right) = \omega\left(A^{m_\mu}_\mu\right)\left(\text{Wert}_\Sigma(t_1, f), \ldots\right) \quad \left(A^{m_\mu}_\mu \text{ aus } B_2\right),$

   b) $\text{Wert}_\Sigma(t_1 = t_2, f) = \iota_I(\text{Wert}_\Sigma(t_1, f), \text{Wert}_\Sigma(t_2, f))$.[1])

(2) a) $\text{Wert}_\Sigma(\sim H, f) = non\,(\text{Wert}_\Sigma(H, f));$

   b) $\text{Wert}_\Sigma((H_1 \wedge H_2), f) = et\,(\text{Wert}_\Sigma(H_1, f), \text{Wert}_\Sigma(H_2, f)),$

   $\text{Wert}_\Sigma((H_1 \vee H_2), f) = vel\,(\text{Wert}_\Sigma(H_1, f), \text{Wert}_\Sigma(H_2, f)),$

   $\text{Wert}_\Sigma((H_1 \to H_2), f) = seq(\text{Wert}_\Sigma(H_1, f), \text{Wert}_\Sigma(H_2, f)),$

   $\text{Wert}_\Sigma((H_1 \leftrightarrow H_2), f) = äq\,(\text{Wert}_\Sigma(H_1, f), \text{Wert}_\Sigma(H_2, f));$

---

[1]) Trifft das m_μ-stellige Attribut $\omega\left(A^{m_\mu}_\mu\right)$ auf das m_μ-Tupel $[\text{Wert}_\Sigma(t_1, f), \ldots, \text{Wert}_\Sigma(t_{m_\mu}, f)]$ von Individuen aus I zu, so ist also $\text{Wert}_\Sigma\left(A^{m_\mu}_\mu t_1 \ldots t_{m_\mu}, f\right)$ der Wahrheitswert W, während sich andernfalls der Wahrheitswert F ergibt. In b) bezeichnet ι_I die Identität in I, so daß also $\text{Wert}_\Sigma(t_1 = t_2, f)$ der Wahrheitswert W oder F ist, je nachdem ob sich als $\text{Wert}_\Sigma(t_1, f)$ und $\text{Wert}_\Sigma(t_2, f)$ dasselbe Individuum aus I oder verschiedene Individuen aus I ergeben.

c) $Wert_\Sigma(\bigwedge x_k H(x_k), f) = Om\left(\lambda\xi Wert_\Sigma\left(H(x_k), f\left\langle{x_k \atop \xi}\right\rangle\right)\right)$,

$Wert_\Sigma(\bigvee x_k H(x_k), f) = Ex\left(\lambda\xi Wert_\Sigma\left(H(x_k), f\left\langle{x_k \atop \xi}\right\rangle\right)\right)$,

wenn dabei $\lambda\xi Wert_\Sigma\left(H(x_k), f\left\langle{x_k \atop \xi}\right\rangle\right)$ dasjenige einstellige Attribut in I bezeichnet, durch das einem beliebigen $\xi \in I$ der Wahrheitswert $Wert_\Sigma\left(H(x_k), f\left\langle{x_k \atop \xi}\right\rangle\right)$ zugeordnet wird.[1]

Auf Grund dieser Definition ergibt sich leicht, daß $Wert_\Sigma(H, f)$ *für jeden B-Ausdruck H und jede Belegung f ein eindeutig bestimmter Wahrheitswert ist*. Des weiteren zeigt man ohne Schwierigkeit, daß $Wert_\Sigma(H, f)$ *nur abhängt von den Werten der Interpretation ω für die in H effektiv auftretenden Individuen-, Attributen- und Operationssymbole und von den Werten von f für die in H frei vorkommenden Individuenvariablen*. Daß nur die freien Variablen von H eine Rolle spielen, liegt einfach daran, daß $Wert_\Sigma(\bigwedge x_k H(x_k), f)$ und $Wert_\Sigma(\bigvee x_k H(x_k), f)$ nicht von $f(x_k)$ abhängen. Speziell ist also für eine Aussage H, d.h. für einen Ausdruck ohne freie Variablen, entweder bei allen Belegungen $Wert_\Sigma(H, f) = W$ oder bei allen Belegungen $Wert_\Sigma(H, f) = F$.

Fassen wir einen gegebenen B-Ausdruck H auf als Ausdruck über der Basis B_H aus allen den Symbolen der Basis B, die in H wirklich auftreten, und bezeichnen wir für eine gegebene B-Algebra $\Sigma = [I, \omega]$ mit $\Sigma_H = [I, \omega_H]$ die B_H-Algebra, die definiert ist durch

$$\omega_H(a_\lambda) = \omega(a_\lambda), \qquad \omega_H\left(A^m_{\mu}{}^\mu\right) = \omega\left(A^m_{\mu}{}^\mu\right), \qquad \omega_H\left(F^n_{\nu}{}^\nu\right) = \omega\left(F^n_{\nu}{}^\nu\right)$$

für alle a_λ, $A^m_{\mu}{}^\mu$, $F^n_{\nu}{}^\nu$ aus B_H (d.h., die in H vorkommen), so wird für jede Belegung f der Individuenvariablen in I: $Wert_\Sigma(H, f) = Wert_{\Sigma_H}(H, f)$.

Als Beispiel betrachten wir den Ausdruck

$$x_0 \neq a_1 \wedge \bigwedge_{x_1}(A^2_1 x_1 x_0 \rightarrow x_1 = x_0 \vee x_1 = a_1)$$

über der Basis $B = [\{a_1\}, \{A^2_1\}, \emptyset]$. Zugrunde gelegt werde die B-Algebra $\Sigma = [I, \{1\}, \{\alpha\}, \emptyset]$, wobei I die Menge aller positiven natürlichen Zahlen ist und

---

[1] Es ist also

$Wert_\Sigma(\bigwedge x_k H(x_k), f) = W$ genau dann, wenn für alle $\xi \in I$ gilt:

$Wert_\Sigma\left(H(x_k), f\left\langle{x_k \atop \xi}\right\rangle\right) = W$,

$Wert_\Sigma(\bigvee x_k H(x_k), f) = W$ genau dann, wenn es ein $\xi \in I$ gibt, so daß

$Wert_\Sigma\left(H(x_k), f\left\langle{x_k \atop \xi}\right\rangle\right) = W$.

α die Teilbarkeitsrelation bezeichnet ($\alpha(\xi, \eta) = W$ genau dann, wenn $\xi|\eta$). Dann ist bei einer beliebigen Belegung f

$$Wert_\Sigma(A_1^2 x_1 x_0, f) = W \text{ genau dann, wenn } f(x_1)|f(x_0),$$

$$Wert_\Sigma(x_1 = x_0, f) = W \text{ genau dann, wenn } f(x_1) = f(x_0),$$

$$Wert_\Sigma(x_1 = a_1, f) = W \text{ genau dann, wenn } f(x_1) = 1$$

und daher

$$Wert_\Sigma(A_1^2 x_1 x_0 \to x_1 = x_0 \vee x_1 = a_1, f) = W \text{ genau dann, wenn gilt:}$$

$$\text{wenn } f(x_1)|f(x_0), \text{ so } f(x_1) = f(x_0) \text{ oder } f(x_1) = 1$$

und allgemeiner

$$Wert_\Sigma\left(A_1^2 x_1 x_0 \to x_1 = x_0 \vee x_1 = a_1, \ f\left\langle \begin{matrix} x_1 \\ \xi \end{matrix} \right\rangle\right) = W \text{ genau dann, wenn gilt:}$$

$$\text{wenn } \xi|f(x_0), \text{ so } \xi = f(x_0) \text{ oder } \xi = 1.$$

Nach (2)c) wird dann aber $Wert_\Sigma(\bigwedge_{x_1}(A_1^2 x_1 x_0 \to x_1 = x_0 \vee x_1 = a_1), f) = W$ genau dann, wenn für jedes $\xi \in I$ gilt: wenn $\xi|f(x_0)$, so $\xi = f(x_0)$ oder $\xi = 1$, d.h., wenn $f(x_0)$ nur durch sich selbst und durch 1 teilbar ist. Beachten wir noch, daß $Wert_\Sigma(x_0 \neq a_1, f) = W$ genau dann, wenn $f(x_0) \neq 1$, so erhalten wir:

$$Wert_\Sigma(x_0 \neq a_1 \wedge \bigwedge_{x_1}(A_1^2 x_1 x_0 \to x_1 = x_0 \vee x_1 = a_1), f) = W \text{ genau dann,}$$

$$\text{wenn } f(x_0) \text{ eine Primzahl ist,}$$

d. h., genau die Belegungen f, bei denen $f(x_0)$ eine Primzahl ist, erteilen in Σ dem betrachteten Ausdruck H den Wert W, während für alle anderen Belegungen $Wert_\Sigma(H, f) = F$ wird.

Als zweites Beispiel betrachten wir den Ausdruck

$$\bigwedge_{x_0}\left(A_1^2 a_1 x_0 \to \bigvee_{x_1}\left(A_1^2 a_1 x_1 \wedge \bigwedge_{x_2}\left(A_1^2 F_2^1\left(F_1^2(x_2, x_3)\right) x_1 \to A_1^2 F_2^1\left(F_1^2\left(F_3^1(x_2), F_3^1(x_3)\right)\right) x_0\right)\right)\right)$$

über der Basis $B = [\{a_1\}, \{A_1^2\}, \{F_1^2, F_2^1, F_3^1\}]$. Mit Σ bezeichnen wir jetzt die B-Algebra $[I, \omega]$, bei der I die Menge aller reellen Zahlen ist und $\omega(a_1)$ die Zahl Null, $\omega(A_1^2)$ die $<$-Relation, $\omega(F_1^2)$ die Differenz, $\omega(F_2^1)$ den absoluten Betrag und $\omega(F_3^1)$ eine beliebige Funktion φ im Bereich der reellen Zahlen bedeutet. Man überlegt sich leicht, daß für den betrachteten Ausdruck H bei einer Belegung f, die der Variablen x_3 die Zahl ξ zuordnet, dann und nur dann $Wert_\Sigma(H, f) = W$ wird, wenn die Funktion φ ($= \omega(F_3^1)$) an der Stelle ξ ($= f(x_3)$) stetig ist.

Wir beweisen als nächstes das

Isomorphietheorem: *Es sei Φ eine isomorphe Abbildung der B-Algebra $\Sigma_1 = [I_1, \omega_1]$ auf die B-Algebra $\Sigma_2 = [I_2, \omega_2]$. Dann gilt für jeden B-Ausdruck H bei jeder Belegung f der Individuenvariablen mit Individuen aus I_1*

$$Wert_{\Sigma_1}(H, f) = Wert_{\Sigma_2}(H, \Phi f),$$

wenn Φf die durch

$$\Phi f(x_i) = \Phi(f(x_i)) \quad (i = 0, 1, 2, \ldots)$$

definierte Belegung der Individuenvariablen mit Individuen aus' I_2 bezeichnet.

Der Beweis hierfür ergibt sich ohne Schwierigkeit durch vollständige Induktion über die Kompliziertheit von H. Wir merken nur an, daß für die prädikativen Ausdrücke der Form $t_1 = t_2$ diese Behauptung folgendermaßen erschlossen wird: Definitionsgemäß ist zunächst

$$\text{Wert}_{\Sigma_2}(t_1 = t_2, \Phi f) = \iota_{I_2}(\text{Wert}_{\Sigma_2}(t_1, \Phi f), \text{Wert}_{\Sigma_2}(t_2, \Phi f)),$$

also wegen $\text{Wert}_{\Sigma_2}(t_j, \Phi f) = \Phi(\text{Wert}_{\Sigma_1}(t_j, f))$ $(j = 1, 2)$ (vgl. S. 24),

$$\text{Wert}_{\Sigma_2}(t_1 = t_2, \Phi f) = \iota_{I_2}\big(\Phi(\text{Wert}_{\Sigma_1}(t_1, f)), \Phi(\text{Wert}_{\Sigma_1}(t_2, f))\big).$$

Da nun die Abbildung Φ umkehrbar eindeutig ist, ist bei beliebigen $\xi, \eta \in I_1$

$$\Phi(\xi) = \Phi(\eta) \text{ genau dann, wenn } \xi = \eta,$$

d.h., es ist stets

$$\iota_{I_2}(\Phi(\xi), \Phi(\eta)) = \iota_{I_1}(\xi, \eta)$$

und mithin

$$\text{Wert}_{\Sigma_2}(t_1 = t_2, \Phi f) = \iota_{I_1}(\text{Wert}_{\Sigma_1}(t_1, f), \text{Wert}_{\Sigma_1}(t_2, f))$$

$$= \text{Wert}_{\Sigma_1}(t_1 = t_2, f),$$

und das sollte ja gerade gezeigt werden. Wesentlich ist, daß das die einzige Stelle im Beweis des Isomorphietheorems ist, wo von der Eineindeutigkeit der Abbildung Φ Gebrauch gemacht wird. Mithin gilt darüber hinaus das folgende

Homomorphietheorem: *Ist Φ eine homomorphe Abbildung der B-Algebra Σ_1 auf die B-Algebra Σ_2, so ist für einen beliebigen identitätsfreien B-Ausdruck H bei jeder Belegung f der Individuenvariablen mit Individuen aus I_1*

$$\text{Wert}_{\Sigma_1}(H, f) = \text{Wert}_{\Sigma_2}(H, \Phi f).$$

Für Ausdrücke, in denen das Gleichheitszeichen auftritt, ist das Homomorphietheorem allgemein sicher nicht mehr richtig; denn ist Φ ein Homomorphismus, der kein Isomorphismus ist, so gibt es in I_1 voneinander verschiedene Elemente ξ und η, denen durch Φ dasselbe Element aus I_2 zugeordnet wird, und ist f eine Belegung über I_1 mit $f(x_0) = \xi$ und $f(x_1) = \eta$, so wird $\text{Wert}_{\Sigma_1}(x_0 = x_1, f) = F$ aber $\text{Wert}_{\Sigma_2}(x_0 = x_1, \Phi f) = W$.

Ähnlich wie im Aussagenkalkül sagen wir, daß *die Belegung f in Σ den Ausdruck H erfüllt ($f \, \text{Erf}_\Sigma \, H$)*, wenn $\text{Wert}_\Sigma(H, f) = W$.

Dann gilt:

$f \, Erf_\Sigma \, A_\mu^{m_\mu} \, t_1 \ldots t_{m_\mu}$ genau dann, wenn $\omega\left(A_\mu^{m_\mu}\right)$ auf das m_μ-Tupel

$$[Wert_\Sigma(t_1, f), \ldots, Wert_\Sigma(t_{m_\mu}, f)] \text{ zutrifft.}$$

$f \, Erf_\Sigma \, t_1 = t_2 \qquad$ genau dann, wenn $Wert_\Sigma(t_1, f) = Wert_\Sigma(t_2, f)$.

$f \, Erf_\Sigma \sim H \qquad\quad$ genau dann, wenn nicht $f \, Erf_\Sigma \, H$.

$f \, Erf_\Sigma \, (H_1 \wedge H_2) \quad$ genau dann, wenn gilt: $f \, Erf_\Sigma \, H_1$ und $f \, Erf_\Sigma \, H_2$.

$f \, Erf_\Sigma \, (H_1 \vee H_2) \quad$ genau dann, wenn gilt: $f \, Erf_\Sigma \, H_1$ oder $f \, Erf_\Sigma \, H_2$.

$f \, Erf_\Sigma \, (H_1 \rightarrow H_2) \quad$ genau dann, wenn gilt: wenn $f \, Erf_\Sigma \, H_1$, so $f \, Erf_\Sigma \, H_2$.

$f \, Erf_\Sigma \, (H_1 \leftrightarrow H_2) \quad$ genau dann, wenn gilt:

$$f \, Erf_\Sigma \, H_1 \text{ genau dann, wenn } f \, Erf_\Sigma \, H_2.$$

$f \, Erf_\Sigma \, \bigwedge x_k H(x_k) \quad$ genau dann, wenn für jedes $\xi \in I$ gilt:

$$f \left\langle \begin{matrix} x_k \\ \xi \end{matrix} \right\rangle Erf_\Sigma \, H(x_k).$$

$f \, Erf_\Sigma \, \bigvee x_k H(x_k) \quad$ genau dann, wenn es ein $\xi \in I$ gibt, so daß

$$f \left\langle \begin{matrix} x_k \\ \xi \end{matrix} \right\rangle Erf_\Sigma \, H(x_k).$$

Wird ein Ausdruck H durch jede Belegung f der Individuenvariablen mit Individuen aus dem Individuenbereich der B-Algebra Σ erfüllt, d.h. ist $Wert_\Sigma(H, f) = W$ für jede solche Belegung f, so nennen wir H *in* Σ *allgemeingültig* ($ag_\Sigma H$); wird H durch wenigstens eine Belegung f erfüllt, so heißt H *in* Σ *erfüllbar* ($ef_\Sigma H$). Die Menge der in Σ allgemeingültigen bzw. erfüllbaren B-Ausdrücke deuten wir durch ag_Σ^B bzw. ef_Σ^B an. Verabredungsgemäß (vgl. S. 15) bedeutet dann ag_Σ^{BO} (ef_Σ^{BO}) die Menge der identitätsfreien in Σ allgemeingültigen (erfüllbaren) B-Ausdrücke. Da die Werte eines Ausdrucks H in einer Algebra $\Sigma = [I, \omega]$ nur abhängen von den Werten $\omega(a_\lambda)$, $\omega\left(A_\mu^{m_\mu}\right)$, $\omega\left(F_\nu^{n_\nu}\right)$ für die a_λ, $A_\mu^{m_\mu}$, $F_\nu^{n_\nu}$, die in H effektiv vorkommen (d.h. zu B_H gehören), gilt für jeden Ausdruck H:

$$ag_\Sigma H \text{ genau dann, wenn } ag_{\Sigma_H} H,$$

$$ef_\Sigma H \text{ genau dann, wenn } ef_{\Sigma_H} H.$$

Wir merken als erstes an, daß *jeder in einer Algebra* Σ *allgemeingültige Ausdruck auch in* Σ *erfüllbar ist*[1] $\left(ag_\Sigma^{B(O)} \subseteqq ef_\Sigma^{B(O)}\right)$; dabei gibt es in der

---

[1] Hierbei spielt eine wesentliche Rolle, daß der Individuenbereich I von Σ nicht leer ist.

Regel — von einigen Trivialfällen abgesehen[1]) — sogar identitätsfreie Ausdrücke, die erfüllbar, aber nicht allgemeingültig sind $\left(ag_{\Sigma}^{B}(\bigcirc) < ef_{\Sigma}^{B}(\bigcirc)\right)$.

Lediglich für abgeschlossene Ausdrücke (Aussagen) H gilt allgemein: $ag_{\Sigma}H$ genau dann, wenn $ef_{\Sigma}H$. Hierfür genügt es offenbar zu zeigen, daß aus der Erfüllbarkeit von H die Allgemeingültigkeit von H folgt. Es sei also $ef_{\Sigma}H$; dann gibt es eine Belegung f^*, so daß $Wert_{\Sigma}(H, f^*) = W$; ist nun f eine ganz beliebige Belegung der Individuenvariablen mit Elementen aus I, so stimmen f und f^* in den Werten für alle in H frei vorkommende Variablen überein (weil in H keine Variable frei vorkommt), also ist (vgl. S. 26) $Wert_{\Sigma}(H, f) = Wert_{\Sigma}(H, f^*)$, d.h. H, nimmt bei jeder Belegung f den Wert W an und ist mithin in Σ allgemeingültig. *Ein abgeschlossener Ausdruck (Aussage) H wird also entweder von jeder Belegung f in Σ erfüllt*, dann nennen wir H auch *eine in Σ wahre* oder *gültige Aussage*, *oder H wird von keiner derartigen Belegung erfüllt*, und dann heißt H *eine in Σ falsche* oder *ungültige Aussage*. Es gilt also im Bereich der abgeschlossenen B-Ausdrücke für die so definierte Wahrheit und Falschheit in Σ der Satz der Zweiwertigkeit (vgl. I, S. 1). Ferner ist unmittelbar klar, daß mit H auch $\sim H$ und mit H_1, H_2 auch $(H_1 \wedge H_2)$, $(H_1 \vee H_2)$, $(H_1 \to H_2)$, $(H_1 \leftrightarrow H_2)$ abgeschlossene B-Ausdrücke sind. Folglich können wir die Abbildungen, die einem abgeschlossenen B-Ausdruck H den Ausdruck $\sim H$, bzw. den abgeschlossenen B-Ausdrücken H_1, H_2 den Ausdruck $(H_1 \wedge H_2)$ bzw. $(H_1 \vee H_2)$ bzw. $(H_1 \to H_2)$ bzw. $(H_1 \leftrightarrow H_2)$ zuordnen, als Aussagenfunktionen (vgl. I, S. 4) deuten, die extensional sind und deren zugehörige Wahrheitsfunktionen (vgl. I, S. 7) gerade die Funktionen *non, et, vel, seq* und *äq* werden. Die abgeschlossenen B-Ausdrücke bilden also ein „Modell" für den Grundansatz des klassischen zweiwertigen Aussagenkalküls (I, § 1), wodurch zugleich die von uns verwendete Bezeichnung „Aussagen" für die abgeschlossenen Ausdrücke in gewissem Sinne gerechtfertigt ist.

Es sei $B = [\{a_1\}, \{A_1^2\}, \{F_1^1, F_2^2, F_3^2\}]$. Mit Σ bezeichnen wir die B-Algebra $[I, \omega]$, bei der I die Menge der natürlichen Zahlen ist und $\omega(a_1)$ die Zahl Null, $\omega(A_1^2)$ die $<$-Relation, $\omega(F_1^1)$ die Nachfolgeroperation $(\omega(F_1^1)(\xi) = \xi + 1)$, $\omega(F_2^2)$

---

[1]) Ist z. B. die Menge der Attributensymbole leer, so sind auch $ag_{\Sigma}^{B}\bigcirc$ und $ef_{\Sigma}^{B}\bigcirc$ leer und daher gleich, und enthält zudem I nur ein einziges Element, so stimmen auch ag_{Σ}^{B} und ef_{Σ}^{B} überein. Ist dagegen z. B. ein Attributensymbol $A_{\mu}^{m}{}_{\mu}$ vorhanden, für das $\omega\left(A_{\mu}^{m}{}_{\mu}\right)$ vom Null- und vom Allattribut verschieden ist, dann ist der Ausdruck $A_{\mu}^{m}{}_{\mu}\, x_1 \ldots x_{m_{\mu}}$ in Σ erfüllbar und nicht in Σ allgemeingültig; gibt es in I wenigstens zwei Elemente, so hat auch der Ausdruck $x_0 = x_1$ diese Eigenschaft.

die Addition, $\omega(F_3^2)$ die Multiplikation bedeuten. In Σ sind z. B. folgende Ausdrücke allgemeingültig:

$$A_1^2 xy \to \sim A_1^2 yx,$$
$$A_1^2 xy \land z \neq a_1 \to A_1^2 F_3^2(x, z) F_3^2(y, z),$$
$$A_1^2 xy \leftrightarrow \bigvee_z (z \neq a_1 \land F_2^2(x, z) = y),$$
$$\bigwedge_{x, y} F_3^2(x, F_1^1(y)) = F_2^2(F_3^2(x, y), x).$$

Alle diese Ausdrücke sind dann natürlich auch in Σ erfüllbar. Der Ausdruck

$$A_1^2 xy \to \bigvee_z (A_1^2 xz \land A_1^2 zy)$$

ist z. B. in Σ erfüllbar, aber nicht allgemeingültig; er wird durch genau die Belegungen f erfüllt, für die $f(y) \leq f(x)$ oder $f(x) + 1 < f(y)$ ist (im ersten Fall wird die Prämisse falsch, im zweiten die Conclusio wahr), während ihm jede Belegung f mit $f(x) + 1 = f(y)$ den Wert F erteilt.

Analog wie im Aussagenkalkül (I, S. 23/24) gelten folgende Beziehungen:

$$ag_\Sigma H \text{ genau dann, wenn nicht } ef_\Sigma \sim H; \tag{1}$$
$$ef_\Sigma H \text{ genau dann, wenn nicht } ag_\Sigma \sim H; \tag{2}$$
$$ag_\Sigma (H_1 \land H_2) \text{ genau dann, wenn } ag_\Sigma H_1 \text{ und } ag_\Sigma H_2; \tag{3}$$
$$\text{wenn } ag_\Sigma H_1 \text{ oder } ag_\Sigma H_2, \text{ so } ag_\Sigma (H_1 \lor H_2); \tag{4}$$
$$\text{wenn } ag_\Sigma (H_1 \to H_2) \text{ und } ag_\Sigma H_1, \text{ so } ag_\Sigma H_2; \tag{5}$$
$$\text{wenn } ag_\Sigma (H_1 \leftrightarrow H_2), \text{ so gilt: } ag_\Sigma H_1 \text{ genau dann, wenn } ag_\Sigma H_2 \tag{6}$$
$$\text{wenn } ef_\Sigma (H_1 \land H_2), \text{ so } ef_\Sigma H_1 \text{ und } ef_\Sigma H_2; \tag{7}$$
$$ef_\Sigma (H_1 \lor H_2) \text{ genau dann, wenn } ef_\Sigma H_1 \text{ oder } ef_\Sigma H_2. \tag{8}$$

Hinzu kommen jetzt noch für die Quantifizierungen:

$$ag_\Sigma \bigwedge x_k H(x_k) \text{ genau dann, wenn } ag_\Sigma H(x_k); \tag{9}$$
$$ef_\Sigma \bigvee x_k H(x_k) \text{ genau dann, wenn } ef_\Sigma H(x_k); \tag{10}$$
$$\text{wenn } ag_\Sigma H(x_k), \text{ so } ag_\Sigma \bigvee x_k H(x_k); \tag{11}$$
$$\text{wenn } ef_\Sigma \bigwedge x_k H(x_k), \text{ so } ef_\Sigma H(x_k); \tag{12}$$

und als Verallgemeinerung von (9) und (10):

$$ag_\Sigma H \text{ genau dann, wenn } ag_\Sigma Gen(H); \tag{9'}$$
$$ef_\Sigma H \text{ genau dann, wenn } ef_\Sigma Prt(H). \tag{10'}$$

Als Beispiel beweisen wir die Behauptung (9): Ist $ag_\Sigma \bigwedge x_k H(x_k)$, so ist bei jeder Belegung f der Individuenvariablen mit Individuen aus dem Individuenbereich I von Σ definitionsgemäß $Wert_\Sigma(\bigwedge x_k H(x_k), f) = W$

und mithin für jedes $\xi \in I$ auch $Wert_\Sigma\!\left(H(x_k), f\!\left\langle{x_k \atop \xi}\right\rangle\right) = W$; da nun aber $f\!\left\langle{x_k \atop f(x_k)}\right\rangle = f$, ist speziell $Wert_\Sigma(H(x_k), f) = W$, und weil das bei jeder Belegung f der Fall ist, ist $ag_\Sigma H(x_k)$. Ist umgekehrt $ag_\Sigma H(x_k)$, so ist bei jeder Belegung f dann $Wert_\Sigma(H(x_k), f) = W$, also ist bei einer beliebigen Belegung f^* für jedes $\xi \in I$ auch $Wert_\Sigma\!\left(H(x_k), f^*\!\left\langle{x_k \atop \xi}\right\rangle\right) = W$ und mithin $Wert_\Sigma(\bigwedge x_k H(x_k), f^*) = W$, und weil das für jede Belegung f^* der Fall ist, ist $ag_\Sigma \bigwedge x_k H(x_k)$.

Aus dem oben bewiesenen Isomorphietheorem folgt sofort, daß folgendes gilt: *Sind die B-Algebren Σ_1 und Σ_2 isomorph, so ist*

$$ag_{\Sigma_1}^{B}(O) = ag_{\Sigma_2}^{B}(O), \qquad ef_{\Sigma_1}^{B}(O) = ef_{\Sigma_2}^{B}(O).$$

Zum Beweis sei Φ ein Isomorphismus von Σ_1 auf Σ_2 und zunächst H ein B-Ausdruck mit $ef_{\Sigma_1}H$. Dann gibt es eine Belegung f über dem Individuenbereich I_1 von Σ_1, so daß $Wert_{\Sigma_1}(H, f) = W$. Auf Grund des Isomorphietheorems ist dann auch $Wert_{\Sigma_2}(H, \Phi f) = W$, d.h., Φf ist eine Belegung f^* über dem Individuenbereich I_2 von Σ_2, die in Σ_2 den Ausdruck H erfüllt, so daß $ef_{\Sigma_2}H$. Da man jedoch zu jeder Belegung f^* über I_2 (bei einem Isomorphismus Φ sogar in eindeutiger Weise) eine Belegung f über I_1 finden kann, so daß $f^* = \Phi f$, folgt umgekehrt aus $ef_{\Sigma_2}H$ auch $ef_{\Sigma_1}H$. Damit sind die Behauptungen über die Erfüllbarkeit bewiesen. Die Behauptungen über die Allgemeingültigkeit ergeben sich sodann mit Hilfe von (1) folgendermaßen:

$$
\begin{aligned}
&ag_{\Sigma_1}H \text{ genau dann, wenn nicht } ef_{\Sigma_1} \sim H && \text{(nach (1))}\\
&\qquad\text{genau dann, wenn nicht } ef_{\Sigma_2} \sim H && \text{(wie gezeigt)}\\
&\qquad\text{genau dann, wenn } ag_{\Sigma_2}H && \text{(nach (1)).}
\end{aligned}
$$

Analog ergibt sich mit Hilfe des Homomorphietheorems: *Ist die B-Algebra Σ_2 homomorphes Bild der B-Algebra Σ_1, so ist*

$$ag_{\Sigma_1}^{BO} = ag_{\Sigma_2}^{BO}, \qquad ef_{\Sigma_1}^{BO} = ef_{\Sigma_2}^{BO}.$$

Für Ausdrücke, in denen das Gleichheitszeichen auftritt, sind die entsprechenden Aussagen allgemein nicht mehr richtig.

Für spätere Anwendungen ist von grundlegender Bedeutung, daß für die Allgemeingültigkeit in einer Algebra Σ folgende „Schlußregeln" gelten:

1. Abtrennungsregel ($Abtr$):

Wenn $ag_\Sigma H_1$ und $ag_\Sigma (H_1 \to H_2)$, so $ag_\Sigma H_2$;

2. Regel der vorderen Generalisierung (Gv):

Wenn $ag_\Sigma (H_1(x_k) \to H_2)$, so $ag_\Sigma(\bigwedge x_k H_1(x_k) \to H_2)$;

3. Regel der hinteren Partikularisierung (Ph):

Wenn $ag_\Sigma (H_1 \rightarrow H_2(x_k))$, *so* $ag_\Sigma (H_1 \rightarrow \bigvee x_k H_2(x_k))$;

4. Regel der hinteren Generalisierung (Gh):

Wenn $ag_\Sigma (H_1 \rightarrow H_2(x_k))$ *und in* H_1 *die Variable* x_k *nicht vorkommt, so* $ag_\Sigma (H_1 \rightarrow \bigwedge x_k H_2(x_k))$;

5. Regel der vorderen Partikularisierung (Pv):

Wenn $ag_\Sigma (H_1(x_k) \rightarrow H_2)$ *und in* H_2 *die Variable* x_k *nicht vorkommt, so* $ag_\Sigma (\bigvee x_k H_1(x_k) \rightarrow H_2)$;

6. Regel der Termeinsetzung für vollfreie Variablen $(Tevfr^B)$:

Wenn $ag_\Sigma H(x_k)$, *so* $ag_\Sigma H(x_k/t)$, *für jeden zulässigen*[1] *B-Term* t.

7. Regel der gebundenen Umbenennung $(Umgb)$:

Wenn $ag_\Sigma H$ *und* H *durch gebundene Umbenennung in* H' *übergeht, so* $ag_\Sigma H'$.

Die Gultigkeit der Abtrennungsregel hatten wir schon oben vermerkt.

Zum Beweis von (Gn) sei $ag_\Sigma (H_1(x_k) \rightarrow H_2)$ und f eine beliebige Belegung der Individuenvariablen mit Individuen aus dem Individuenbereich I der Algebra Σ. Ist dann $Wert_\Sigma(\bigwedge x_k H_1(x_k), f) = F$, so ist trivialerweise $Wert_\Sigma((\bigwedge x_k H_1(x_k) \rightarrow H_2), f) = W$; ist dagegen $Wert_\Sigma(\bigwedge x_k H_1(x_k), f) = W$, so ist für jedes $\xi \in I$ $Wert_\Sigma\left(H_1(x_k), f\left\langle \begin{smallmatrix} x_k \\ \xi \end{smallmatrix} \right\rangle\right) = W$, also speziell auch $Wert_\Sigma(H_1(x_k), f) = W$, und da ferner $Wert_\Sigma((H_1(x_k) \rightarrow H_2), f) = W$ (wegen $ag_\Sigma (H_1(x_k) \rightarrow H_2)$), ist dann auch $Wert_\Sigma(H_2, f) = W$ und mithin $Wert_\Sigma((\bigwedge x_k H_1(x_k) \rightarrow H_2), f) = W$. Also wird $(\bigwedge x_k H_1(x_k) \rightarrow H_2)$ durch jede Belegung f über I erfüllt und ist folglich in Σ allgemeingültig.

Entsprechend beweist man die Regel (Ph).

Für den Beweis von (Gh) sei $ag_\Sigma (H_1 \rightarrow H_2(x_k))$ und dabei H_1 ein Ausdruck, in dem die Variable x_k nicht vorkommt. Es sei ferner f eine beliebige Belegung über I. Wäre nun $Wert_\Sigma((H_1 \rightarrow \bigwedge x_k H_2(x_k)), f)) = F$, so wäre $Wert_\Sigma(H_1, f) = W$ und $Wert_\Sigma(\bigwedge x_k H_2(x_k), f) = F$. Dann gäbe es aber ein $\xi \in I$ mit $Wert_\Sigma\left(H_2(x_k), f\left\langle \begin{smallmatrix} x_k \\ \xi \end{smallmatrix} \right\rangle\right) = F$. Da nun die Variable x_k nicht in H_1 vorkommt, ist $f\left\langle \begin{smallmatrix} x_k \\ \xi \end{smallmatrix} \right\rangle$ eine Belegung über I, die für alle in H_1 vorkommenden

---

[1] D. h. für jeden B-Term t, bei dem beim Übergang von $H(x_k)$ zu $H(x_k/t)$ keine Variablenkonfusion eintritt (vgl. S. 18).

Variablen mit f übereinstimmt, so daß (vgl. S. 26) $Wert_\Sigma\left(H_1,\ f\left\langle{x_k \atop \xi}\right\rangle\right) =$

$= Wert_\Sigma(H_1,\ f) = W$. Damit wäre aber $Wert_\Sigma\left((H_1 \to H_2(x_k)),\ f\left\langle{x_k \atop \xi}\right\rangle\right) =$

$= seq\left(Wert_\Sigma\left(H_1,\ f\left\langle{x_k \atop \xi}\right\rangle\right),\ Wert_\Sigma\left(H_2,\ f\left\langle{x_k \atop \xi}\right\rangle\right)\right) = seq\,(W,\ F) = F$, im

Widerspruch zu $ag_\Sigma\,(H_1 \to H_2(x_k))$. Also nimmt $(H_1 \to \bigwedge x_k H_2(x_k))$ bei jeder Belegung f über I den Wert W an, und das war ja gerade zu zeigen.

Entsprechend ergibt sich (Pv).

Aus dem vorangehenden Beweis kann man entnehmen, daß es für die Gültigkeit von (Gh) bzw. (Pv) ausreicht, daß in H_1 bzw. H_2 die Variable x_k nicht frei vorkommt — die entsprechend verallgemeinerten Regeln wollen wir mit (Gh^*) bzw. (Pv^*) bezeichnen. Zum selben Resultat kann man aber auch mit Hilfe der sogleich zu beweisenden Regel der gebundenen Umbenennung gelangen: Kommt in $(H_1 \to H_2(x_k))$ im Ausdruck H_1 die Variable x_k gebunden vor, so benennt man sie dort an allen Stellen, an denen sie gebunden auftritt, in eine Variable x_l um, die zuvor in H_1 nicht vorhanden ist. Sofern in H_1 die Variable x_k nirgends frei vorkommt, tritt dann im Resultat H_1' der Umbenennung die Variable x_k nicht mehr auf. Da man nun offenbar den Ausdruck $(H_1' \to H_2(x_k))$ aus $(H_1 \to H_2(x_k))$ durch eine Kette von gebundenen Umbenennungen im Sinne von S. 20 erhalten kann — man beachte, daß hierbei weder Variablenkollisionen noch Variablenkonfusionen auftreten — ist auf Grund der Regel $(Umgb)$ mit $(H_1 \to H_2(x_k))$ auch $(H_1' \to H_2(x_k))$ in Σ allgemeingültig. Auf Grund von (Gh) ist dann aber auch $(H_1' \to \bigwedge x_k H_2(x_k))$ in Σ allgemeingültig, und da man von diesem Ausdruck durch eine Kette von gebundenen Umbenennungen zum Ausdruck $(H_1 \to \bigwedge x_k H_2(x_k))$ zurück gelangen kann, folgt damit die Allgemeingültigkeit von $(H_1 \to \bigwedge x_k H_2(x_k))$.

Wenn in H_1 die Variable x_k frei vorkommt, so kann man i. a. nicht aus der Allgemeingültigkeit von $(H_1 \to H_2(x_k))$ in Σ auf die von $(H_1 \to \bigwedge x_k H_2(x_k))$ schließen (und analog bei (Pv)). Zum Beispiel ist in jeder Algebra Σ der Ausdruck $(x_0 = x_1 \to x_0 = x_1)$ allgemeingültig, während $(x_0 = x_1 \to \bigwedge_{x_0} x_0 = x_1)$ und $(\bigvee_{x_0} x_0 = x_1 \to x_0 = x_1)$ in keiner Algebra allgemeingültig sind, deren Individuenbereich mehr als ein Element enthält.

Die Gültigkeit der Regel der Termeinsetzung erschließt man unmittelbar aus folgendem Satz: *Für jede Belegung f der Individuenvariablen über dem Individuenbereich I der Algebra Σ und jeden zulässigen B-Term t gilt:*

$$Wert_\Sigma(H(x_k/t), f) = Wert_\Sigma\left(H(x_k),\ f\left\langle{x_k \atop Wert_\Sigma\,(t, f)}\right\rangle\right). \tag{13}$$

Der Beweis hierfür erfolgt durch vollständige Induktion über die Ausdrucksstufe von H. Dabei ist für den Anfangsschritt der Induktion zunächst zu zeigen, daß für einen beliebigen Term t^* stets

$$Wert_\Sigma(t^* x_k/t, f) = Wert_\Sigma\left(t^*, f\left\langle\genfrac{}{}{0pt}{}{x_k}{Wert_\Sigma(t, f)}\right\rangle\right) \quad {}^{1)} \tag{14}$$

ist. Dieser Beweis ergibt sich mühelos durch vollständige Induktion über die Kompliziertheit des Termes t^*. Ist nun in (13) $H(x_k)$ ein prädikativer Ausdruck der Form $A^{m_\mu}_\mu t_1 ... t_{m_\mu}$, so ist $H(x_k/t)$ offenbar der Ausdruck $A^{m_\mu}_\mu t_1 x_k/t ... t_m x_k/t$ und wegen (14) wird

$$Wert_\Sigma(H(x_k/t), f) = \omega\left(A^{m_\mu}_\mu\right)(Wert_\Sigma(t_1 x_k/t, f), ..., Wert_\Sigma(t_{m_\mu} x_k/t, f))$$

$$= \omega\left(A^{m_\mu}_\mu\right)\left(Wert_\Sigma\left(t_1, f\left\langle\genfrac{}{}{0pt}{}{x_k}{Wert_\Sigma(t, f)}\right\rangle\right), ...\right)$$

$$= Wert_\Sigma\left(A^{m_\mu}_\mu t_1 ... t_{m_\mu}, f\left\langle\genfrac{}{}{0pt}{}{x_k}{Wert_\Sigma(t, f)}\right\rangle\right),$$

und analog schließt man, wenn $H(x_k)$ ein prädikativer Ausdruck der Form $t_1 = t_2$ ist. Daß sich die Gültigkeit von (13) bei aussagenlogischen Verknüpfungen überträgt, erschließt man ohne Schwierigkeit: Hat z. B. $H(x_k)$ die Form $(H_1 \wedge H_2)$, so wird $H(x_k/t)$ der Ausdruck $(H_1 x_k/t \wedge H_2 x_k/t)^{2)}$ und hierbei ist nach Induktionsvoraussetzung

$$Wert_\Sigma(H_j x_k/t, f) = Wert_\Sigma\left(H_j, f\left\langle\genfrac{}{}{0pt}{}{x_k}{Wert_\Sigma(t, f)}\right\rangle\right) \quad (j = 1, 2);$$

dann wird aber

$$Wert_\Sigma(H(x_k/t), f) = Wert_\Sigma((H_1 x_k/t \wedge H_2 x_k/t), f)$$

$$= et(Wert_\Sigma(H_1 x_k/t, f), Wert_\Sigma(H_2 x_k/t, f))$$

$$= et\left(Wert_\Sigma\left(H_1, f\left\langle\genfrac{}{}{0pt}{}{x_k}{Wert_\Sigma(t, f)}\right\rangle\right), Wert_\Sigma\left(H_2, f\left\langle\genfrac{}{}{0pt}{}{x_k}{Wert_\Sigma(t, f)}\right\rangle\right)\right)$$

$$= Wert_\Sigma\left((H_1 \wedge H_2), f\left\langle\genfrac{}{}{0pt}{}{x_k}{Wert_\Sigma(t, f)}\right\rangle\right)$$

$$= Wert_\Sigma\left(H(x_k), f\left\langle\genfrac{}{}{0pt}{}{x_k}{Wert_\Sigma(t, f)}\right\rangle\right).$$

${}^{1)}$ Für beliebige Zeichenreihen Z_1, Z_2 bezeichnen wir mit $Z_1 x_k/Z_2$ die Zeichenreihe, die aus Z_1 entsteht, wenn man dort die Variable x_k, überall wo sie vorkommt, durch die Zeichenreihe Z_2 ersetzt (vgl. I, S. 24).

${}^{2)}$ Falls z. B. in H_1 die Variable x_k vorkommt, kommt sie dort sogar vollfrei vor, und dann ist $H_1 x_k/t$ der Ausdruck $H_1(x_k/t)$, während andernfalls $H_1 x_k/t$ der Ausdruck H_1 selbst ist.

Entsprechend schließt man bei den anderen aussagenlogischen Funktoren. Es bleibt also der Fall zu behandeln, daß $H(x_k)$ eine der Formen $\bigwedge x_l H_0(x_k, x_l)$ oder $\bigvee x_l H_0(x_k, x_l)$ hat, wobei nach Induktionsvoraussetzung bereits bei jeder Belegung f^* über I $Wert_\Sigma(H_0(x_k/t, x_l), f^*) = Wert_\Sigma\left(H_0(x_k, x_l), f^* \left\langle \begin{smallmatrix} x_k \\ Wert_\Sigma(t, f^*) \end{smallmatrix} \right\rangle \right)$ ist. Diese letzte Gleichung gilt dann natürlich bei gegebenem f auch für alle Belegungen $f\left\langle \begin{smallmatrix} x_l \\ \xi \end{smallmatrix} \right\rangle$. Da nun auf Grund des Verbots von Variablenkonfusionen die Variable x_l nicht in t vorkommt, ist $Wert_\Sigma\left(t, f\left\langle \begin{smallmatrix} x_l \\ \xi \end{smallmatrix} \right\rangle \right) = Wert_\Sigma(t, f)$ und es wird für jedes $\xi \in I$

$$Wert_\Sigma\left(H_0(x_k/t, x_l), f\left\langle \begin{smallmatrix} x_l \\ \xi \end{smallmatrix} \right\rangle \right) = Wert_\Sigma\left(H_0(x_k, x_l), f\left\langle \begin{smallmatrix} x_k \\ Wert_\Sigma(t, f) \end{smallmatrix}, \begin{smallmatrix} x_l \\ \xi \end{smallmatrix} \right\rangle \right)$$

und damit

$$Wert_\Sigma(\bigwedge x_l H_0(x_k/t, x_l), f) = Wert_\Sigma\left(\bigwedge x_l H_0(x_k, x_l), f\left\langle \begin{smallmatrix} x_k \\ Wert_\Sigma(t, f) \end{smallmatrix} \right\rangle \right),$$

$$Wert_\Sigma(\bigvee x_l H_0(x_k/t, x_l), f) = Wert_\Sigma\left(\bigvee x_l H_0(x_k, x_l), f\left\langle \begin{smallmatrix} x_k \\ Wert_\Sigma(t, f) \end{smallmatrix} \right\rangle \right).$$

Entweder direkt oder durch Anwendung der Regel der gebundenen Umbenennung erkennt man, daß sich die Termeinsetzungsregel folgendermaßen verschärfen läßt:

6*. Regel der Termeinsetzung für freie Variablen ($Tefr^B$):

Wenn $ag_\Sigma H[x_k]$, so $ag_\Sigma H[x_k/t]$, für jeden zulässigen B-Term t.

Die Regel ($Tevfr^B$) enthält als Spezialfall eine Umbenennungsregel für vollfreie Variablen ($Umvfr$) und entsprechend die Regel ($Tefr^B$) eine solche für freie Variablen ($Umfr$).

Wir merken an, daß für die Gültigkeit von ($Tevfr^B$) das Verbot der Variablenkonfusion von grundlegender Bedeutung ist. Z. B. ist in jeder Algebra Σ der Ausdruck $(\bigwedge_{x_0} x_0 = x_1 \to \bigwedge_{x_2} x_2 = x_1)$ allgemeingültig, während der Ausdruck $(\bigwedge_{x_0} x_0 = x_0 \to \bigwedge_{x_2} x_2 = x_0)$ in keiner Algebra allgemeingültig ist, deren Individuenbereich mehr als ein Element enthält.

Zum Beweis der Regel der gebundenen Umbenennung zeigen wir schließlich, daß allgemeiner folgendes gilt: *Geht H durch eine gebundene Umbenennung in H' über, so ist bei einer beliebigen Belegung f der Individuenvariablen über I*

$$Wert_\Sigma(H, f) = Wert_\Sigma(H', f). \tag{15}$$

Der Beweis dieses Satzes erfolgt durch vollständige Induktion über die Ausdrucksstufe von H. Ist H ein prädikativer Ausdruck, so ist nichts zu beweisen, da in diesem Fall keine gebundene Umbenennung möglich ist. Für die aussagenlogischen Verknüpfungen ist der Beweis trivial: Hat z. B. H die Form $(H_1 \wedge H_2)$, so erfolgt die gebundene Umbenennung in einem der Ausdrücke H_1 oder H_2;[1] wenn sie in H_1 erfolgt, so hat H' die Form $(H_1' \wedge H_2)$, wobei H_1' durch gebundene Umbenennung aus H_1 entsteht und nach Induktionsvoraussetzung $Wert_\Sigma(H_1, f) = Wert_\Sigma(H_1', f)$ ist; dann ist aber auch $Wert_\Sigma((H_1 \wedge H_2), f) = Wert_\Sigma((H_1' \wedge H_2), f)$. Analog schließt man in den anderen Fällen. Es bleibt also der Fall zu behandeln, daß H entweder die Form $\bigwedge x_k H_0(x_k)$ oder die Form $\bigvee x_k H_0(x_k)$ hat. Erfolgt hierbei die Umbenennung in $H_0(x_k)$, so hat H' die Form $\bigwedge x_k H_0'(x_k)$ bzw. $\bigvee x_k H_0'(x_k)$, wobei $H_0'(x_k)$ durch gebundene Umbenennung aus $H_0(x_k)$ entsteht (das Verbot der Variablenkollision stellt sicher, daß auch in H_0' die Variable x_k vollfrei vorkommt). Nach Induktionsvoraussetzung ist dabei für jede Belegung f^* über I $Wert_\Sigma(H_0, f^*) = Wert_\Sigma(H_0', f^*)$, so daß speziell für jedes $\xi \in I$ auch $Wert_\Sigma\left(H_0, f\left\langle \begin{matrix} x_k \\ \xi \end{matrix} \right\rangle\right) = Wert_\Sigma\left(H_0', f\left\langle \begin{matrix} x_k \\ \xi \end{matrix} \right\rangle\right)$ und mithin

$$Wert_\Sigma(\bigwedge x_k H_0(x_k), f) = Wert_\Sigma(\bigwedge x_k H_0'(x_k), f),$$

$$Wert_\Sigma(\bigvee x_k H_0(x_k), f) = Wert_\Sigma(\bigvee x_k H_0'(x_k), f)$$

wird. Wird dagegen im betrachteten Fall die Variable x_k umbenannt, so hat H' die Form $\bigwedge x_l H_0(x_k/x_l)$ bzw. $\bigvee x_l H_0(x_k/x_l)$. Das Verbot der Variablenkonfusion und -kollision stellt jetzt sicher, daß die Variable x_l in $H_0(x_k)$ nicht vorkommt, daß also insbesondere der Übergang von $H_0(x_k)$ zu $H_0(x_k/x_l)$ eine erlaubte Termeinsetzung ist. Nach (13) ist dann für jede Belegung f^* über I

$$Wert_\Sigma(H_0(x_k/x_l), f^*) = Wert_\Sigma\left(H_0(x_k), f^*\left\langle \begin{matrix} x_k \\ f^*(x_l) \end{matrix} \right\rangle\right),$$

also speziell bei gegebenem f und gegebenem $\xi \in I$

$$Wert_\Sigma\left(H_0(x_k/x_l), f\left\langle \begin{matrix} x_k \\ \xi \end{matrix} \right\rangle\right) = Wert_\Sigma\left(H_0(x_k), f\left\langle \begin{matrix} x_l \\ \xi \end{matrix} , \begin{matrix} x_k \\ \xi \end{matrix} \right\rangle\right)$$

$$= Wert_\Sigma\left(H_0(x_k), f\left\langle \begin{matrix} x_k \\ \xi \end{matrix} \right\rangle\right)$$

(da $f\left\langle \begin{matrix} x_l \\ \xi \end{matrix} \right\rangle(x_l) = \xi$ und x_l in $H_0(x_k)$ nicht vorkommt) und mithin wird

$$Wert_\Sigma(\bigwedge x_l H_0(x_k/x_l), f) = Wert_\Sigma(\bigwedge x_k H_0(x_k), f),$$

$$Wert_\Sigma(\bigvee x_l H_0(x_k/x_l), f) = Wert_\Sigma(\bigvee x_k H_0(x_k), f).$$

---

[1] Hierbei wird benutzt, daß der von der Umbenennung betroffene Wirkungsbereich ein echter Teilausdruck von $(H_1 \wedge H_2)$ und mithin (vgl. S. 16) ganz in H_1 oder ganz in H_2 enthalten ist.

Auch hier ist das Verbot von Variablenkonfusionen wieder unumgänglich. Zum Beispiel ist in jeder Algebra Σ der Ausdruck $(\bigwedge\limits_{x_0} x_0 = x_1 \to \bigwedge\limits_{x_0} x_0 = x_1)$ allgemeingültig, während der Ausdruck $(\bigwedge\limits_{x_1} x_1 = x_1 \to \bigwedge\limits_{x_0} x_0 = x_1)$ in keiner Algebra allgemeingültig ist, deren Individuenbereich mehr als ein Element enthält.

Es seien nun H_1, H_0, H_{00}, H_2 beliebige B-Ausdrücke. Wir sagen, daß *der Ausdruck H_1 durch Ersetzung von H_0 durch H_{00} in H_2 übergeht* (*Ers $H_1 H_0 H_{00} H_2$*), wenn man H_2 dadurch aus H_1 erhalten kann, daß man an gewissen Stellen, an denen in H_1 der Ausdruck H_0 vorkommt, für H_0 den Ausdruck H_{00} setzt (vgl. I, S. 28). Dabei wird lediglich verlangt, daß das Resultat H_2 der Ersetzung wieder ein Ausdruck ist. Ganz analog seien ferner *Ers $t_1 t_0 t_{00} t_2$* und *Ers $H_1 t_0 t_{00} H_2$* definiert. Dann gelten für jede B-Algebra Σ die folgenden Ersetzbarkeitstheoreme:

Ersetzbarkeitstheorem für Terme: *Wenn Ers $t_1 t_0 t_{00} t_2$ und $ag_\Sigma\, t_0 = t_{00}$, so $ag_\Sigma\, t_1 = t_2$. Wenn Ers $H_1 t_0 t_{00} H_2$ und $ag_\Sigma\, t_0 = t_{00}$, so $ag_\Sigma\, (H_1 \leftrightarrow H_2)$.*

Ersetzbarkeitstheorem für Ausdrücke: *Wenn Ers $H_1 H_0 H_{00} H_2$ und $ag_\Sigma\, (H_0 \leftrightarrow H_{00})$, so $ag_\Sigma\, (H_1 \leftrightarrow H_2)$.*

B-Ausdrücke H_1, H_2 heißen *semantisch äquivalent in Σ* (H_1 *Äqsem$_\Sigma$ H_2*), wenn $ag_\Sigma\, (H_1 \leftrightarrow H_2)$, d.h., wenn für jede Belegung f in Σ die Beziehung $Wert_\Sigma(H_1, f) = Wert_\Sigma(H_2, f)$ gilt (H_1 und H_2 in Σ *wertverlaufsgleich* sind). Damit können wir das Ersetzbarkeitstheorem für Ausdrücke auch folgendermaßen formulieren:

Wenn Ers $H_1 H_0 H_{00} H_2$ und H_0 Äqsem$_\Sigma$ H_{00}, so H_1 Äqsem$_\Sigma$ H_2.

Überdies ist natürlich *Äqsem$_\Sigma$* eine Äquivalenzrelation in der Menge aller B-Ausdrücke.

Der genaue Beweis der Ersetzbarkeitstheoreme erfolgt durch vollständige Induktion über die Kompliziertheit des Terms t_1 bzw. des Ausdrucks H_1, in dem die Ersetzung vorgenommen wird. Wir beschränken uns hier auf den Hinweis, daß auf Grund der Voraussetzung $ag_\Sigma\, t_0 = t_{00}$ bzw. $ag_\Sigma\, (H_0 \leftrightarrow H_{00})$ bei jeder Belegung f in Σ der Term t_0 und der Term t_{00} bzw. der Ausdruck H_0 und H_{00} denselben Wert haben und damit bei einer beliebigen Belegung f auch t_1 und t_2 bzw. H_1 und H_2 denselben Wert annehmen.

Im Prädikatenkalkül lassen die Ersetzbarkeitstheoreme die folgenden Verschärfungen zu:

$$\text{Wenn Ers } t_1 t_0 t_{00} t_2, \text{ so } ag_\Sigma\, (Gen(t_0 = t_{00}) \to t_1 = t_2); \tag{16}$$

$$\text{Wenn Ers } H_1 t_0 t_{00} H_2, \text{ so } ag_\Sigma\, (Gen(t_0 = t_{00}) \to (H_1 \leftrightarrow H_2)); \tag{17}$$

$$\text{Wenn Ers } H_1 H_0 H_{00} H_2, \text{ so } ag_\Sigma\, (Gen(H_0 \leftrightarrow H_{00}) \to (H_1 \leftrightarrow H_2)). \tag{18}$$

In (16) läßt sich die Behauptung zu $ag_\Sigma (t_0 = t_{00} \to t_1 = t_2)$ verschärfen, was bei (17) und (18) allgemein nicht richtig ist. Ist z. B. t_0 der Term x, t_{00} der Term y, H_1 der Ausdruck $\bigwedge\limits_x x = x$ und H_2 der Ausdruck $\bigwedge\limits_x x = y$, so gilt $Ers\ H_1 t_0 t_{00} H_2$; es ist jedoch (sofern der Individuenbereich I von Σ mehr als ein Element enthält) nicht $ag_\Sigma (t_0 = t_{00} \to (H_1 \to H_2))$. Eine derartige Verschärfung ist nur dann möglich, wenn bei der Ersetzung keine Variablenkonfusionen eintreten, d. h. t_0 bzw. H_0 an keiner Stelle ersetzt wird, wo es in einem Wirkungsbereich einer in t_0 bzw. H_0 vollfrei vorkommenden Variablen oder in einem Wirkungsbereich einer in t_{00} bzw. H_{00} vollfrei vorkommenden Variablen liegt (vgl. S. 100).

Die Untersuchung der Mengen $ag_\Sigma^{B(O)}$ für konkrete B-Algebren Σ ist natürlich nicht Aufgabe der Logik, sondern einer mathematischen Theorie der Algebra Σ. In der Logik interessiert man sich vielmehr gerade für diejenigen Ausdrücke, die in jeder Algebra gelten. Hierzu sollen nun die erforderlichen Begriffsbildungen entwickelt werden.

Es sei H ein B-Ausdruck und I ein beliebiger nichtleerer Individuenbereich. Der Ausdruck H heißt *allgemeingültig im Individuenbereich I* ($ag_I H$) genau dann, wenn H in jeder B-Algebra Σ über I allgemeingültig ist, d. h., wenn für jede Interpretation ω von B in I gilt: $ag_{[I,\,\omega]} H$. Entsprechend heißt H in I *erfüllbar* ($ef_I H$), wenn es eine B-Algebra Σ über I gibt, in der H erfüllbar ist. Die Menge der in I allgemeingültigen (erfüllbaren) B-Ausdrücke wird mit ag_I^B (ef_I^B) bezeichnet, während die Menge der entsprechenden identitätsfreien Ausdrücke durch ag_I^{BO} (ef_I^{BO}) angedeutet wird. Ein Ausdruck H, der über **jedem** nichtleeren Individuenbereich I allgemeingültig ist, wird schlechthin *allgemeingültig* genannt ($ag\ H$, ag^B, ag^{BO}); ein Ausdruck H, der über **wenigstens einem** nichtleeren Individuenbereich erfüllbar ist, heißt schlechthin *erfüllbar* ($ef\ H$, ef^B, ef^{BO}).

Definitionsgemäß ist für jede B-Algebra Σ über I

$$ag^B \leqq ag_I^B \ (\leqq)\ ag_\Sigma^B \ (\leqq)\ ef_\Sigma^B \ (\leqq)\ ef_I^B \leqq ef^B$$

$$ag^{BO} \leqq ag_I^{BO} \ (\leqq)\ ag_\Sigma^{BO} \ (\leqq)\ ef_\Sigma^{BO} \ (\leqq)\ ef_I^{BO} \leqq ef^{BO},$$

wobei an den durch $(\leqq)$ angedeuteten Stellen, von einigen trivialen Basen abgesehen, echte Inklusion herrscht. Auf die Beziehungen zwischen der Allgemeingültigkeit (Erfüllbarkeit) in I und der Allgemeingültigkeit (Erfüllbarkeit) schlechthin gehen wir erst später ein. Als ein grundlegendes Resultat werden wir u. a. erhalten, daß *für unendliche Bereiche I stets* $ag^{BO} = ag_I^{BO}$ *und* $ef^{BO} = ef_I^{BO}$ *ist.* Wir weisen darauf hin, daß auch für abgeschlossene Ausdrücke (Aussagen) H im allgemeinen $ag_I H$ und $ef_I H$ nicht mehr gleichwertig sind.

Man zeigt leicht, daß *für beide Arten von Allgemeingültigkeit und Erfüllbarkeit die den obigen Sätzen* (1) *bis* (12) *analogen Sätze gelten.*

Zum Beispiel ist

$ag_I H$ genau dann, wenn für jedes Σ über I gilt: $ag_\Sigma H$

genau dann, wenn für jedes Σ über I gilt: nicht $ef_\Sigma \sim H$

genau dann, wenn es kein Σ über I gibt, so daß $ef_\Sigma \sim H$

genau dann, wenn nicht $ef_I \sim H$

und

$ag\ H$ genau dann, wenn für jedes I gilt: $ag_I H$

genau dann, wenn für jedes I gilt: nicht $ef_I \sim H$

genau dann, wenn es kein I gibt, so daß $ef_I \sim H$

genau dann, wenn nicht $ef \sim H$.

Analog beweist man die anderen Sätze.

Des weiteren erkennt man ohne Schwierigkeit, daß *für die Allgemeingültigkeit in einem Individuenbereich I und für die Allgemeingültigkeit die den obigen sieben Schlußregeln analogen Schlußregeln gelten.* Ist z. B. $ag_I (H_1(x_k) \to H_2)$, so ist in jeder Algebra Σ über I $ag_\Sigma(H_1(x_k) \to H_2)$ und folglich nach der Regel (Gv) für ag_Σ auch $ag_\Sigma (\bigwedge x_k H_1(x_k) \to H_2)$, und da das für jede Algebra Σ über I der Fall ist, ist schließlich $ag_I (\bigwedge x_k H_1(x_k) \to H_2)$. Ist $ag (H_1(x_k) \to H_2)$, so ist in jedem nichtleeren Individuenbereich I $ag_I (H_1(x_k) \to H_2)$, also nach dem Bewiesenen auch $ag_I (\bigwedge x_k H_1(x_k) \to H_2)$ und folglich $ag (\bigwedge x_k H_1(x_k) \to H_2)$. Analog beweist man die Gültigkeit der anderen Schlußregeln.

Ganz ähnlich zeigt man schließlich, daß *für die Allgemeingültigkeit in I und für die Allgemeingültigkeit auch die den Sätzen (16), (17), (18) analogen Sätze gelten.* Nennen wir B-Ausdrücke H_1, H_2 *semantisch äquivalent in I* $(H_1 \text{ Äqsem}_I H_2)$, wenn $ag_I (H_1 \leftrightarrow H_2)$, d. h., wenn $H_1 \text{ Äqsem}_\Sigma H_2$ für jede B-Algebra Σ über I, und schlechthin *semantisch äquivalent* $(H_1 \text{ Äqsem } H_2)$, wenn $ag (H_1 \leftrightarrow H_2)$, d. h., wenn $H_1 \text{ Äqsem}_I H_2$ für jeden nichtleeren Individuenbereich I, so erhalten wir Äquivalenzrelationen in $ausd^B$, für die folgende Ersetzbarkeitstheoreme gelten:

Wenn Ers $H_1 H_0 H_{00} H_2$ und H_0 Äqsem$_I$ H_{00}, so H_1 Äqsem$_I$ H_2;

Wenn Ers $H_1 H_0 H_{00} H_2$ und H_0 Äqsem H_{00}, so H_1 Äqsem H_2.

Für die Allgemeingültigkeit in einem Individuenbereich $\underline{I}$ und die Allgemeingültigkeit schlechthin (aber nicht für die Allgemeingültigkeit in einer Algebra Σ) gelten ferner bestimmte **Einsetzungsregeln für die Symbole der Basis B.** Die Einsetzungsregel für Individuensymbole (I-Einsetzung) lautet dabei ganz entsprechend wie die Termeinsetzungsregel für Individuenvariablen, nur daß eben an die Stelle der Variablen x_k ein Individuensymbol a tritt. Auch hier ist darauf zu achten, daß bei der

Einsetzung keine Variablenkonfusion eintritt, d.h., daß keine Variable, die in dem Term t vorkommt, der für a eingesetzt wird, bei der Einsetzung gebunden wird (also a im Ausdruck H, in dem die Einsetzung erfolgt, nirgends im Wirkungsbereich einer Variablen liegt, die in t vorkommt). Der Beweis für diese Einsetzungsregel ergibt sich sofort aus der Tatsache, daß *für jeden B-Ausdruck H in jeder Algebra $\Sigma = [I, \omega]$ bei jeder Belegung f*

$$Wert_\Sigma(Ha/t, f) = Wert_{\Sigma_f}(H, f) \tag{19_I}$$

wird, wenn $\Sigma_f = [I, \omega_f]$ diejenige B-Algebra ist, die man aus Σ erhält, wenn man statt $\omega(a)$ das Individuum $\omega_f(a) = Wert_\Sigma(t, f)$ nimmt und alle übrigen Symbole der Basis B wie durch ω interpretiert. Diese Gleichung beweist man sofort durch vollständige Induktion über die Kompliziertheit von H, wobei natürlich zuvor induktiv die entsprechende Gleichung für Terme zu beweisen ist.

Als einfache Folgerung erhalten wir aus (19_I) das

Eliminationstheorem für Individuensymbole. *Es sei H ein beliebiger B-Ausdruck, in dem genau die Individuensymbole $a_1, ..., a_k$ vorkommen mögen, und es sei H^* ein Ausdruck, der aus H entsteht, indem man für $a_1, ..., a_k$ paarweise verschiedene Individuenvariablen $y_1, ..., y_k$ einsetzt, die in H nicht vorkommen. Dann gilt bei beliebigem Individuenbereich I:*

$$ag_I\, H \text{ genau dann, wenn } ag_I \bigwedge_{y_1,\,...,\,y_k} H^*,$$

$$ef_I\, H \text{ genau dann, wenn } ef_I \bigvee_{y_1,\,...,\,y_k} H^*.$$

Die Regel der I-Einsetzung enthält als Spezialfall eine **Umbenennungsregel für Individuensymbole**, die besagt, daß *in einem beliebigen Individuenbereich I mit einem B-Ausdruck H auch jeder Ausdruck H' allgemeingültig ist, den man aus H erhält, indem man ein gegebenes Individuensymbol a an allen Stellen, an denen es in H auftritt, durch ein anderes Individuensymbol b ersetzt.*

Die Formulierung der Einsetzungsregel für Operationssymbole und der Einsetzungsregel für Attributensymbole ist wesentlich komplizierter.[1] Es sei dazu H ein B-Ausdruck, in dem das n-stellige Operationssymbol F [das n-stellige Attributensymbol A] vorkommen möge. Unter einer *Nennform für F [bzw. A] bzgl. H* verstehen wir dann einen Term $F(x_{i_1}, ..., x_{i_n})$ [einen Ausdruck $Ax_{i_1}...x_{i_n}$] mit einer möglichst kleinen Anzahl von Varia-

---

[1] Die folgenden Formulierungen gehen im wesentlichen auf P. BERNAYS zurück.

blen, aus dem man jeden in H vorkommenden B-Term der Form $F(t_1, \ldots, t_n)$ [Ausdruck der Form $At_1 \ldots t_n$] durch eine simultane Termeinsetzung gewinnen kann.[1]) Es sei weiter t^* ein beliebiger B-Term [H^* ein beliebiger B-Ausdruck], in dem mindestens die Variablen $x_{i_1}, \ldots, x_{i_n}$ [vollfrei] vorkommen und den wir kurz *einen Substituenden* nennen wollen. Sind dann $t_{i_1}, \ldots, t_{i_n}$ irgendwelche B-Terme, so bezeichnen wir $F(t_{i_1}, \ldots, t_{i_n})$ [$At_{i_1} \ldots t_{i_n}$] als *ein Derivat der Nennform* $F(x_{i_1}, \ldots, x_{i_n})$ [$Ax_{i_1} \ldots x_{i_n}$] und $t^* x_{i_1}/t_{i_1} \ldots x_{i_n}/t_{i_n}$ [$H^*(x_{i_1}/t_{i_1}, \ldots, x_{i_n}/t_{i_n})$] als *das zugehörige Derivat des Substituenden* t^* [bzw. H^*]. Wir sagen nun, daß H *durch eine Einsetzung für Operationssymbole* oder kurz *F-Einsetzung* [*Einsetzung für Attributensymbole* oder kurz *A-Einsetzung*] in H' *übergeht*, wenn man H' dadurch aus H erhält, daß man für ein gewisses in H vorkommendes Operationssymbol F [Attributensymbol A] jedes Derivat einer Nennform von F [bzw. A] bzgl. H durch das entsprechende Derivat eines gegebenen Terms t^* [Ausdrucks H^*] (mit einer hinreichend großen Anzahl von [vollfreien] Variablen) ersetzt, und dabei keine Variablenkonfusion [Variablenkonfusion und -kollision] eintritt. Das Verbot der Variablenkonfusion soll jetzt besagen, daß keine der in t^* [bzw. H^*] neben $x_{i_1}, \ldots, x_{i_n}$ auftretenden Variablen bei der Einsetzung gebunden werden darf, d.h. F [bzw. A] in H an keiner Stelle im Wirkungsbereich einer Variablen steht, die in t^* [bzw. H^*] vorkommt und von $x_{i_1}, \ldots, x_{i_n}$ verschieden ist [und daß bei der A-Einsetzung darüber hinaus bei der Bildung der Derivate des Substituenden H^* keine Variable, die im zugehörigen Derivat der Nennform von A vorkommt, gebunden wird]. Wir sagen für den genannten Sachverhalt auch ausführlicher, daß *der Ausdruck H' aus H durch die legale* (d.h. Konfusionen und Kollisionen vermeidende) *F-Einsetzung* [*A-Einsetzung*] *von* $t^*(x_{i_1}, \ldots, x_{i_n})$ [bzw. $H^*(x_{i_1}, \ldots, x_{i_n})$] *für* $F(x_{i_1}, \ldots, x_{i_n})$ [bzw. $Ax_{i_1} \ldots x_{i_n}$] *entsteht*.

Ein Beispiel möge dies erläutern: Es sei H der Ausdruck

$$\bigwedge_x \big(AF(x, G(y))F(x, G(y)) \to \bigvee_z AF(x, z)F(x, z) \big),$$

wobei also A ein zweistelliges Attributensymbol, G ein einstelliges Operationssymbol und F ein zweistelliges Operationssymbol ist. Nennform für F bzgl. H ist der Term $F(x, y)$ und Nennform für A bzgl. H der Ausdruck Axx. Nehmen wir nun als t^* den Term $F(F(x, y), u)$, so erhalten wir durch diese F-Einsetzung den Ausdruck

$$\bigwedge_x \big(AF(F(x, G(y)), u) \, F(F(x, G(y)), u) \to \bigvee_z AF(F(x, z), u)F(F(x, z), u) \big).$$

---

[1]) Man kann natürlich stets $F(t_1, \ldots, t_n)$ [bzw. $At_1 \ldots t_n$] durch Termeinsetzungen aus $F(x_1, \ldots, x_n)$ [bzw. $Ax_1 \ldots x_n$] erhalten, jedoch können dabei in $F(x_1, \ldots, x_n)$ [$Ax_1 \ldots x_n$] zu viele Variablen vorkommen (vgl. das folgende Beispiel).

Eine entsprechende Einsetzung mit dem Term $F(F(x, y), z)$ wäre z. B. nicht erlaubt, da hierbei Variablenkonfusion eintritt. Nehmen wir als H^* den Ausdruck $\bigwedge\limits_{u} Axu$, so erhalten wir durch diese A-Einsetzung aus H den Ausdruck

$$\bigwedge\limits_{x} \left(\bigwedge\limits_{u} A F(x, G(y))u \to \bigvee\limits_{z} \bigwedge\limits_{u} A F(x, z)u \right).$$

Nicht erlaubt wären die entsprechenden Einsetzungen z. B. mit den Nennformen Axz (hierbei würde die in H^* neben x vollfrei vorkommende Variable z bei der Einsetzung gebunden), $\bigwedge\limits_{y} Axy$ (hierbei würde bei der Bildung des Derivats $\bigwedge\limits_{y} A F(x, G(y))y$ die in $A F(x, G(y)) F(x, G(y))$ vollfrei vorkommende Variable y gebunden), $\bigwedge\limits_{z} Axz$ (hierbei tritt Variablenkollision ein).

Die Einsetzungsregel für Operationssymbole ⌊Attributensymbole] besagt dann kurz: *Wenn $ag_I H$ bzw. $ag\,H$ und H durch F Einsetzung [A-Einsetzung] in H' übergeht, so $ag_I H'$ bzw. $ag\,H'$.*

Der Beweis ergibt sich wiederum sofort mit Hilfe der Beziehung

$$Wert_{\Sigma}(H', f) = Wert_{\Sigma_f}(H, f), \tag{$19_{F,A}$}$$

wobei jetzt Σ_f eine B-Algebra bedeutet, die man aus Σ erhält, wenn man an die Stelle der Operation $\omega(F)$ [des Attributs $\omega(A)$] eine Operation $\omega_f(F)$ [ein Attribut $\omega_f(A)$] setzt, für die $\omega_f(F)\,(\xi_{i_1}, ..., \xi_{i_n}) = Wert_{\Sigma}\left(t^*, f\left\langle \begin{matrix} x_{i_1}, ..., x_{i_n} \\ \xi_{i_1}, ..., \xi_{i_n} \end{matrix} \right\rangle \right)$ $\left[\text{für das } \omega_f(A)\,(\xi_{i_1}, ..., \xi_{i_n}) = Wert_{\Sigma}\left(H^*, f\left\langle \begin{matrix} x_{i_1}, ..., x_{i_n} \\ \xi_{i_1}, ..., \xi_{i_n} \end{matrix} \right\rangle \right) \right]$ [1]) gilt. Auch diese Beziehung beweist man sofort durch vollständige Induktion über die Kompliziertheit von H, wobei im Fall der F-Einsetzung natürlich zunächst (ebenfalls induktiv) die entsprechende Beziehung für Terme zu beweisen ist.

In der Regel der F-Einsetzung ist als Spezialfall eine Umbenennungsregel für Operationssymbole und in der Regel der A-Einsetzung eine solche für Attributensymbole enthalten.

ıWir merken an, daß bei einer I-Einsetzung (wie auch bei einer Termeinsetzung (vgl. S. 20)) sicher dann keine Variablenkonfusion eintritt, wenn keine der im einzusetzenden Term t auftretenden Variablen im Ausdruck H, in dem die Einsetzung erfolgt, gebunden vorkommt. Das kann man wieder

---

[1]) Sind die Indizes $i_1, ..., i_n$ nicht paarweise verschieden — das hatten wir ausdrücklich zugelassen — so ist hierdurch der Werteverlauf von $\omega_f(F)$ [bzw. $\omega_f(A)$] noch nicht vollkommen festgelegt, und es gibt mehrere Funktionen [Attribute] in I, die diese Bedingung erfüllen (falls I mehr als ein Element enthält).

stets dadurch erreichen, daß man den Ausdruck H vor der Einsetzung einer geeigneten Kette von gebundenen Umbenennungen unterwirft. Ebenso tritt bei einer F-Einsetzung sicher dann keine Variablenkonfusion ein, wenn im Ausdruck H, in dem die Einsetzung erfolgt, keine der Variablen gebunden vorkommt, die im Substituenden $t^*(x_{i_1}, \ldots, x_{i_n})$ neben den Argumentvariablen $x_{i_1}, \ldots, x_{i_n}$ auftritt. Auch das läßt sich stets dadurch erreichen, daß man vor der Einsetzung den Ausdruck H einer geeigneten Kette von gebundenen Umbenennungen unterwirft. Schließlich kann man die bei einer A-Einsetzung evtl. auftretenden Variablenkonfusionen und -kollisionen stets dadurch vermeiden, daß man vor der Einsetzung den Ausdruck H und den Substituenden H^* geeigneten gebundenen Umbenennungen unterwirft. Die I-, F- und A-Einsetzungen werden also uneingeschränkt ausführbar, wenn man vor der Einsetzung durch passende gebundene Umbenennungen im Ausdruck H [und im Substituenden H^*] das evtl. Auftreten von Konfusionen [und Kollisionen] beseitigt. Unter $H\{a/t\}$ bzw. $H\{F/t^*\}$ bzw. $H\{A/H^*\}$ werde im folgenden ein bestimmter Ausdruck verstanden, der durch eine derartige verallgemeinerte I- bzw. F- bzw. A-Einsetzung aus H erhalten werden kann. Durch eine Verabredung darüber (vgl. S. 20), in welche Variablen die gebundenen Umbenennungen in H [und H^*] erfolgen sollen, kann der jeweilige Ausdruck eindeutig charakterisiert werden. Da der Wert eines Ausdrucks invariant gegenüber simultanen Umbenennungen ist, können die Beziehungen (19) unmittelbar verallgemeinert werden zu

$$\mathrm{Wert}_\Sigma(H\{a/t\}, f) = \mathrm{Wert}_{\Sigma_f}(H, f), \tag{$19'_I$}$$

$$\mathrm{Wert}_\Sigma(H\{F/t^*\}, f) = \mathrm{Wert}_{\Sigma_f}(H, f), \tag{$19'_F$}$$

$$\mathrm{Wert}_\Sigma(H\{A/H^*\}, f) = \mathrm{Wert}_{\Sigma_f}(H, f), \tag{$19'_A$}$$

wobei Σ_f jeweils die oben angegebene (unterschiedliche!) Bedeutung hat. Damit gelten die Einsetzungsregeln für Symbole der Basis B auch für verallgemeinerte I-, F- und A-Einsetzungen.

Die Beziehungen (19) und (19') sowie die Einsetzungsregeln für Symbole der Basis B gelten natürlich analog auch für simultane und kombinierte (verallgemeinerte) I-, F- und A-Einsetzungen, bei denen also zugleich für (evtl. mehrere) Individuen-, Operations- und Attributensymbole eine Einsetzung von Termen bzw. Ausdrücken erfolgt. Die genaue Formulierung sei dem Leser als Übungsaufgabe überlassen (vgl. S. 83).

Eine spezielle Form der Allgemeingültigkeit ist die sogenannte aussagenlogische Allgemeingültigkeit. Dazu definieren wir zunächst induktiv über den aussagenlogischen Aufbau von H (vgl. S. 21) *den aussagenlogischen*

Wert von H bei einer Belegung g der aussagenlogisch einfachen Ausdrücke mit Wahrheitswerten[1]) ($Wert_a(H, g)$):

(1) $Wert_a(H, g) = g(H)$, falls H aussagenlogisch einfach ist.

(2) a) $Wert_a(\sim H, g) = non(Wert_a(H, g))$;

   b) $Wert_a((H_1 \wedge H_2), g) = et(Wert_a(H_1, g), Wert_a(H_2, g))$,

   $Wert_a((H_1 \vee H_2), g) = vel(Wert_a(H_1, g), Wert_a(H_2, g))$,

   $Wert_a((H_1 \rightarrow H_2), g) = seq(Wert_a(H_1, g), Wert_a(H_2, g))$,

   $Wert_a((H_1 \leftrightarrow H_2), g) = äq(Wert_a(H_1, g)\ Wert_a(H_2; g))$.

Da man jeden Ausdruck durch aussagenlogische Verknüpfung aussagenlogisch einfacher Ausdrücke erhalten kann, ist damit – und zwar in eindeutiger Weise – jedem Ausdruck H bei jeder aussagenlogischen Belegung g ein Wahrheitswert als $Wert_a(H, f)$ zugeordnet. Ist nun bei jeder aussagenlogischen Belegung g $Wert_a(H, g) = W$, so heißt H *aussagenlogisch allgemeingültig* ($ag_a H$, ag_a^B, ag_a^{BO}), ist dies bei wenigstens einer aussagenlogischen Belegung g der Fall, so wird H *aussagenlogisch erfüllbar* genannt ($ef_a H$, ef_a^B, ef_a^{BO}). Die aussagenlogisch allgemeingültigen Ausdrücke sind offenbar gerade diejenigen Ausdrücke, die man durch eine Einsetzung der auf Seite 21 beschriebenen Art aus einer Identität des Aussagenkalküls gewinnt.

Für die aussagenlogische Allgemeingültigkeit und Erfüllbarkeit gelten sinngemäß die obigen Sätze (1) *bis* (8), während natürlich die entsprechenden Sätze (9) bis (12) im allgemeinen falsch sind. Ferner ist stets

$$ag_a^B < ag^B \quad \text{und} \quad ef^B < ef_a^B$$

und – sofern überhaupt identitätsfreie Ausdrücke existieren –

$$ag_a^{BO} < ag^{BO} \quad \text{und} \quad ef^{BO} < ef_a^{BO}.$$

Offenbar genügt es, die Behauptung über die Erfüllbarkeit zu beweisen; denn ist $ag_a H$, so ist nicht $ef_a \sim H$, also wegen $ef^B < ef_a^B$ auch nicht $ef \sim H$ und mithin $ag H$, und ist H_0 ein Ausdruck mit $ef H_0$ und nicht $ef_a H_0$, so ist nicht $ag \sim H_0$ und $ag_a \sim H_0$. Dazu sei zunächst $\Sigma = [I, \omega]$ eine beliebige B-Algebra und f eine Belegung der Individuenvariablen mit Individuen aus I. Wir betrachten dann diejenige aussagenlogische Belegung g_f, die einem beliebigen aussagenlogisch einfachen Ausdruck H^* den Wahrheitswert $Wert_\Sigma(H^*, f)$ zuordnet. Durch vollständige Induktion über

---

[1]) g ist also eine Funktion, durch die jedem aussagenlogisch einfachen Ausdruck H ein bestimmter Wahrheitswert $g(H)$ zugeordnet ist.

den aussagenlogischen Aufbau von H zeigt man leicht, daß für jeden B-Ausdruck H

$$Wert_a(H, g_f) = Wert_\Sigma(H, f)$$

ist. Ist nun H ein beliebiger Ausdruck aus ef^B, so existiert eine B-Algebra Σ und eine Belegung f über Σ mit $Wert_\Sigma(H, f) = W$. Nach dem Bewiesenen ist dann auch $Wert_a(H, g_f) = W$ und mithin $H \in ef^B_a$. Also ist $ef^B \leqq ef^B_a$ und $ef^{BO} \leqq ef^{BO}_a$. Ist nun $H(x_k)$ ein beliebiger (identitätsfreier) B-Ausdruck, in dem die Variable x_k vollfrei vorkommt, so ist z. B. der Ausdruck $\bigvee x_k (H(x_k) \wedge \sim H(x_k))$ nicht erfüllbar, er ist aber, da er aussagenlogisch einfach ist, aussagenlogisch erfüllbar.

Für einige spätere Überlegungen ist von Bedeutung, daß jedoch *für identitätsfreie Ausdrücke, die keine Quantoren enthalten, aus der Allgemeingültigkeit die aussagenlogische Allgemeingültigkeit und aus der aussagenlogischen Erfüllbarkeit die Erfüllbarkeit folgen*, d.h., ist H ein identitätsfreier Ausdruck ohne Quantoren, so ist

$$ag\ H \text{ genau dann, wenn } ag_a H,$$

$$ef\ H \text{ genau dann, wenn } ef_a H.$$

Offenbar genügt es wieder, den erfüllbarkeitstheoretischen Fall zu behandeln. Es sei also H_0 ein identitätsfreier B-Ausdruck ohne Quantoren, für den $ef_a H_0$ gilt. Dann gibt es eine aussagenlogische Belegung g, so daß $Wert_a(H_0, g) = W$. Wir haben eine B-Algebra $\Sigma = [I, \omega]$ und eine Belegung f der Individuenvariablen mit Individuen aus I zu konstruieren, so daß $Wert_\Sigma(H_0, f) = W$ wird. Als Individuenbereich I nehmen wir die Menge aller B-Terme und setzen

$$\omega(a_\lambda) = a_\lambda \qquad (a_\lambda \text{ aus } B_1),$$

$$\omega\left(F^{n_\nu}_\nu\right)(t_1, ..., t_{n_\nu}) = F^{n_\nu}_\nu(t_1, ..., t_{n_\nu}) \qquad \left(F^{n_\nu}_\nu \text{ aus } B_3\right),$$

$$\omega\left(A^{m_\mu}_\mu\right)(t_1, ..., t_{m_\mu}) = g\left(A^{m_\mu}_\mu t_1 ... t_{m_\mu}\right) \qquad \left(A^{m_\mu}_\mu \text{ aus } B_2\right).$$

Hierdurch entspricht offenbar in der Tat jedem Individuensymbol a_λ ein bestimmtes Element aus I (nämlich der Term a_λ), jedem Operationssymbol $F^{n_\nu}_\nu$ eine bestimmte n_ν-stellige Operation in I (nämlich die Operation, die einem beliebigen n_ν-Tupel $[t_1, ..., t_{n_\nu}]$ von Individuen aus I den Term $F^{n_\nu}_\nu(t_1, ..., t_{n_\nu}) \in I$ zuordnet) und jedem Attributensymbol $A^{m_\mu}_\mu$ ein bestimmtes m_μ-stelliges Attribut in I (nämlich das Attribut, das einem beliebigen m_μ-Tupel $[t_1, ..., t_{m_\mu}]$ von Individuen aus I den Wahrheitswert $g\left(A^{m_\mu}_\mu t_1 ... t_{m_\mu}\right)$ zuordnet). Bezeichnet schließlich noch f diejenige Belegung der Individuenvariablen mit Individuen aus I, die einer beliebigen Variablen x_i gerade den Term x_i zuordnet, so ist zunächst für jeden B-Term t

$$Wert_\Sigma(t, f) = t\,.$$

Das beweist man mühelos durch vollständige Induktion über die Kompliziertheit des Terms t. Dann ist aber für jeden prädikativen Ausdruck $A_\mu^{m_\mu} t_1 \ldots t_{m_\mu}$

$$Wert_\Sigma\left(A_\mu^{m_\mu} t_1 \ldots t_{m_\mu}, f\right) = \omega\left(A_\mu^{m_\mu}\right)\left(Wert_\Sigma(t_1, f) \ldots, Wert_\Sigma(t_{m_\mu}, f)\right)$$

$$= \omega\left(A_\mu^{m_\mu}\right)(t_1, \ldots, t_{m_\mu})$$

$$= g\left(A_\mu^{m_\mu} t_1 \ldots t_{m_\mu}\right)$$

$$= Wert_a\left(A_\mu^{m_\mu} t_1 \ldots t_{m_\mu}, g\right),$$

d.h., für jeden prädikativen Ausdruck H der Form $A_\mu^{m_\mu} t_1 \ldots t_{m_\mu}$ ist

$$Wert_\Sigma(H, f) = Wert_a(H, g)\,.$$

Es liegt auf der Hand, daß sich die Gültigkeit dieser Gleichung bei aussagenlogischen Verknüpfungen vererbt. Beachten wir noch, daß die Menge X der identitätsfreien Ausdrücke ohne Quantoren die kleinste Menge von Zeichenreihen ist, die alle prädikativen Ausdrücke der Form $A_\mu^{m_\mu} t_1 \ldots t_{m_\mu}$ enthält und in bezug auf aussagenlogische Verknüpfungen abgeschlossen ist, so sehen wir, daß diese letzte Gleichung für jeden Ausdruck $H \in X$ richtig ist. Da nun der eingangs betrachtete Ausdruck H_0 in X liegt und $Wert_a(H_0, g) = W$ ist, ist auch $Wert_\Sigma(H_0, f) = W$, und das war ja gerade zu zeigen.

Für quantorenfreie Ausdrücke, in denen die Identität auftritt, ist das vorangehende Resultat allgemein nicht mehr richtig. Zum Beispiel ist der quantorenfreie Ausdruck $x_0 \neq x_0$ zwar aussagenlogisch erfüllbar, aber nicht erfüllbar.

Bezeichnen wir mit axa^B die Menge aller derjenigen B-Ausdrücke, die man dadurch aus einem der 15 Axiome des Aussagenkalküls (I, S. 78) erhält, daß man für alle darin auftretenden Aussagenvariablen simultan B-Ausdrücke einsetzt, so können wir zunächst behaupten, daß

$$axa^B \subset ag_a^B, \quad axa^{BO} \subset ag_a^{BO}\,.$$

Darüber hinaus lehren das Axiomatisierungstheorem für den Aussagenkalkül (I, S. 78) und der Satz über die Rückverlegbarkeit der Einsetzungen im Aussagenkalkül (I, S. 77), daß

$$ag_a^B = Aba(axa^B), \quad ag_a^{BO} = Aba(axa^{BO}),$$

wenn wir mit $Aba(X)$ wieder allgemein die Menge aller der Ausdrücke bezeichnen, die man durch alleinige Anwendung der Abtrennungsregel aus den Ausdrücken der Menge X erhalten kann (I, S. 76) (**Axiomatisierungstheorem für die aussagenlogische Allgemeingültigkeit**).

Als weitere Beispiele für Ausdrücke, die in jedem nichtleeren Individuenbereich allgemeingültig sind, erwähnen wir die folgenden **Grundgesetze für die Identität**:

$$ag\, x_0 = x_0 \quad \text{(Gesetz der Reflexivität)}$$

$$ag\, x_0 = x_1 \to (x_0 = x_2 \to x_1 = x_2) \quad \text{(Gesetz der Drittengleichheit)},$$

$$ag\, x_0 = x_i \to \left(A_\mu^{m_\mu}\, x_1 \ldots x_{i-1} x_0 x_{i+1} \ldots x_{m_\mu} \to A_\mu^{m_\mu}\, x_1 \ldots x_{i-1} x_i x_{i+1} \ldots x_{m_\mu} \right)$$

$$(1 \leq i \leq m_\mu,\ A_\mu^{m_\mu}\ \text{aus}\ B_2),$$

$$ag\, x_0 = x_i \to F_\nu^{n_\nu}(x_1, \ldots, x_{i-1}, x_0, x_{i+1}, \ldots, x_{n_\nu}) = F_\nu^{n_\nu}(x_1, \ldots, x_i, \ldots, x_{n_\nu})$$

$$(1 \leq i \leq n_\nu,\ F_\nu^{n_\nu}\ \text{aus}\ B_3).$$

Diese Ausdrücke fassen wir zusammen zum *identitätstheoretischen Axiomensystem* axi^B *bzgl. der Basis* B.

In § 7 werden wir einen umfassenden Überblick über die in jedem nichtleeren Individuenbereich allgemeingültigen Ausdrücke geben.

Es seien nun I_1 und I_2 beliebige nichtleere Individuenbereiche gleicher Mächtigkeit, und es sei Φ eine umkehrbar eindeutige Abbildung von I_1 auf I_2. Dann kann man offenbar zu jéder B-Algebra Σ_1 über I_1, und zwar in eindeutiger Weise, eine B-Algebra Σ_2 über I_2 finden, so daß Φ ein Isomorphismus von Σ_1 auf Σ_2 wird. Ist nun H ein in I_1 erfüllbarer B-Ausdruck, so gibt es eine B-Algebra Σ_1 über I_1, in der H erfüllbar ist. Nach dem Isomorphietheorem (vgl. S. 27) ist dann H aber auch in der zugehörigen B-Algebra Σ_2 über I_2 erfüllbar, und das bedeutet, daß H auch in I_2 erfüllbar ist. Auf Grund der Symmetrie der Gleichmächtigkeit ergibt sich damit, daß auch umgekehrt jeder in I_2 erfüllbare Ausdruck in I_1 erfüllbar ist. Analog erhält man die Äquivalenz von $ag_{I_1} H$ und $ag_{I_2} H$. Damit haben wir den folgenden **Satz** bewiesen: *Sind die Individuenbereiche* I_1 *und* I_2 *gleichmächtig, so ist*

$$ag_{I_1}^{B}(\mathcal{O}) = ag_{I_2}^{B}(\mathcal{O}), \quad ef_{I_1}^{B}(\mathcal{O}) = ef_{I_2}^{B}(\mathcal{O}).$$

Dieser Satz besagt, daß für die Allgemeingültigkeit bzw. Erfüllbarkeit eines gegebenen Ausdrucks H in einem Individuenbereich I nur die Kardinalzahl $|I|$ von Bedeutung ist. Das legt es nahe, den Begriff der $\mathfrak{m}$-zahligen Allgemeingültigkeit (Erfüllbarkeit) einzuführen, wobei $\mathfrak{m}$ eine beliebige Kardinalzahl > 0 ist. Ein Ausdruck H heißt $\mathfrak{m}$-*zahlig allgemeingültig*

$(ag_{\mathfrak{m}}H, ag_{\mathfrak{m}}^B, ag_{\mathfrak{m}}^{B\bigcirc})$, wenn H in jedem Individuenbereich I der Mächtigkeit $\mathfrak{m}$ allgemeingültig ist; entsprechend heißt H *$\mathfrak{m}$-zahlig erfüllbar* ($ef_{\mathfrak{m}}H$, $ef_{\mathfrak{m}}^B, ef_{\mathfrak{m}}^{B\bigcirc}$), wenn H in wenigstens einem Bereich der Mächtigkeit $\mathfrak{m}$ erfüllbar ist. Natürlich reicht für $ag_{\mathfrak{m}}\,H$ schon aus, daß H in wenigstens einem $\mathfrak{m}$-zahligen Bereich allgemeingültig ist, während $ef_{\mathfrak{m}}H$ zur Folge hat, daß H in allen $\mathfrak{m}$-zahligen Bereichen erfüllbar ist. Damit erhält man sofort, daß *ein Ausdruck H genau dann im Individuenbereich I allgemeingültig (erfüllbar) ist, wenn er $|I|$-zahlig allgemeingültig (erfüllbar) ist*, d.h.

$$ag_I^{B(\bigcirc)} = ag_{|I|}^{B(\bigcirc)}, \quad ef_I^{B(\bigcirc)} = ef_{|I|}^{B(\bigcirc)}.$$

Hieraus folgt leicht, daß *für die $\mathfrak{m}$-zahlige Allgemeingültigkeit bzw. $\mathfrak{m}$-zahlige Erfüllbarkeit die den obigen Sätzen (1) bis (12) analogen Sätze gelten. Ebenso gelten für die $\mathfrak{m}$-zahlige Allgemeingültigkeit die obigen sieben Schlußregeln und die den Sätzen* (16), (17), (18) *analogen Sätze.* Nennen wir B-Ausdrücke H_1, H_2 *$\mathfrak{m}$-zahlig semantisch äquivalent* ($H_1\ \ddot{A}qsem_{\mathfrak{m}}\ H_2$), wenn $ag_{\mathfrak{m}}(H_1 \leftrightarrow H_2)$, so wird $\ddot{A}qsem_{\mathfrak{m}}$ bei beliebigem $\mathfrak{m} > 0$ eine Äquivalenzrelation in $ausd^B$, für die folgendes **Ersetzbarkeitstheorem** gilt:

Wenn $ErsH_1H_0H_{00}H_2$ und $H_0 \ddot{A}qsem_{\mathfrak{m}}H_{00}$, so $H_1 \ddot{A}qsem_{\mathfrak{m}}H_2$.

Ferner gelten auch für die $\mathfrak{m}$-zahlige Allgemeingültigkeit die oben formulierten Einsetzungsregeln für Individuen-, Operations- und Attributensymbole. Schließlich ergibt sich auf Grund unserer Definitionen leicht, daß *ein Ausdruck H genau dann allgemeingültig ist, wenn er $\mathfrak{m}$-zahlig allgemeingültig ist für jedes $\mathfrak{m} > 0$, und daß ein Ausdruck H genau dann erfüllbar ist, wenn er $\mathfrak{m}$-zahlig erfüllbar ist für wenigstens ein $\mathfrak{m} > 0$*, d.h.

$$ag^{B(\bigcirc)} = \bigwedge_{\mathfrak{m}>0} ag_{\mathfrak{m}}^{B(\bigcirc)}, \quad ef^{B(\bigcirc)} = \bigvee_{\mathfrak{m}>0} ef_{\mathfrak{m}}^{B(\bigcirc)}.$$

Im folgenden werden an einigen Stellen noch die sogenannte Allgemeingültigkeit im Endlichen und die Erfüllbarkeit im Endlichen eine Rolle spielen. Dabei heißt ein Ausdruck H *im Endlichen allgemeingültig* ($ag_{end}H$, ag_{end}^B, $ag_{end}^{B\bigcirc}$), wenn H in jedem nichtleeren **endlichen** Individuenbereich allgemeingültig ist; entsprechend heißt H *im Endlichen erfüllbar* ($ef_{end}H$, ef_{end}^B, $ef_{end}^{B\bigcirc}$), wenn H in wenigstens einem endlichen Individuenbereich erfüllbar ist. Auch für diese Begriffsbildungen gelten die zu den obigen Sätzen (1) bis (12) analogen Sätze. Ebenso gelten für die Allgemeingültigkeit im Endlichen unsere sieben Schlußregeln, die zu den Sätzen (16), (17), (18) analogen Sätze und die Einsetzungsregeln für Individuen-, Operations- und Attributensymbole.

Ist allgemein K eine beliebige Klasse von Kardinalzahlen, so kann man einen Ausdruck H *allgemeingültig bzgl. der Klasse K* nennen, wenn $ag_{\mathfrak{m}}H$ für alle $\mathfrak{m} \in K$, und *erfüllbar bzgl. der Klasse K*, wenn $ef_{\mathfrak{m}}H$ für wenigstens ein $\mathfrak{m} \in K$. Dann ist ein Ausdruck H genau dann allgemeingültig (erfüllbar), wenn er allgemeingültig (erfüllbar) ist bzgl. der Klasse aller von Null verschiedenen Kardinalzahlen. Ein Ausdruck H ist genau dann $\mathfrak{m}$-zahlig allgemeingültig ($\mathfrak{m}$-zahlig erfüllbar), wenn er allgemeingültig (erfüllbar) ist bzgl. der Klasse $\{\mathfrak{m}\}$. Schließlich ist ein Ausdruck H genau dann im Endlichen allgemeingültig (im Endlichen erfüllbar), wenn er allgemeingültig (erfüllbar) ist bzgl. der Klasse aller von Null verschiedenen endlichen Kardinalzahlen. Genauere Untersuchungen über die Allgemeingültigkeit und Erfüllbarkeit bzgl. anderer als der soeben besonders genannten Klassen von Kardinalzahlen liegen bis heute nicht vor und dürften — sofern man das Auftreten der Identität zuläßt[1]) — auch recht schwierig sein.

§ 4. REDUKTIONS- UND REPRÄSENTANTENTHEOREME

Im vorliegenden Paragraphen wollen wir bei gegebener Basis $B = [B_1, B_2, B_3]$ die zwischen den verschiedenen Mengen $ag^{B(\bigcirc)}$, $ag^{B(\bigcirc)}_{\mathfrak{m}}$, $ag^{B(\bigcirc)}_{end}$ (bzw. $ef^{B(\bigcirc)}$, $ef^{B(\bigcirc)}_{\mathfrak{m}}$, $ef^{B(\bigcirc)}_{end}$) bestehenden Beziehungen studieren.

Es seien zunächst I_1, I_2 beliebige Individuenbereiche mit $|I_1| \leqq |I_2|$ und Φ eine eindeutige Abbildung von I_2 auf I_1. Dann kann man, und zwar im allgemeinen auf mannigfache Weise, zu jeder B-Algebra $\Sigma_1 = [I_1, \omega_1]$ über I_1 eine B-Algebra $\Sigma_2 = [I_2, \omega_2]$ über I_2 so finden, daß Φ ein Homomorphismus von Σ_2 auf Σ_1 wird. Dazu nimmt man für die Individuensymbole a_λ aus B_1 als $\omega_2(a_\lambda)$ jeweils irgendein Urbild von $\omega_1(a_\lambda)$ bzgl. Φ; für ein beliebiges Operationssymbol $F^{n_\nu}_\nu$ aus B_3 wird als $\omega_2(F^{n_\nu}_\nu)$ eine Funktion genommen, die einem beliebigen n_ν-Tupel $[\xi_1, \ldots, \xi_{n_\nu}]$ von Individuen aus I_2 ein bestimmtes der Urbilder von $\omega_1(F^{n_\nu}_\nu)$ $(\Phi(\xi_1), \ldots, \Phi(\xi_{n_\nu}))$ bei der Abbildung Φ zuordnet; schließlich wird für jedes Attributensymbol $A^{m_\mu}_\mu$ aus B_2 als $\omega_2(A^{m_\mu}_\mu)$ dasjenige Attribut in I_2 genommen, das einem beliebigen m_μ-Tupel $[\xi_1, \ldots, \xi_{m_\mu}]$ von Elementen aus I_2 den Wahrheitswert $\omega_1(A^{m_\mu}_\mu)$ $(\Phi(\xi_1), \ldots, \Phi(\xi_{m_\mu}))$ zuordnet. Unter den angegebenen Voraussetzungen sei nun H ein B-Ausdruck mit $ef_{I_1}H$. Dann gibt es eine B-Algebra Σ_1 über I_1, so daß $ef_{\Sigma_1}H$. Zu dieser existiert nach dem Bewiesenen eine B-Algebra Σ_2 über I_2, so daß Σ_1 homomorphes Bild von Σ_2 wird. Falls nun in H das Gleichheitszeichen nicht vorkommt, ist nach dem Homomorphietheorem $ef_{\Sigma_2}H$ und mithin $ef_{I_2}H$. Ist dagegen H ein identitätsfreier Ausdruck mit $ag_{I_2}H$, so ist nicht $ef_{I_2} \sim H$, also auch nicht $ef_{I_1} \sim H$ und mithin $ag_{I_1}H$. Damit haben wir das folgende

Reduktionstheorem für identitätsfreie Ausdrücke: *Für beliebige nichtleere Individuenbereiche I_1, I_2 mit $|I_1| \leqq |I_2|$ ist $ag^{B\bigcirc}_{I_2} \leqq ag^{B\bigcirc}_{I_1}$ und $ef^{B\bigcirc}_{I_1} \leqq ef^{B\bigcirc}_{I_2}$.*

---

[1]) Für die identitätsfreien Ausdrücke ist auf Grund der Sätze des folgenden Paragraphen leicht ein Überblick über alle Möglichkeiten zu gewinnen.

Offenbar kann man den gleichen Sachverhalt auch so ausdrücken:

Für beliebige Kardinalzahlen $\mathfrak{m}_1$, $\mathfrak{m}_2$ *mit* $0 < \mathfrak{m}_1 \leqq \mathfrak{m}_2$ *ist* $ag_{\mathfrak{m}_2}^{B\bigcirc} \leqq ag_{\mathfrak{m}_1}^{B\bigcirc}$ *und* $ef_{\mathfrak{m}_1}^{B\bigcirc} \leqq ef_{\mathfrak{m}_2}^{B\bigcirc}$.

Wir merken an, daß für Ausdrücke, in denen das Gleichheitszeichen auftritt, das vorangehende Reduktionstheorem allgemein nicht richtig ist. Zum Beispiel ist der Ausdruck

$$\bigvee_{x_1,\, x_2} (x_1 \neq x_2 \wedge \bigwedge_x (x = x_1 \vee x = x_2))$$

2-zahlig, aber nicht 3-zahlig erfüllbar, während die Negation dieses Ausdrucks zwar 3-zahlig allgemeingültig, aber nicht 2-zahlig allgemeingültig ist.

Es ergibt sich naturgemäß die Frage, inwieweit man im Reduktionstheorem für identitätsfreie Ausdrücke auf die echte Inklusion schließen kann. Wir wollen zeigen, daß das bei hinreichend reichhaltigen Basen in gewissem Umfang tatsächlich möglich ist.

Zunächst nehmen wir an, in B komme ein zweistelliges Attributensymbol R vor. Dann betrachten wir im Anschluß an einen Grundgedanken von WAJSBERG[1]) die folgendermaßen induktiv definierten Ausdrücke:

$$W_1 : Rx_1x_1 \rightarrow Rx_1x_0,$$

$$W_{k+1} : W_k \vee (Rx_{k+1}x_{k+1} \rightarrow Rx_{k+1}x_k \vee \cdots \vee Rx_{k+1}x_0).$$

Wir behaupten, daß allgemein $ag_k W_k$ und nicht $ag_{k+1} W_k$ und entsprechend $ef_{k+1} \sim W_k$ und nicht $ef_k \sim W_k$. Als Beispiel, das alles wesentliche zeigt, betrachten wir den Fall $k = 3$. Definitionsgemäß ist W_3 der Ausdruck

$$Rx_1x_1 \rightarrow Rx_1x_0 \;.\vee.\; Rx_2x_2 \rightarrow Rx_2x_1 \vee Rx_2x_0$$

$$.\vee.\; Rx_3x_3 \rightarrow Rx_3x_2 \vee Rx_3x_1 \vee Rx_3x_0.$$

Es sei nun zunächst Σ eine beliebige B-Algebra, deren Individuenbereich I die Mächtigkeit 3 hat und f eine beliebige Belegung der Individuenvariablen mit Individuen aus I. Dann stimmen von den Werten $f(x_0), f(x_1), f(x_2),$ $f(x_3)$ wenigstens zwei überein, so daß, wenn $f(x_i) = f(x_j)$ $(0 \leqq i < j \leqq 3)$, $Wert_\Sigma(Rx_jx_j, f) = Wert_\Sigma(Rx_jx_i, f)$ und mithin $Wert_\Sigma(W_3, f) = W$. Also ist $ag_\Sigma W_3$, und da das für jede B-Algebra Σ gilt, deren Individuenbereich I die Mächtigkeit 3 hat, ist $ag_3 W_3$. Ist dagegen $\Sigma = [I, \omega]$ eine B-Algebra, bei der I (mindestens) vier Elemente $\xi_0, \xi_1, \xi_2, \xi_3$ enthält und $\omega(R) = \iota_I$ ist, so wird bei jeder Belegung f mit $f(x_i) = \xi_i$ $(i = 0, 1, 2, 3)$ offenbar $Wert_\Sigma(W_3, f) = F$, so daß nicht $ag_4 W_3$. Ganz analog schließt man im allgemeinen Fall.

---

[1]) Vgl. M. WAJSBERG, Untersuchungen über den Funktionenkalkül für endliche Individuenbereiche, Math. Ann. **108** (1933), 218—228.

Den Fall, daß in B ein Attributensymbol A^m einer Stellenzahl $m > 2$ vorkommt, kann man in gleicher Weise erledigen, wenn man die entsprechenden Ausdrücke W_k nimmt, bei denen allgemein Rx_ix_j /z. B. den Ausdruck $A^m x_i x_j \ldots x_j$ bedeutet.

Als nächstes betrachten wir den Fall, daß in B ein einstelliges Attributensymbol A und ein einstelliges Operationssymbol F vorkommen. Bezeichnet allgemein $F^{(k)}(x_i)$ den Term $F(F(\cdots(F(x_i))\cdots))$, in dem k mal das Symbol F auftritt, so leisten jetzt die folgendermaßen induktiv definierten Ausdrücke das Verlangte:

$$W_1^* : Ax_1 \to Ax_0,$$

$$W_{k+1}^* : W_k^* \vee (AF^{(k)}(x_{k+1}) \to AF^{(k)}(x_k) \vee \cdots \vee AF^{(k)}(x_0)).$$

Daß allgemein $ag_k W_k^*$, erkennt man genau wie im vorangehenden Fall. Zum Beweis, daß nicht $ag_{k+1} W_k^*$, betrachten wir eine B-Algebra $\Sigma = [I, \omega]$, deren Individuenbereich I mindestens $k + 1$ Elemente $\xi_0, \ldots, \xi_k$ enthält, $\omega(F)(\xi_0) = \xi_k$ und $\omega(F)(\xi_{i+1}) = \xi_i$ $(i = 0, 1, \ldots, k - 1)$ ist und das Attribut $\omega(A)$ lediglich auf das Individuum ξ_1 zutrifft; man sieht leicht, daß bei jeder Belegung f mit $f(x_i) = \xi_i$ $(i = 0, 1, \ldots, k)$ dann $Wert_\Sigma(W_k^*, f) = F$ wird.

Ist allgemeiner B eine Basis, in der ein einstelliges Attributensymbol A und ein Operationssymbol F beliebiger Stellenzahl vorkommt, so erhält man Ausdrücke W_k^* mit den betrachteten Eigenschaften, wenn man in der obigen Definition von W_{k+1}^* als $F^{(k)}(x_i)$ allgemein den Term nimmt, der sich bei der folgenden Rekursion ergibt:

$$F^{(0)}(x_i) : x_i,$$

$$F^{(k+1)}(x_i) : F(F^{(k)}(x_i), \ldots, F^{(k)}(x_i)).$$

Es bleibt also der Fall zu betrachten, daß in der Basis B keine Operationssymbole vorkommen und alle Attributensymbole die Stellenzahl Eins haben. Hierfür beweisen wir zunächst den folgenden

Reduktionssatz für identitätsfreie Ausdrücke mit nur einstelligen Attributensymbolen:[1]) *Es sei H ein identitätsfreier Ausdruck, in dem keine Operationssymbole und nur einstellige Attributensymbole vorhanden sind. Dann ist H genau dann allgemeingültig (erfüllbar), wenn H 2^m-zahlig allgemeingültig (erfüllbar) ist, wobei m die Anzahl der in H auftretenden (einstelligen) Attributensymbole bezeichnet.*

Offenbar genügt es zu zeigen, daß jeder erfüllbare Ausdruck H der genannten Art bereits 2^m-zahlig erfüllbar ist. Es sei also H ein solcher Aus-

---

[1]) Vgl. P. Bernays und M. Schönfinkel, Zum Entscheidungsproblem der mathematischen Logik, Mathemat. Ann. **99** (1928), 342—372.

druck in den einstelligen Attributensymbolen $A_1, \ldots, A_m$ und es sei $ef_\Sigma H$, wobei $\Sigma = [I, \omega]$. Dabei fassen wir H auf als Ausdruck über der Basis $B_H = [\{a_1, \ldots, a_l\}, \{A_1, \ldots, A_m\}, \emptyset]$, wobei $a_1, \ldots, a_l$ die in H auftretenden Individuensymbole sind, und Σ als eine Algebra bzgl. dieses Basis B_H (vgl. S. 15). Es sei sodann f eine Belegung der Individuenvariablen mit Individuen aus I, so daß $Wert_\Sigma(H, f) = W$. Wir nennen Elemente ξ, η aus I äquivalent ($\xi \approx \eta$), wenn für jedes μ mit $1 \leqq \mu \leqq m$ gilt: $\omega(A_\mu)(\xi) = \omega(A_\mu)(\eta)$. Man stellt sofort fest, daß diese Relation $\approx$ eine Äquivalenzrelation in I ist. Nach dem Hauptsatz über Äquivalenzrelationen wird dadurch eine erschöpfende Einteilung von I in paarweise elementefremde Restklassen erzeugt. Die Klasse, der ein gegebenes Element $\xi \in I$ angehört, bezeichnen wir mit $\bar{\xi}$ und die Gesamtheit aller dieser Klassen $\bar{\xi}$ mit $\bar{I}$. Definitionsgemäß ist dann für beliebige Elemente $\xi, \eta \in I$ dann und nur dann $\bar{\xi} = \bar{\eta}$, wenn $\xi \approx \eta$. Wir zeigen nun, daß $|\bar{I}| \leqq 2^m$. Dazu sei ξ ein beliebiges Element aus I. Dann legt das m-Tupel $[\omega(A_1)(\xi), \ldots, \omega(A_m)(\xi)]$ von Wahrheitswerten in eindeutiger Weise die Restklasse $\bar{\xi}$ fest, denn es ist ja dann und nur dann $\xi \approx \eta$, wenn $[\omega(A_1)(\xi), \ldots, \omega(A_m)(\xi)] = [\omega(A_1)(\eta), \ldots, \omega(A_m)(\eta)]$, und folglich kann es höchstens so viele Restklassen wie m-Tupel von Wahrheitswerten geben, also höchstens 2^m.[1] Bezeichnen wir nun mit $\bar{\Sigma}$ die B_H-Algebra $\lfloor \bar{I}, \bar{\omega} \rfloor$, bei der $\bar{\omega}(a_\lambda) = \overline{\omega(a_\lambda)}$ ($\lambda = 1, \ldots, l$) und für jedes $\bar{\xi} \in I$ $\bar{\omega}(A_\mu)(\bar{\xi}) = \omega(A_\mu)(\xi)$ ($\mu = 1, \ldots, m$)[2], so wird die Abbildung $\Phi(\xi) = \bar{\xi}$ ($\xi \in I$) ein Homomorphismus von der B_H-Algebra Σ auf die B_H-Algebra $\bar{\Sigma}$, und da H identitätsfrei ist und $ef_\Sigma H$ gilt, wird auch $ef_{\bar{\Sigma}} H$. Durch Anwendung des Reduktionstheorems für identitätsfreie Ausdrücke erhält man dann sofort $ef_{2^m} H$, und das war ja gerade zu zeigen.

Als nächstes beweisen wir, daß es für jede Zahl k mit $1 \leqq k \leqq 2^m$ einen identitätsfreien Ausdruck H über der Basis $B = [\emptyset, \{A_1, \ldots, A_m\}, \emptyset]$ gibt, so daß $ag_k H$, aber nicht $ag_{k+1} H$ (und mithin $ef_{k+1} \sim H$ und nicht $ef_k \sim H$). Dazu betrachten wir zunächst die 2^m Elementarkonjunktionen bzgl. der m prädikativen Ausdrücke $[A_1 x, \ldots, A_m x]$ (vgl. I, S. 52), die wir wie früher mit $K_\mu(A_1 x, \ldots, A_m x)$ ($1 \leqq \mu \leqq 2^m$) oder kurz mit $K_\mu(x)$ bezeichnen. Sodann bilden wir die 2^{2^m} Elementaralternativen bzgl. der

---

[1] Natürlich kann durchaus $|\bar{I}| < 2^m$ sein, denn es brauchen sich ja nicht alle m-Tupel von Wahrheitswerten in der angegebenen Weise durch Elemente $\xi \in I$ repräsentieren zu lassen, was sicher dann der Fall ist, wenn zwei der Attribute $\omega(A_\mu)$ gleich sind.

[2] Diese Definition ist unabhängig von der Wahl der Repräsentanten ξ der Restklasse $\bar{\xi}$; denn ist $\xi \approx \eta$, so wird $\omega(A_\mu)(\xi) = \omega(A_\mu)(\eta)$ für jedes $\mu = 1, \ldots, m$.

Ausdrücke $[\bigvee_x K_1(A_1x, ..., A_mx), ..., \bigvee_x K_{2^m}(A_1x, ..., A_mx)]$, die wir kurz *Normalalternativen in bezug auf die Attributensymbole* $A_1, ..., A_m$ nennen wollen. Wir behaupten nun, daß jede Normalalternative H, in der die Anzahl der negierten Alternativglieder gleich $k + 1$ ist, die verlangten Eigenschaften besitzt. Ist zunächst I ein Individuenbereich mit $k + 1$ Elementen, so kann man offenbar stets eine Interpretation ω von B in I finden, bei der genau die $k + 1$ partikularisierten Elementarkonjunktionen, die in H negiert vorkommen, wahr werden,[1] so daß dann für jede Belegung f über I gilt: $f \, Erf_{[I, \omega]} \sim H$, und mithin ist nicht $ag_{k+1}H$. Dagegen können in einem Individuenbereich I der Mächtigkeit k bei einer beliebigen Interpretation ω von B höchstens k partikularisierte Elementarkonjunktionen zugleich wahr sein; kommen also – wie vorausgesetzt – in H genau $k + 1$ partikularisierte Elementarkonjunktionen negiert vor, so ist immer wenigstens ein Alternativglied wahr, so daß in der Tat ag_kH.

Für Basen der Form $B = [\{a_\lambda | \lambda \in \Lambda\}, \{A^1_\mu | \mu \in M\}, \{F^1_\nu | \nu \in N\}]$ kann schließlich gezeigt werden,[2] daß man zu jedem erfüllbaren identitätsfreien B-Ausdruck H eine natürliche Zahl k angeben kann, so daß ef_kH, und dann läßt sich natürlich entsprechend zu jedem B-Ausdruck H eine Zahl k so finden, daß die k-zahlige Allgemeingültigkeit die Allgemeingültigkeit in jedem nichtleeren Individuenbereich nach sich zieht. Jetzt hängt aber die Zahl k im allgemeinen außer von der Anzahl der in H auftretenden Elemente aus B noch von der Anzahl der B-Terme ab, die in H eingehen, so daß es – wie schon die oben betrachteten Ausdrücke W^*_k zeigen – auch bei endlichen Mengen Λ, M und N keine für alle B-Ausdrücke universelle endliche obere Schranke für k gibt. Immerhin können wir schließen, daß bei jeder solchen Basis

$$ag^{BO} = ag^{BO}_{end}, \qquad ef^{BO} = ef^{BO}_{end}$$

ist.

---

[1] Ist z. B. $m = 3$ und $k = 2$, so erhält man in $I = \{\xi_1, \xi_2, \xi_3\}$ eine Interpretation ω, die die partikularisierten Elementarkonjunktionen $\bigvee_x (A_1x \wedge A_2x \wedge A_3x)$

$\bigvee_x (\sim A_1 x \wedge \sim A_2x \wedge A_3x), \bigvee_x (\sim A_1 x \wedge \sim A_2x \wedge \sim A_3x)$ erfüllt, wenn man

$$\omega(A_1)(\xi_1) = \omega(A_2)(\xi_1) = \omega(A_3)(\xi_1) = W,$$

$$\omega(A_1)(\xi_2) = \omega(A_2)(\xi_2) = F, \, \omega(A_3)(\xi_2) = W,$$

$$\omega(A_1)(\xi_3) = \omega(A_2)(\xi_3) = \omega(A_3)(\xi_3) = F$$

setzt, und bei dieser Interpretation werden die anderen partikularisierten Elementarkonjunktionen falsch.

[2] Vgl. T. Eichholz, Semantische Untersuchungen zur Entscheidbarkeit im Prädikatenkalkül mit Funktionsvariablen, Archiv f. math. Logik und Grundlagenforschung 3 (1957), 19—28.

Da man jeden Ausdruck H als Ausdruck über der Basis B_H aus den in H effektiv vorkommenden Individuen-, Attributen- und Operationssymbolen auffassen kann, können wir uns beim Beweis dieser Behauptung offenbar auf die Betrachtung einer endlichen Basis der Form $B = [\{a_1, ..., a_l\},$ $\{A_1, ..., A_m\}, \{F_1, ..., F_n\}]$ beschränken, wobei $A_1, ..., A_m$ einstellige Attributensymbole und $F_1, ..., F_n$ einstellige Operationssymbole sind. Neben der Basis B betrachten wir die Basis $B^* = [\{a_1, ..., a_l\}, \{A_\mu^1 | \mu \in M\}, \emptyset]$, bei der der Indexbereich M aus allen natürlichen Zahlen der Form

$$\mu = \mu(i, j_1, ..., j_r) = p_1^i p_2^{j_1} \cdots p_{r+1}^{j_r} \text{ mit } 1 \leq i \leq m, \ 1 \leq j_1, ..., j_r \leq n,$$

$r = 0, 1, ...$ besteht (wobei $p_1 = 2$, $p_2 = 3$, ..., p_{r+1} die $(r+1)$-te Primzahl ist). Für einen prädikativen B-Ausdruck P der Form $A_i F_{j_1}(\cdots F_{j_r}(x_k)\cdots)$ bzw. $A_i F_{j_1}(\cdots F_{j_r}(a_\lambda)\cdots)$ sei $\pi(P)$ der prädikative B^*-Ausdruck $A_\mu^1 x_k$ bzw. $A_\mu^1 a_\lambda$ mit $\mu = p_1^i p_2^{j_1} \cdots p_{r+1}^{j_r}$, und für einen identitätsfreien B-Ausdruck H sei $\pi(H)$ der identitätsfreie B^*-Ausdruck, der aus H entsteht, wenn man jeden prädikativen Ausdruck P durch den entsprechenden Ausdruck $\pi(P)$ ersetzt.[1]) Für eine beliebige B-Algebra $\Sigma = [I, \omega]$ sei $\Sigma_\pi = [I, \omega_\pi]$ diejenige B^*-Algebra, die gegeben wird durch

$$\omega_\pi(a_\lambda) = \omega(a_\lambda) \quad (\lambda = 1, ..., l),$$

$$\omega_\pi(A_\mu^1)(\xi) = \omega(A_i)(\varphi_{j_1}(\cdots\varphi_{j_r}(\xi)\cdots)) \ (\xi \in I),$$

falls $\mu = p_1^i p_2^{j_1} \cdots p_{r+1}^{j_r}$, wobei $\varphi_{j_\varrho} = \omega(F_{j_\varrho}) \ (\varrho = 1, ..., r)$. Man sieht sofort, daß für jeden identitätsfreien B-Ausdruck H bei jeder Belegung f in I

$$Wert_\Sigma(H, f) = Wert_{\Sigma_\pi}(\pi(H), f) \tag{1}$$

ist. Ferner zeigt man leicht, daß bei beliebigem $r = 1, 2, ...$ die B^*-Aussage

$$\bigwedge_{x} \bigvee_{y_1, ..., y_n} \left[\bigwedge_{\varrho=1}^{r} \bigwedge_{i=1}^{m} \bigwedge_{j_1=1}^{n} \cdots \bigwedge_{j_\varrho=1}^{n} (A_{\mu(i, j_1, ..., j_\varrho)}^1 x \leftrightarrow A_{\mu(i, j_1, ..., j_{\varrho-1})}^1 y_{j_\varrho}) \right],$$

die wir kurz mit E_r bezeichnen wollen, in Σ_π wahr ist; bezeichnet nämlich $[\cdots]$ den quantorenfreien „Kern" der betrachteten Aussage, so wird

$$Wert_{\Sigma_\pi}\left([\cdots], f\left\langle \begin{matrix} x, y_1, ..., y_n \\ \xi, \eta_1, ..., \eta_n \end{matrix} \right\rangle\right) = W, \text{ wenn bei beliebigem } \xi \in I \text{ jeweils}$$

$\eta_j = \omega(F_j)(\xi)$ gesetzt wird.

Ist nun H ein beliebiger identitätsfreier B-Ausdruck und $r(H)$ das Maximum der Tiefen der in H auftretenden prädikativen Ausdrücke, so bezeichnen

---

[1]) Die hierbei auftretende Zahl r wollen wir kurz *die Tiefe des prädikativen Ausdrucks P* nennen. Als prädikative Ausdrücke der Tiefe 0 werden dabei die Ausdrücke der Form $A_i x_k$ und $A_i a_\lambda$ angesehen.

wir mit H^* den B^*-Ausdruck $E_{r(H)} \wedge \pi(H)$.[1]) Wir werden zeigen, daß bei beliebigem Individuenbereich I folgendes gilt:

$$ef_I H \text{ genau dann, wenn } ef_I H^*. \tag{2}$$

Da in H^* keine Operationssymbole mehr auftreten, können wir auf H^* den Reduktionssatz für identitätsfreie Ausdrücke mit nur einstelligen Attributensymbolen anwenden und erhalten damit unmittelbar unsere Behauptung, daß man zu jedem erfüllbaren identitätsfreien Ausdruck H eine natürliche Zahl k so finden kann, daß H k-zahlig erfüllbar ist.

Zum Beweis von (2) nehmen wir zunächst an, der identitätsfreie B-Ausdruck H sei in I erfüllbar. Dann existieren eine B-Algebra $\Sigma = [I, \omega]$ und eine Belegung f in I, so daß $\mathrm{Wert}_\Sigma(H, f) = W$. Nach (1) ist dann $\mathrm{Wert}_{\Sigma_\pi}(\pi(H), f) = W$ und mithin wegen der Wahrheit von $E_{r(H)}$ in Σ_π auch $\mathrm{Wert}_{\Sigma_\pi}(H^*, f) = W$, also $ef_I H^*$. Wir nehmen nun umgekehrt an, der Ausdruck H^* sei in I erfüllbar. Dann existieren eine B^*-Algebra $\Sigma^* = [I, \omega^*]$ und eine Belegung f in I mit $\mathrm{Wert}_{\Sigma^*}(H^*, f) = W$. Letzteres besagt offenbar. daß $E_{r(H)}$ in Σ^* wahr ist und $\mathrm{Wert}_{\Sigma^*}(\pi(H), f) = W$ gilt. Aus der Wahrheit von $E_{r(H)}$ in Σ^* folgt, daß zu jedem $\xi \in I$ wenigstens ein n-Tupel $[\eta_1, ..., \eta_n]$ von Elementen aus I mit $\mathrm{Wert}_{\Sigma^*}\left([\cdots], f \left\langle \begin{matrix} x, y_1, ..., y_n \\ \xi, \eta_1, ..., \eta_n \end{matrix} \right\rangle \right) = W$ gehört, wobei $[\cdots]$ analog wie oben den quantorenfreien Kern von $E_{r(H)}$ bezeichnet. Aus der Menge aller n-Tupel $[\eta_1, ..., \eta_n]$, die zu einem gegebenen $\xi \in I$ gehören, wählen wir jeweils genau eines aus und bezeichnen es mit $[\eta_1(\xi), ..., \eta_n(\xi)]$. Sodann bilden wir die B-Algebra $\Sigma = [I, \omega]$ mit

$$\omega(a_\lambda) = \omega^*(a_\lambda) \qquad (\lambda = 1, ..., l),$$
$$\omega(F_j)(\xi) = \eta_j(\xi) \qquad (j = 1, ..., n),$$
$$\omega(A_i)(\xi) = \omega^*(A_{2i}^1) \qquad (i = 1, ..., m).$$

Dann ist zumindest für alle in H^*, also insbesondere für alle in $\pi(H)$ auftretenden Attributensymbole A_μ^1 $(\mu \in M)$

$$\omega_\pi(A_\mu^1) = \omega^*(A_\mu^1)$$

(das „beinhaltet" gerade die Wahrheit von $E_{r(H)}$ in Σ^*), und folglich ist nach (1) für die betrachtete Belegung f in I

$$\mathrm{Wert}_\Sigma(H, f) = \mathrm{Wert}_{\Sigma_\pi}(\pi(H), f) = \mathrm{Wert}_{\Sigma^*}(\pi(H), f) = W,$$

d.h. H ist in I erfüllbar.

Wir fassen die vorangehenden Resultate zusammen in dem folgenden

---

[1]) Der Fall $r(H) = 0$, in dem in H keines der Operationssymbole $F_1, ..., F_n$ vorkommt, kann im folgenden außer Betracht bleiben.

Repräsentantentheorem für identitätsfreie Ausdrücke:
Kommen in der Basis B wenigstens ein zwei- oder mehrstelliges Attributensymbol oder ein einstelliges Attributensymbol und ein ein- oder mehrstelliges Operationssymbol vor, so gilt für jede natürliche Zahl $k > 0$

$$ag^{BO}_{k+1} < ag^{BO}_{k}, \qquad ef^{BO}_{k} < ef^{BO}_{k+1} \tag{3}$$

und damit auch $\qquad ag^{BO}_{end} < ag^{BO}_{k}, \qquad ef^{BO}_{k} < ef^{BO}_{end}.$

Die gleichen Beziehungen gelten ferner bezüglich jeder Basis $B = [\{a_\lambda | \lambda \in \Lambda\},$ $\{A^1_\mu | \mu \in M\}, \emptyset]$, bei der die Indexmenge M unendlich ist, wobei jetzt zusätzlich noch

$$ag^{BO}_{end} = ag^{BO}, \qquad ef^{BO}_{end} = ef^{BO} \tag{4}$$

ist. Für eine solche Basis mit endlicher Indexmenge M gelten dagegen — wenn $|M| = m$ — die Beziehungen (3) für alle natürlichen Zahlen k mit $1 \leq k < 2^m$, während für alle $k \geq 2^m$

$$ag^{BO}_{k} = ag^{BO}_{end} = ag^{BO}, \qquad ef^{BO}_{k} = ef^{BO}_{end} = ef^{BO} \tag{5}$$

wird. Für Basen $B = [\{a_\lambda | \lambda \in \Lambda\}, \{A^1_\mu | \mu \in M\}, \{F^1_\nu | \nu \in N\}]$ gelten schließlich ebenfalls noch die Beziehungen (4), wobei jetzt aber — abgesehen von dem Spezialfall, daß M endlich und N leer ist — eine Beziehung der Form (5) mit endlichem k nicht besteht.

Es stellt sich nun die Frage, welche transfiniten (unendlichen) Kardinalzahlen man durch identitätsfreie Ausdrücke repräsentieren kann, d.h., zu welchen transfiniten Kardinalzahlen $\mathfrak{m}$ es einen Ausdruck H gibt, so daß zwar $ag_\mathfrak{m}H$, aber für kein $\mathfrak{n} > \mathfrak{m}$ $ag_\mathfrak{n}H$ (bzw. $ef_\mathfrak{m}H$, aber für kein $\mathfrak{n} < \mathfrak{m}$ $ef_\mathfrak{n}H$) wird. Zunächst zeigen wir, daß über jeder Basis B, in der wenigstens ein zwei- oder mehrstelliges Attributensymbol vorkommt, ein identitätsfreier Ausdruck H existiert, so daß $ef_{\aleph_0}H$, aber nicht $ef_{end}H$, und dann ist $ag_{end} \sim H$ und nicht $ag_{\aleph_0} \sim H$. Falls in B ein zweistelliges Attributensymbol R vorhanden ist, leistet z. B. der folgende Ausdruck H das Verlangte

$$\sim \bigvee_x Rxx \wedge \bigwedge_{x,y,z} (Rxy \wedge Ryz \to Rxz) \wedge \bigwedge_x \bigvee_y Rxy.$$

Ist nämlich I die Menge aller natürlichen Zahlen und $\omega(R)$ die $<$-Relation im Bereich der natürlichen Zahlen, so wird bei jeder Belegung f in I $Wert_{[I,\omega]}(H, f) = W$, so daß $ef_{[I,\omega]}H$ (ja sogar $ag_{[I,\omega]}H$) und mithin $ef_{\aleph_0}H$. Ist dagegen I ein beliebiger endlicher Individuenbereich und ω eine Interpretation von B in I, bzgl. der die ersten beiden Konjunktionsglieder von H erfüllt sind, so ist $\varrho = \omega(R)$ eine irreflexive teilweise Ordnung in I, d. h. 1) Für kein $\xi \in I$ ist $\varrho(\xi, \xi) = W$, 2) Für beliebige Elemente $\xi, \eta, \zeta \in I$ gilt: Wenn $\varrho(\xi, \eta) = W$ und $\varrho(\eta, \zeta) = W$, so $\varrho(\xi, \zeta) = W$.

Durch vollständige Induktion über die Elementeanzahl zeigt man nun leicht, daß es bzgl. ϱ in jeder nichtleeren endlichen Teilmenge M von I ein „maximales" Element ξ^* gibt mit $\xi^* \in M$ und $\varrho(\xi^*, \xi) = F$ für alle $\xi \in M$. Da nun I selbst endlich ist, gibt es in I ein Element ξ^*, so daß $\varrho(\xi^*, \xi) = F$ für alle $\xi \in I$, und dann wird für jede Belegung f mit $f(x) = \xi^*$ offenbar $Wert_{[I,\,\omega]}(\bigvee\limits_y Rxy, f) = F$, so daß bei jeder Belegung f über I

$Wert_{[I,\,\omega]}(\bigwedge\limits_x \bigvee\limits_y Rxy, f) = F$ ist. Also gibt es keine Interpretation ω, bei der alle drei Konjunktionsglieder von H gültig sind, d.h., es ist nicht $ef_{[I,\,\omega]}H$, und da hierbei I ein beliebiger endlicher Individuenbereich war, ist nicht $ef_{end}H$. Kommt in B ein mehr als zweistelliges Attributensymbol A^n vor, so erhält man einen Ausdruck mit den bewiesenen Eigenschaften, wenn man im oben angegebenen Ausdruck allgemein für Rx_ix_j z. B. den Ausdruck $A^n x_i x_j \ldots x_j$ nimmt.

Falls in B ein einstelliges Attributensymbol A und ein mehr als einstelliges Operationssymbol F vorkommt, so kann man den analogen Ausdruck nehmen, bei dem jetzt Rx_ix_j den Ausdruck $AF(x_i, x_j, \ldots, x_j)$ bedeutet. Interpretiert man nämlich F im Bereich der natürlichen Zahlen durch eine Funktion φ, für die $\varphi(\xi, \eta, \ldots, \eta)$ gleich der „arithmetischen Differenz" $\eta \doteq \xi$ ist (d.h., gleich $\eta - \xi$, falls $\eta \geq \xi$, und gleich 0, falls $\eta < \xi$), und A durch das einstellige Attribut im Bereich der natürlichen Zahlen, das auf genau die positiven Zahlen zutrifft, so wird wieder $Wert_{[I,\,\omega]}(H, f)$ $= W$ bei jeder Belegung f über I,[1]) so daß $ef_{\aleph_0}H$, während man wie oben schließt, daß nicht $ef_{end}H$. Damit haben wir als

Ergänzung zum Repräsentantentheorem für identitätsfreie Ausdrücke: *Kommen in der Basis B ein zwei- oder mehrstelliges Attributensymbol oder ein einstelliges Attributensymbol und ein zwei- oder mehrstelliges Operationssymbol vor, so ist $ag^{BO}_{\aleph_0} < ag^{BO}_{end}$, $ef^{BO}_{end} < ef^{BO}_{\aleph_0}$, während in allen anderen Fällen Gleichheit herrscht.*

Wie steht es nun mit der Möglichkeit, durch identitätsfreie Ausdrücke auch Kardinalzahlen $\mathfrak{m} > \aleph_0$ zu repräsentieren? Diese Frage wird beantwortet durch das folgende

Theorem von LÖWENHEIM und SKOLEM:[2]) *Bei beliebiger Basis B ist für alle Kardinalzahlen $\mathfrak{m} \geq \aleph_0$*

$$ag^{BO}_{\mathfrak{m}} = ag^{BO}_{\aleph_0} = ag^{BO}, \qquad ef^{BO}_{\mathfrak{m}} = ef^{BO}_{\aleph_0} = ef^{BO},$$

---

[1]) Es ist nämlich $\omega(A)\,(\omega(F)\,(\xi, \eta, \ldots, \eta)) = W$ genau dann, wenn $\eta - \xi > 0$, d.h. genau dann, wenn $\xi < \eta$.

[2]) L. LÖWENHEIM, Über Möglichkeiten im Relativkalkül, Math. Ann. 76 (1915), 447–470; TH. SKOLEM, Einige Bemerkungen zur axiomatischen Begründung der Mengenlehre, Wiss. Vorträge des 5. Kongr. Skand. Math., Helsingfors 1923, 217–232.

d.h. an transfiniten Kardinalzahlen läßt sich durch identitätsfreie Ausdrücke allenfalls die Kardinalzahl $\aleph_0$ repräsentieren.

Der Beweis dieses Satzes erfordert allerdings tieferliegende Hilfsmittel und soll daher zurückgestellt werden (vgl. S. 117 und S. 144).

Für Ausdrücke, in denen das Gleichheitszeichen vorkommt, ist die Repräsentantentheorie wesentlich komplizierter. Das liegt vor allem daran, daß für diese Ausdrücke das obige Reduktionstheorem nicht mehr allgemein richtig ist.

Als erstes betrachten wir die über jeder Basis B bildbaren sogen. *Mindestzahl-, Höchstzahl-* und *Anzahlaussagen,* die definiert sind durch:

$$\bigvee{}_{n} =_{\mathrm{Df}} \bigvee_{x_1,\ldots,x_n} \bigwedge_{1 \le i < j \le n} x_i \ne x_j \qquad (\text{„es gibt wenigstens } n \text{ Individuen“}),[1]$$

$$\bigvee{}_{n}! =_{\mathrm{Df}} \sim \bigvee{}_{n+1} \qquad (\text{„es gibt höchstens } n \text{ Individuen“}),$$

$$\bigvee{}_{n}!! =_{\mathrm{Df}} \bigvee{}_{n} \wedge \bigvee{}_{n}! \qquad (\text{„es gibt genau } n \text{ Individuen“}).$$

Wie man leicht sieht, ist

$ag_I \bigvee_k$ genau dann, wenn $ef_I \bigvee_k$ genau dann, wenn $|I| \ge k,$

$ag_I \bigvee_k!$ genau dann, wenn $ef_I \bigvee_k!$ genau dann, wenn $|I| \le k,$

$ag_I \bigvee_k!!$ genau dann, wenn $ef_I \bigvee_k!!$ genau dann, wenn $|I| = k.$

Daraus folgt, daß *bei beliebiger Basis B die Mengen ag_k^B mit endlichem $k > 0$ paarweise unvergleichbar sind, und ebenso die Mengen ef_k^B,* und das wiederum hat zur Folge, daß *für jede natürliche Zahl $k > 0$*

$$ag_{end}^B < ag_k^B, \qquad ef_k^B < ef_{end}^B$$

ist. Ferner zeigen die betrachteten Ausdrücke, daß generell *nicht mehr* $ag_{\aleph_0}^B < ag_{end}^B$ *und* $ef_{end}^B < ef_{\aleph_0}^B$ gilt; denn für jede natürliche Zahl $k > 0$ ist $ag_{\aleph_0} \bigvee_k$, aber für kein $k > 1$ ist $ag_{end} \bigvee_k$, und für jedes $k > 0$ ist $ef_{end} \bigvee_k!$, aber für kein $k > 0$ ist $ef_{\aleph_0} \bigvee_k!$

---

[1]) Nimmt man als leere Konjunktion (vgl. I, S. 161) den allgemeingültigen Ausdruck $x_1 = x_1$, so wird $\bigvee_1$ der (allgemeingültige) Ausdruck $\bigvee_{x_1} x_1 = x_1$. Das Zeichen „$=_{\mathrm{Df}}$" bedeutet, daß die linke Seite einer solchen „Definitionsgleichung" (das sog. *Definiendum*) lediglich eine Abkürzung für die rechte Seite (das sog. *Definiens*) ist.

Eine gewisse Verallgemeinerung der Mindestzahl-, Höchstzahl- bzw. Anzahlaussagen bilden die folgendermaßen definierten *relativierten Mindestzahl-, Höchstzahl- bzw. Anzahlausdrücke*:

$$\bigvee_n x H(x) =_{\mathrm{Df}} \bigvee_{y_1, \ldots, y_n} \left(\bigwedge_{1 \le i < j \le n} y_i \ne y_j \wedge \bigwedge_{i=1}^{n} H(y_i) \right)$$

(„es gibt wenigstens n Individuen x, so daß $H(x)$"),[1]

$$\bigvee_n! \, x H(x) =_{\mathrm{Df}} \sim \bigvee_{n+1} x H(x)$$

(„es gibt höchstens n Individuen x, so daß $H(x)$"),

$$\bigvee_n!! \, x H(x) =_{\mathrm{Df}} \bigvee_n x H(x) \wedge \bigvee_n! \, x H(x)$$

(„es gibt genau n Individuen x, so daß $H(x)$");

dabei ist $H(x)$ ein beliebiger B-Ausdruck, in dem die Variable x vollfrei vorkommt, und $y_1, \ldots, y_n$ sind paarweise verschiedene Individuenvariablen, die in H nicht vorhanden sind (z.B. sei y_i gleich x_{n_0+i}, wenn x_{n_0} die Individuenvariable mit größtem Index ist, die in $H(x)$ vorkommt). Man stellt leicht fest, daß *bei beliebiger B-Algebra $\Sigma = [I, \omega]$ für jede Belegung f der Individuenvariablen mit Individuen aus I folgendes gilt* (vgl. S. 7):

$$Wert_\Sigma(\bigvee_n x H(x), f) = \underset{n}{Min} \left(\lambda\xi Wert_\Sigma \left(H(x), f\left\langle {x \atop \xi} \right\rangle \right) \right),$$

$$Wert_\Sigma(\bigvee_n! \, x H(x), f) = \underset{n}{Max} \left(\lambda\xi Wert_\Sigma \left(H(x), f\left\langle {x \atop \xi} \right\rangle \right) \right),$$

$$Wert_\Sigma(\bigvee_n!! \, x H(x), f) = \underset{n}{Eq} \left(\lambda\xi Wert_\Sigma \left(H(x), f\left\langle {x \atop \xi} \right\rangle \right) \right),$$

wenn $\underset{n}{Min}$ bzw. $\underset{n}{Max}$ bzw. $\underset{n}{Eq}$ diejenige einstellige Quantifizierungsfunktion in I bezeichnet, die genau denjenigen einstelligen Attributen in I den Wert W zuordnet, die auf wenigstens bzw. höchstens bzw. genau n Individuen zutreffen (insbesondere stimmt also $\underset{1}{Min}$ mit Ex und $\underset{1}{Eq}$ mit Un überein). Es ist also z.B. genau dann $Wert_\Sigma(\bigvee_n!! \, x H(x), f) = W$, wenn es genau n Individuen $\xi \in I$ gibt, für die $Wert_\Sigma \left(H(x), f\left\langle {x \atop \xi} \right\rangle \right) = W$ wird.

Ist x die einzige freie Variable in $H(x)$, so sind die relativierten Mindestzahl-, Höchstzahl- und Anzahlausdrücke natürlich Aussagen, und wir sprechen dann auch von *relativierten Mindestzahl-, Höchstzahl- und Anzahlaussagen*.

---

[1] $\bigvee_1 x H(x)$ sei dabei der Ausdruck $\bigvee x H(x)$. Für $\bigvee_1! x H(x)$ wird im folgenden auch kurz $\bigvee! x H(x)$ und für $\bigvee_1!! x H(x)$ auch kurz $\bigvee!! x H(x)$ geschrieben. $\bigvee_0!! x H(x)$ bedeutet, wenn es gelegentlich benutzt wird, $\sim \bigvee x H(x)$.

Aus den angegebenen Definitionen ergibt sich unmittelbar, daß *bei beliebigem* $k_1 \geqq k_2$ *folgendes gilt:*

$$ag \, \bigvee_{k_1} x H(x) \;\rightarrow\; \bigvee_{k_2} x H(x), \quad ag \, \bigvee_{k_2}! \, x H(x) \rightarrow \bigvee_{k_1}! \, x H(x). \tag{6}$$

Wir wollen als nächstes zeigen, daß *die Beziehungen*

$$ag^B = ag^B_{end}, \quad ef^B = ef^B_{end}$$

für genau die Basen der Form $B = [\{a_\lambda | \lambda \in \Lambda\}, \{A^1_\mu | \mu \in M\}, \emptyset]$ *gelten.*

Zum Nachweis, daß diese Beziehungen höchstens für die Basen dieser Form gelten können, genügt es nach den Resultaten für identitätsfreie Ausdrücke zu beweisen, daß es über jeder Basis, die wenigstens ein einstelliges Operationssymbol F enthält, einen Ausdruck gibt, der zwar $\aleph_0$-zahlig, aber nicht im Endlichen erfüllt werden kann. Man überlegt sich leicht, daß z. B. der folgende Ausdruck diese Eigenschaft hat

$$\bigvee_x \sim \bigvee_y x = F(y) \wedge \bigwedge_{x,\,y} (F(x) = F(y) \rightarrow x = y)$$

Es sei nun umgekehrt B eine Basis der angegebenen Form. Es genügt offenbar zu zeigen, daß jeder erfüllbare B-Ausdruck bereits in einem endlichen Individuenbereich erfüllt werden kann. Auf Grund des Eliminationstheorems für Individuensymbole (vgl. S. 41) können wir uns dabei auf den Fall beschränken, daß H ein Ausdruck über einer Basis der Form $B = [\emptyset, \{A_1, ..., A_m\}, \emptyset]$ ist, wobei überdies angenommen werden kann, daß H abgeschlossen in bezug auf Individuenvariablen, also eine Aussage ist (andernfalls müßten wir zu $Prt(H)$ übergehen).

Wir bilden zunächst analog wie oben die 2^m Elementarkonjunktionen $K_\mu(A_1 x, ..., A_m x)$ oder kurz $K_\mu(x)$ $(\mu = 1, ..., 2^m)$ bzgl. $[A_1 x, ..., A_m x]$, und mittels dieser die relativierten Mindestzahlaussagen $\bigvee_k x K_\mu(x)$ $(k = 1, 2, ...; 1 \leqq \mu \leqq 2^m)$. Unter *einer Normalkonjunktion bzgl. der Attributensymbole* $A_1, ..., A_m$ wollen wir im folgenden eine Konjunktion aus derartigen relativierten Mindestzahlaussagen und negierten relativierten Mindestzahlaussagen[1] verstehen, d. h. eine Aussage der Form

$$\bigvee_{k_1} x K_{\mu_1}(x) \wedge \cdots \wedge \bigvee_{k_r} x K_{\mu_r}(x) \wedge \, \sim \bigvee_{l_1} x K_{\nu_1}(x) \wedge \cdots \wedge \, \sim \bigvee_{l_s} x K_{\nu_s}(x). \tag{7}$$

Eine Alternative aus solchen Normalkonjunktionen heißt *eine kontrapränexe Normalform bzgl.* $A_1, ..., A_m$. In § 8 werden wir zeigen, daß jede Aussage H über der Basis $B = [\emptyset, \{A_1, ..., A_m\}, \emptyset]$ einer kontrapränexen

---

[1] Vom Ausnahmefall $k = 1$ abgesehen, ist die negierte relativierte Mindestzahlaussage $\sim \bigvee_k x H(x)$ natürlich die relativierte Höchstzahlaussage $\bigvee_{k-1}! \, x H(x)$.

Normalform H^* bzgl. $A_1, \ldots, A_m$ semantisch äquivalent ist. Ohne Beschränkung der Allgemeinheit können wir dabei noch voraussetzen, daß in den Normalkonjunktionen (7), aus denen H^* aufgebaut ist, die Indizes $\mu_1, \ldots, \mu_r$ und die Indizes $\nu_1, \ldots, \nu_s$ paarweise verschieden sind; denn wegen (6) kann man allgemein $\bigvee_{k_1} x K_\mu(x) \wedge \bigvee_{k_2} x K_\mu(x)$ mit $k_2 \geqq k_1$ semantisch äquivalent zu $\bigvee_{k_2} x K_\mu(x)$ und $\sim \bigvee_{k_1} x K_\nu(x) \wedge \sim \bigvee_{k_2} x K_\nu(x)$ mit $k_2 \geqq k_1$ semantisch äquivalent zu $\sim \bigvee_{k_1} x K_\nu(x)$ verschmelzen. Von diesem Satz wollen wir hier Gebrauch machen. Es ist klar, daß die B-Aussage H genau dann in einem Individuenbereich I erfüllbar ist, wenn H^* in I erfüllbar ist. Unsere Behauptung ist also bewiesen, wenn wir gezeigt haben, daß jede erfüllbare kontrapränexe Normalform bereits in einem endlichen Individuenbereich erfüllbar ist, und da eine Alternative genau dann in I erfüllbar ist, wenn das für wenigstens ein Alternativglied der Fall ist, können wir den Beweis sofort weiter auf Normalkonjunktionen reduzieren. Wir betrachten also z. B. die Normalkonjunktion (7) und nehmen an, diese sei im Individuenbereich I erfüllbar. Dann gibt es eine Algebra $\Sigma = [I, \omega]$ über I, so daß die Aussage (7) in Σ wahr ist, was offensichtlich gleichwertig damit ist, daß die einzelnen Konjunktionsglieder von (7) in Σ wahr sind. Bezeichnen wir mit M_i ($i = 1, \ldots, m$) die Menge aller $\xi \in I$, für die $\omega(A_i)(\xi) = W$ ist, und setzen wir für $\mu = 1, \ldots, 2^m$

$$N_\mu(M_1, \ldots, M_m) = M'_1 \wedge \cdots \wedge M'_m,$$

wobei

$$M'_i = \begin{cases} M_i, & \text{falls } A_i x \text{ in } K_\mu(x) \text{ unnegiert vorkommt} \\ I \setminus M_i, & \text{falls } A_i x \text{ in } K_\mu(x) \text{ negiert vorkommt,} \end{cases}$$

o gilt:

$$\bigvee_k x K_\mu(x) \text{ ist wahr in } \Sigma \text{ genau dann, wenn } |N_\mu(M_1, \ldots, M_m)| \geqq k$$

$$\sim \bigvee_l x K_\mu(x) \text{ ist wahr in } \Sigma \text{ genau dann, wenn } |N_\mu(M_1, \ldots, M_m)| < l.$$

Daraus folgt unmittelbar, daß in einer **erfüllbaren** Normalkonjunktion (7) ein Index μ_ϱ ($\varrho = 1, \ldots, r$) nur dann gleich einem Index ν_σ ($\sigma = 1, \ldots, s$) sein kann, wenn dabei $k_\varrho < l_\sigma$ ist. Wir werden nun zeigen, daß jede Normalkonjunktion (7), die diese zusätzliche Eigenschaft hat, in einem endlichen Individuenbereich erfüllbar ist, und zwar in einem Individuenbereich, dessen Elementeanzahl gleich $k_1 + \cdots + k_r$ ist.

Hierzu genügt es, den folgenden **Hilfssatz** zu beweisen:
Es seien $n_1, \ldots, n_{2^m}$ beliebige natürliche Zahlen (von denen einige gleich Null sein können), und es sei $\sum_{\mu=1}^{2^m} n_\mu = n \geqq 1$. Dann gibt es eine B-Algebra $\Sigma = [I, \omega]$, deren Individuenbereich I die Mächtigkeit n hat, so daß in Σ sämtliche relativierten Anzahlaussagen $\bigvee_{n_\mu} !! K_\mu(x)$ ($\mu = 1, \ldots, 2^m$) wahr sind.

Wir wollen zunächst zeigen, daß aus diesem Hilfssatz leicht gefolgert werden kann, daß jede Normalkonjunktion (7), in der die Indizes $\mu_1, \ldots, \mu_r$ und die Indizes $\nu_1, \ldots, \nu_s$ paarweise verschieden sind, die Indizes $k_1, \ldots, k_r$ und $l_1, \ldots, l_s$ gegebene Zahlen ≥ 1 sind und im Fall $\mu_\varrho = \nu_\sigma$ stets $k_\varrho < l_\sigma$ ist, in einem Individuenbereich mit $k_1 + \cdots + k_r$ Elementen erfüllbar ist. Dazu setzen wir im Hilfssatz $n_{\mu_\varrho} = k_\varrho$ $(\varrho = 1, \ldots, r)$ und die übrigen n_μ gleich Null. In der entsprechenden B-Algebra Σ, deren Individuenbereich die Mächtigkeit $k_1 + \cdots + k_r$ hat, sind dann die relativierten Anzahlaussagen $\bigvee_{k_\varrho} !! \, x K_{\mu_\varrho}(x)$ $(\varrho = 1, \ldots, r)$ wahr. Damit sind in Σ alle relativierten Mindestzahlaussagen $\bigvee_{k_\varrho} x K_{\mu_\varrho}(x)$ $(\varrho = 1, \ldots, r)$, und alle relativierten Höchstzahlaussagen $\bigvee_{k_\varrho} ! \, x K_{\mu_\varrho}(x)$ (d.h. die negierten relativierten Mindestzahlaussagen $\sim \bigvee_{k_\varrho+1} x K_{\mu_\varrho}(x)$) wahr. Daraus folgt mittels (6), daß in Σ alle negierten relativierten Mindestzahlaussagen $\sim \bigvee_{l_\sigma} x K_{\nu_\sigma}(x)$ wahr sind, bei denen ν_σ gleich einem der Indizes μ_ϱ $(\varrho = 1, \ldots, r)$ ist (da hier $l_\sigma \geq k_\varrho + 1$ ist). Für die ν_σ, die mit keinem μ_ϱ übereinstimmen, ist $n_{\nu_\sigma} = 0$, mithin in Σ die Aussage $\sim \bigvee x K_{\nu_\sigma}(x)$ und damit auch die Aussage $\sim \bigvee_{l_\sigma} x K_{\nu_\sigma}(x)$ wahr. Es sind also in Σ alle Konjunktionsglieder von (7) und folglich auch die ganze Konjunktion (7) wahr, und daraus ergibt sich sofort unsere Behauptung.

Zum Beweis des Hilfssatzes sei I ein beliebiger Individuenbereich der Mächtigkeit n und $I = X_1 \vee \cdots \vee X_{2m}$ eine Zerlegung von I in paarweise elementefremde Teilmengen mit $|X_\mu| = n_\mu$ $(\mu = 1, \ldots, 2m)$. Es genügt offenbar zu zeigen, daß man zu $X_1, \ldots, X_{2m}$ Teilmengen $M_1, \ldots, M_m$ von I so finden kann, daß $X_\mu = N_\mu(M_1, \ldots, M_m)$ $(\mu = 1, \ldots, 2m)$, wobei N_μ die oben angegebene Bedeutung hat; denn dann wird $\Sigma = [I, \omega]$ mit $\omega(A_i) = M_i$ $(i = 1, \ldots, m)$ (d.h., $\omega(A_i)(\xi) = W$ genau dann, wenn $\xi \in M_i$) eine B-Algebra, für die gilt:

$$\bigvee_k !! \, x K_\mu(x) \text{ ist wahr in } \Sigma \text{ genau dann, wenn } |N_\mu(M_1, \ldots, M_m)| = k,$$

so daß wegen $N_\mu(M_1, \ldots, M_m) = X_\mu$ und $|X_\mu| = n_\mu$ in der Tat in Σ sämtliche relativierten Anzahlaussagen $\bigvee_{n_\mu} !! \, x K_\mu(x)$ wahr werden. Den Beweis dieser rein mengentheoretischen Behauptung führen wir durch vollständige Induktion über m. Im Fall $m = 1$ haben wir eine Zerlegung $I = X_1 \vee X_2$ mit $|X_1| = n_1$, $|X_2| = n_2$, $X_1 \wedge X_2 = \emptyset$ vorgegeben. Setzen wir $M_1 = X_1$, so wird $N_1(M_1) = M_1 = X_1$ und $N_2(M_1) = I \setminus M_1 = X_2$ (da $K_1(A_1 x)$ der Ausdruck $A_1 x$ und $K_2(A_1 x)$ der Ausdruck $\sim A_1 x$ ist), was zu zeigen war. Wir nehmen nun an, die Behauptung sei bereits für jede Zerlegung von I in $2m$ disjunkte Teilmengen bewiesen, und es sei $I = X_1 \vee \cdots \vee X_{2m} \vee X_{2m+1} \vee \cdots \vee X_{2m+1}$ eine beliebige Zerlegung von I

in 2^{m+1} disjunkte Teilmengen. Dann bilden die Mengen $X_\mu \cup X_{2^m+\mu}$ ($\mu = 1, \dots, 2^m$) eine Zerlegung von I in 2^m disjunkte Teilmengen. Nach Induktionsvoraussetzung können wir dazu m Mengen finden, wir bezeichnen sie mit $M_2, \dots, M_{m+1}$, so daß

$$M_2 \wedge \cdots \wedge M_m \quad \wedge M_{m+1} \quad\ = X_1 \quad \cup X_{2^m+1}$$
$$M_2 \wedge \cdots \wedge M_m \quad \wedge (I \setminus M_{m+1}) = X_2 \quad \cup X_{2^m+2}$$
$$\vdots$$
$$(I \setminus M_2) \wedge \cdots \wedge (I \setminus M_m) \wedge (I \setminus M_{m+1}) = X_{2^m} \cup X_{2^{m+1}}$$

Setzen wir $M_1 = X_1 \cup \cdots \cup X_{2^m}$, so wird $I \setminus M_1 = X_{2^m+1} \cup \cdots \cup X_{2^{m+1}}$ und aus den vorangehenden Gleichungen folgt:

$$M_1 \wedge \quad M_2 \wedge \cdots \wedge \quad M_m \wedge \quad M_{m+1} = M_1 \wedge (X_1 \cup X_{2^m+1}) = X_1$$
$$M_1 \wedge \quad M_2 \wedge \cdots \wedge \quad M_m \wedge (I \setminus M_{m+1}) = M_1 \wedge (X_2 \cup X_{2^m+2}) = X_2$$
$$\vdots$$
$$M_1 \wedge (I \setminus M_2) \wedge \cdots \wedge (I \setminus M_m) \wedge (I \setminus M_{m+1}) = M_1 \wedge (X_2 \cup X_{2^m+1}) = X_{2^m}$$
$$(I \setminus M_1) \wedge M_2 \wedge \cdots \wedge M_m \wedge M_{m+1} = (I \setminus M_1) \wedge (X_1 \cup X_{2^m+1}) = X_{2^m+1}$$
$$\vdots$$
$$(I \setminus M_1) \wedge (I \setminus M_2) \wedge \cdots \wedge (I \setminus M_{m+1}) = (I \setminus M_1) \wedge (X_{2^m} \cup X_{2^{m+1}}) = X_{2^{m+1}}.$$

Also erfüllen die Mengen $M_1, \dots, M_{m+1}$ die Induktionsbehauptung, womit alles bewiesen ist.

Wir vermerken, daß *der Reduktionssatz von* LÖWENHEIM *und* SKOLEM *auch beim Vorhandensein des Gleichheitszeichens gültig ist*, d.h., *für jede Kardinalzahl* $\mathfrak{m} \geqq \aleph_0$ *ist bei beliebiger Basis* B

$$ag_{\mathfrak{m}}^B = ag_{\aleph_0}^B, \qquad ef_{\mathfrak{m}}^B = ef_{\aleph_0}^B$$

und mithin

$$ag^B = ag_{end}^B \wedge ag_{\aleph_0}^B, \qquad ef^B = ef_{end}^B \cup ef_{\aleph_0}^B.$$

Schließlich läßt sich noch zeigen, daß *für jeden Ausdruck* H *über einer beliebigen Basis* B *folgendes gilt: Wenn* $ag_{\aleph_0}H$, *so ist* $ag_k H$ *für fast alle natürlichen Zahlen* k.[1]) *Ist* $ef_k H$ *für unendlich viele natürliche Zahlen* k, *so ist* $ef_{\aleph_0}H$.

---

[1]) D. h. für alle natürlichen Zahlen $k \geqq 1$ mit höchstens endlich vielen Ausnahmen (vgl. S. 9).

Den Beweis des Satzes von Löwenheim-Skolem und des zuletzt formulierten Reduktionssatzes können wir erst später erbringen (vgl. S. 118 und S. 119).

Wir wollen in diesem Zusammenhang noch folgendes erwähnen: Nach H. Scholz bezeichnet man bei gegebenem Ausdruck H die Menge aller natürlichen Zahlen $k > 0$, für die $ef_k H$, als *das Erfüllbarkeitsspektrum von H* ($\mathfrak{S}_{ef}(H)$) und entsprechend die Menge aller natürlichen Zahlen $k > 0$, für die $ag_k H$, als *das Allgemeingültigkeitsspektrum von H* ($\mathfrak{S}_{ag}(H)$). Als Repräsentantenproblem bezeichnet man die Frage, welche Mengen von positiven natürlichen Zahlen als Spektren auftreten können.[1]) Auch hier kann man sich natürlich auf die Betrachtung einer der beiden Arten von Spektren beschränken; denn es ist stets

$$\mathfrak{S}_{ag}(\sim H) = N \setminus \mathfrak{S}_{ef}(H), \qquad \mathfrak{S}_{ef}(\sim H) = N \setminus \mathfrak{S}_{ag}(H),$$

wenn N die Menge aller positiven natürlichen Zahlen bezeichnet. Für identitätsfreie Ausdrücke ist das Repräsentantenproblem durch das obige Repräsentantentheorem vollständig gelöst. Wenn z. B. in der zugrundegelegten Basis B ein zwei- oder mehrstelliges Attributensymbol bzw. ein einstelliges Attributensymbol und ein ein- oder mehrstelliges Operationssymbol vorhanden sind, so treten als Erfüllbarkeitsspektren gerade die leere Menge und die Mengen $\{k \mid k \geq k_0\}$ ($k_0 = 1, 2, \ldots$) auf und als Allgemeingültigkeitsspektren die Menge aller positiven natürlichen Zahlen und die Mengen $\{k \mid 0 < k \leq k_0\}$ ($k_0 = 1, 2, \ldots$). Bei den Ausdrücken, die das Gleichheitszeichen enthalten, liegen dagegen die Dinge wesentlich verwickelter. Ist zunächst $\{k_1, \ldots, k_n\}$ eine beliebige endliche Menge von positiven natürlichen Zahlen, so wird

$$\mathfrak{S}_{ef}\left(\bigvee_{\nu=1}^{n} \vee_{k_\nu}!!\right) = \mathfrak{S}_{ag}\left(\bigvee_{\nu=1}^{n} \vee_{k_\nu}!!\right) = \{k_1, \ldots, k_n\}$$

und

$$\mathfrak{S}_{ef}\left(\bigwedge_{\nu=1}^{n} \sim \vee_{k_\nu}!!\right) = \mathfrak{S}_{ag}\left(\bigwedge_{\nu=1}^{n} \sim \vee_{k_\nu}!!\right) = N \setminus \{k_1, \ldots, k_n\};$$

es sind also alle endlichen Mengen von positiven natürlichen Zahlen und deren Komplemente sowohl erfüllbarkeits- als auch allgemeingültigkeitstheoretisch repräsentierbar. Es gibt jedoch auch unendliche Erfüllbarkeitsspektren, deren Komplement ebenfalls unendlich ist. Ein Beispiel

---

[1]) Allgemein interessieren natürlich die Klassen von Kardinalzahlen, die man in der angegebenen Weise durch Ausdrücke (über einer Basis B) repräsentieren kann, jedoch läßt sich dieses allgemeinere Problem mittels der zuvor genannten Reduktionssätze leicht auf das genannte spezielle Problem zurückführen.

über einer Basis mit zwei Individuensymbolen o, e und zwei zweistelligen Operationssymbolen F, G liefert die Aussage

$$\bigwedge_{x,y} F(x, y) = F(y, x) \wedge \bigwedge_{x,y,z} F(F(x,y), z) = F(x, F(y, z)) \wedge \bigwedge_x F(x,o) = x$$

$$\wedge \bigwedge_x \bigvee_y F(x, y) = o \wedge \bigwedge_{x,y} G(x, y) = G(y, x)$$

$$\wedge \bigwedge_{x,y,z} G(G(x, y), z) = G(x, G(y, z)) \wedge \bigwedge_x G(x, e) = x$$

$$' \wedge \bigwedge_x (x \neq o \rightarrow \bigvee_y G(x, y) = e) \wedge \bigwedge_{x,y,z} G(x, F(y, z)) = F(G(x, y), G(x, z))$$

$$\wedge o \neq e.$$

Man erkennt sofort, daß diese Aussage in einer Algebra $\Sigma = [I, \omega]$ genau dann wahr ist, wenn I in bezug auf die Operationen $\omega(F)$, $\omega(G)$ einen Körper bildet, wobei $\omega(o)$ das Nullelement und $\omega(e)$ das Einselement des Körpers ist. Der betrachtete Ausdruck ist also in einem Individuenbereich I genau dann erfüllbar, wenn man I durch Einführung passender Operationen zu einem Körper machen kann. Nach einem bekannten Satz der Algebra[1]) hat nun aber jeder endliche Körper (GALOIS-Feld) als Elementeanzahl eine Primzahlpotenz, wobei man auch umgekehrt in jeder endlichen Menge, deren Kardinalzahl Potenz einer Primzahl ist, Operationen definieren kann, in bezug auf die jene Menge ein Körper wird. Das Erfüllbarkeitsspektrum des betrachteten Ausdrucks besteht also aus genau den Zahlen der Form p^n, wobei p eine beliebige Primzahl und n eine positive natürliche Zahl ist. Man kann noch für viele weitere interessante Mengen von natürlichen Zahlen zeigen, daß sie (erfüllbarkeitstheoretisch) repräsentierbar sind, wie z.B. die Menge aller Primzahlen, die Menge aller geraden Zahlen, die Menge aller Potenzen von 2 usw., ohne daß man bis heute diese Mengen recht übersieht.[2]) Es ist noch nicht einmal bekannt, ob mit einer Menge von positiven natürlichen Zahlen auch stets ihre Komplementärmenge als Erfüllbarkeitsspektrum auftritt.

---

[1]) Vgl. z. B. H. LUGOWSKI und H. J. WEINERT, Grundzüge der Algebra, Teil III, Math.-Nat. Bibliothek Bd. 11, S. 113.

[2]) Vgl. G. ASSER, Das Repräsentantenproblem im Prädikatenkalkül der ersten Stufe mit Identität, Zeitschr. Math. Logik und Grundlagen d. Math. 1 (1955), S. 252–263; A. MOSTOWSKI, Concerning a problem of H. Scholz, ebenda Bd. 2 (1956), S. 210–214; T. EVANS, The spectrum of a variety, ebenda Bd. 13 (1967), S. 213–218; M. YASUHARA, On a problem of Mostowski on finite spectra, ebenda Bd. 17 (1971), S. 17–20; D. RÖDDING und H. SCHWICHTENBERG, Bemerkungen zum Spektralproblem, ebenda Bd. 18 (1972), S. 1–12.

Abschließend wollen wir noch zeigen, daß es auch bei quantorenfreien Ausdrücken allgemein möglich ist, die Frage nach der Allgemeingültigkeit auf die Frage nach der Allgemeingültigkeit in ganz bestimmten endlichen Bereichen zurückzuführen, und daß umgekehrt aus deren Erfüllbarkeit auf die Erfüllbarkeit in einem gewissen endlichen Bereich geschlossen werden kann. Wir behaupten, daß *für einen quantorenfreien Ausdruck H, in dem insgesamt n Terme vorkommen*[1]), *folgendes gilt:*

ag H genau dann, wenn für jedes $k \leq n$ gilt: $ag_k H$,

ef H genau dann, wenn es ein $k \leq n$ gibt, so daß $ef_k H$.

Ist der Ausdruck H zudem noch identitätsfrei, so gilt (nach dem Reduktionstheorem für identitätsfreie Ausdrücke):

ag H genau dann, wenn $ag_n H$ (genau dann, wenn $ag_a H$),

ef H genau dann, wenn $ef_n H$ (genau dann, wenn $ef_a H$).

Offenbar genügt es zu zeigen, daß es zu jedem erfüllbaren quantorenfreien B-Ausdruck, der insgesamt die n Terme $t_1, ..., t_n$ enthält, eine natürliche Zahl $k \leq n$ gibt, so daß $ef_k H$. Es sei also H ein Ausdruck der genannten Art und es sei $\Sigma = [I, \omega]$ eine B-Algebra und f eine Belegung der Individuenvariablen in I mit $Wert_\Sigma(H, f) = W$. Wir setzen $\overline{I} = \{Wert_\Sigma(t_1, f),$ ..., $Wert_\Sigma(t_n, f)\}$ und bezeichnen mit $\overline{\xi}$ ein beliebiges Element aus $\overline{I}$. Wie man sofort sieht, ist $\overline{I} \subseteq I$ und $|\overline{I}| \leq n$. Wir setzen nun

$$\overline{\omega}(a_\lambda) = \begin{cases} \omega(a_\lambda), & \text{falls} \quad a_\lambda \in \{t_1, ..., t_n\} \\ \overline{\xi}, & \text{sonst,} \end{cases}$$

für $\xi_1, ..., \xi_{n_\nu} \in \overline{I}$

$$\overline{\omega}(F_{\nu}^{n_\nu})(\xi_1, ..., \xi_{n_\nu}) = \begin{cases} \omega(F_{\nu}^{n_\nu})(\xi_1, ..., \xi_{n_\nu}), & \text{falls dieses Element zu } \overline{I} \text{ gehört} \\ \overline{\xi}, & \text{sonst,} \end{cases}$$

sowie für $\xi_1, ..., \xi_{m_\mu} \in \overline{I}$

$$\overline{\omega}(A_{\mu}^{m_\mu})(\xi_1, ..., \xi_{m_\mu}) = \omega(A_{\mu}^{m_\mu})(\xi_1, ..., \xi_{m_\mu}),$$

und schließlich

$$\overline{f}(x_i) = \begin{cases} f(x_i), & \text{falls} \quad x_i \in \{t_1, ..., t_n\} \\ \overline{\xi}, & \text{sonst.} \end{cases}$$

---

[1]) Dabei müssen aber wirklich alle Terme aus H berücksichtigt werden. Zum Beispiel enthält der Ausdruck $(A_1^2 x_0 F_2^1(a_1) \rightarrow A_1^2 F_2^2(F_2^1(a_1), F_2^1(x_1))x_1)$ die sechs Terme $x_0, x_1, a_1, F_2^1(a_1), F_2^1(x_1), F_2^2(F_2^1(a_1), F_2^1(x_1))$.

Dann ist $\bar{\omega}$ eine Interpretation der Basis B in $\bar{I}$. Man zeigt nun leicht induktiv, daß für jeden quantorenfreien Ausdruck H^*, der höchstens die Terme $t_1, \ldots, t_n$ enthält, $Wert_{[I,\,\omega]}(H^*, f) = Wert_{[\bar{I},\,\bar{\omega}]}(H^*, \bar{f})$ wird, so daß also $Wert_{[\bar{I},\,\bar{\omega}]}(H, \bar{f}) = W$ und mithin $ef_{[\bar{I},\,\bar{\omega}]}H$, womit alles bewiesen ist.

§ 5. DAS LOGISCHE FOLGERN

Der wohl wichtigste Begriff der Logik ist der nun zu behandelnde Begriff des logischen Folgerns. Er basiert auf einem Modellbegriff, der heute in der Mathematik überall dort eine Rolle spielt, wo man sich nicht mehr in erster Linie für das Studium konkreter Algebren interessiert, sondern gleich ganze Klassen von Algebren betrachtet, die „axiomatisch" gerade als Modelle einer bestimmten Aussagenmenge (eines „Axiomensystems") charakterisiert werden. Wir meinen allerdings, daß sich bei geeigneter Auffassung auch die heute so aktuellen Fragen der mathematischen Modellierung abgegrenzter Wirklichkeitsbereiche diesem Modellbegriff unterordnen lassen, wenn man nämlich annimmt, daß die Abgrenzung eines Wirklichkeitsbereiches durch Aussagen einer (formalisierten) Sprache erfolgt, in denen die zu modellierenden Zusammenhänge der Realität formuliert sind.

Es sei X eine beliebige Menge von Ausdrücken über einer gegebenen Basis $B = [B_1, B_2, B_3]$. Eine B-Algebra $\Sigma = [I, \omega]$ heißt *ein Modell für* X ($\Sigma\ Mod\ X$) genau dann, wenn alle Ausdrücke der Menge X in Σ allgemeingültig sind, d.h., wenn $X \subseteq ag^B_\Sigma$. Wir merken an, daß ein B-Ausdruck H genau dann in Σ allgemeingültig ist, wenn Σ Modell für $\{H\}$ oder – dazu äquivalent – wenn Σ Modell für $\{Gen(H)\}$ ist. Ein B-Ausdruck H ist genau dann in Σ erfüllbar, wenn Σ Modell für $\{Prt(H)\}$ ist. Unser Modellbegriff ist also eine gemeinsame Verallgemeinerung der Allgemeingültigkeit und der Erfüllbarkeit in einer Algebra. Für eine endliche nichtleere Menge X von B-Ausdrücken ist die B-Algebra Σ genau dann ein Modell, wenn $ag_\Sigma Kj(X)$, wobei $Kj(X)$ eine beliebige Konjunktion aus sämtlichen Ausdrücken der Menge X ist.

Der Gruppentheorie z. B. liegt eine Basis B mit einem Individuensymbol e und einem zweistelligen Operationssymbol P (oder einem Individuensymbol e, einem zweistelligen Operationssymbol P und einem einstelligen Operationssymbol Q) zugrunde. Eine Gruppe ist dabei definitionsgemäß nichts anderes als eine B-Algebra, die Modell einer der folgenden Mengen von B-Aussagen ist

$$Gr(e, P) = \Big\{ \bigwedge_{x,\,y,\,z} P(P(x, y), z) = P(x, P(y, z)),$$
$$\bigwedge_{x} P(e, x) = x,\ \bigwedge_{x} \bigvee_{y} P(y, x) = e \Big\}$$

oder
$$Gr'(e, P, Q) = \Big\{ \bigwedge_{x,\,y,\,z} P(P(x, y), z) = P(x, P(y, z)),$$
$$\bigwedge_x P(e, x) = x, \quad \bigwedge_x P(Q(x), x) = e\Big\}.$$

Als kommutative oder abelsche Gruppen bezeichnet man die Modelle z. B. der Menge $Gr_a(e, P) = Gr(e, P) \cup \Big\{\bigwedge_{x,\,y} P(x, y) = P(y, x)\Big\}.$

Entsprechend ist definitionsgemäß ein Ring eine B-Algebra bezüglich einer Basis B, die ein Individuensymbol o und zwei zweistellige Operationssymbole S und P enthält, welche Modell folgender Aussagenmenge ist

$$Rg(o, S, P) = Gr_a(o, S) \cup \Big\{ \bigwedge_{x,\,y,\,z} P(P(x, y), z) = P(x, P(y, z)),$$
$$\bigwedge_{x,\,y,\,z} P(x, S(y, z)) = S(P(x, y), P(x, z)),$$
$$\bigwedge_{x,\,y,\,z} P(S(y, z), x) = S(P(y, x), P(z, x))\Big\}$$

und ein Körper ist eine Algebra bezüglich der Basis $B = [\{o, e\}, \emptyset, \{S, P\}]$, die z. B. Modell folgender Aussagenmenge ist

$$Kp(o, e, S, P) = Rg(o, S, P) \cup \Big\{ \bigwedge_{x,\,y} P(x, y) = P(y, x),$$
$$\bigwedge_x P(x, e) = x,$$
$$\bigwedge_x (x \neq o \to \bigvee_y P(x, y) = e),$$
$$o \neq e\Big\}.$$

Läßt man aus diesem „Axiomensystem" das Kommutativgesetz für P $(\bigwedge_{x,\,y} P(x, y) = P(y, x))$ fort, so verbleibt eine Aussagenmenge $Sk(o, e, S, P)$, deren Modelle genau die Schiefkörper sind. Nimmt man zur Basis B noch ein zweistelliges Attributensymbol R_2 oder ein einstelliges Attributensymbol R_1 hinzu und erweitert man $Kp(o, e, S, P)$ um die „Axiome"

$$\bigwedge_x R_2 xx, \quad \bigwedge_{x,\,y,\,z} (R_2 xy \wedge R_2 yz \to R_2 xz), \quad \bigwedge_{x,\,y} (R_2 xy \wedge R_2 yx \to x = y),$$
$$\bigwedge_{x,\,y} (R_2 xy \vee R_2 yx), \quad \bigwedge_{x,\,y,\,z} (R_2 xy \to R_2 S(x, z)\, S(y, z)),$$
$$\bigwedge_{x,\,y,\,z} (R_2 xy \wedge R_2 oz \to R_2 P(x, z)\, P(y, z))$$

oder

$$\bigwedge_{x,\,y} (S(x, y) = o \to (R_1 x \vee R_1 y \vee x = o) \wedge \sim (R_1 x \wedge R_1 y) \wedge \sim (R_1 x \wedge x = o)$$
$$\wedge \sim (R_1 y \wedge x = o)),$$
$$\bigwedge_{x,\,y} (R_1 x \wedge R_1 y \to R_1 S(x, y) \wedge R_1 P(x, y)),$$

so sind Modelle dieses Axiomensystems $Gk\,(o,\,e,\,S,\,P,\,R_2)$ (bzw. $Gk'\,(o,\,e,\,S,\,P,\,R_1)$) genau die geordneten (angeordneten) Körper. Bezeichnen wir schließlich mit C_p (p Primzahl) die B-Aussage

$$S(e,\ S\,(e,\ ...,\ S(e,\,e)\ ...)) = o,$$

in der $(p\text{-}1)$-mal das Operationssymbol S auftritt, so erhalten wir als Modelle von $Kp(o,\,e,\,S,\,P) \cup \{C_p\}$ genau die Körper der Charakteristik p und als Modelle von $Kp(o,\,e,\,S,\,P) \cup \{\sim C_p \mid p\ \text{Primzahl}\}$ genau die Körper der Charakteristik 0.

Es sei nun wieder X eine beliebige Menge von B-Ausdrücken und H ein beliebiger B-Ausdruck. Wir sagen, daß *aus der Menge X der Ausdruck H folgt ($X\ Flg\ H$)*, wenn H allgemeingültig ist in jeder B-Algebra Σ, die Modell für X ist, d.h., wenn für jede B-Algebra Σ gilt: Wenn $\Sigma\ Mod\ X$, so $ag_\Sigma H$ (wenn also jedes Modell für X auch Modell für $\{H\}$ ist). Die Menge aller B-Ausdrücke H, die aus der Menge X von B-Ausdrücken folgen, nennen wir *die Folgerungsmenge von X ($Fl^B(X)$)*. Ist X eine Menge von identitätsfreien B-Ausdrücken, so bezeichnet $Fl^{BO}(X)$ die Menge aller identitätsfreien B-Ausdrücke, die aus X folgen.

Da jede B-Algebra Σ Modell der leeren Menge ist, folgt ein Ausdruck H genau dann aus der leeren Menge, wenn er in jeder B-Algebra Σ allgemeingültig ist, d.h.

$$Fl^{B(O)}(\emptyset) = ag^{B(O)}. \tag{1}$$

Hieraus folgt u.a. (vgl. S. 40), daß die Menge $Fl^{B(O)}(\emptyset)$ in bezug auf Anwendungen der in § 3 (vgl. S. 32) formulierten sieben Schlußregeln abgeschlossen ist, d.h., die Anwendung dieser Schlußregeln (als syntaktische Umformungsregeln aufgefaßt — vgl. S. 79) führt nicht aus dieser Menge heraus. Man zeigt leicht, daß dasselbe für alle Mengen $Fl^{B(O)}(X)$ ($X \subseteq ausd^{B(O)}$) gilt. Es sei z.B. $H_1 \in Fl^{B(O)}(X)$ und $(H_1 \to H_2) \in Fl^{B(O)}(X)$. Dann sind H_1 und $(H_1 \to H_2)$ in jedem Modell Σ der Menge X allgemeingültig. Also gilt nach der Abtrennungsregel für die Allgemeingültigkeit in Σ dasselbe für den Ausdruck H_2. Es ist also in der Tat mit H_1 und $(H_1 \to H_2)$ stets H_2 in $Fl^{B(O)}(X)$ enthalten, d.h., $Fl^{B(O)}(X)$ ist in bezug auf Anwendungen der Abtrennungsregel abgeschlossen. Analog beweist man die Abgeschlossenheit von $Fl^{B(O)}(X)$ in bezug auf Anwendungen der anderen Schlußregeln.

Es ist klar, daß eine B-Algebra Σ genau dann Modell für $\{\bigvee_k!!\}$ ist, wenn der Individuenbereich von Σ genau k Elemente enthält. Mithin folgt ein B-Ausdruck H genau dann aus der Menge $\{\bigvee_k!!\}$, wenn er k-zahlig allgemeingültig ist, d.h.

$$Fl^B(\{\bigvee_k!!\}) = ag^B_{\mathfrak{S}_k} \qquad (k = 1,\,2,\,...).$$

Da ein B-Ausdruck H genau dann in einer B-Algebra Σ allgemeingültig ist, wenn das für seine Generalisierte, d.h. für die Aussage $Gen(H)$ gilt, haben wir weiterhin

$$X \; Flg \; H \; genau \; dann, \; wenn \; X \; Flg \; Gen(H). \tag{2}$$

Aus dem gleichen Grund ist, wenn wir für eine Menge $X \subseteqq ausd^{B(O)}$ mit $Gen(X)$ die Menge aller Aussagen $Gen(H)$ mit $H \in X$ bezeichnen, eine B-Algebra Σ genau dann Modell für X, wenn Σ Modell für $Gen(X)$ ist. Mithin gilt für jede Menge $X \subseteqq ausd^{B(O)}$:

$$Fl^{B(O)}(X) = Fl^{B(O)}(Gen(X)). \tag{3}$$

Man kann sich also beim Folgern darauf beschränken, daß die Menge, aus der gefolgert wird, nur Aussagen enthält, und daß auch der Ausdruck, der gefolgert wird, eine Aussage ist.

Des weiteren erkennt man leicht (vgl. I, S. 162f), daß $Fl^{B(O)}$ die sogenannten Hülleneigenschaften erfüllt, d.h.

I. Satz der Einbettung: *Für jede Menge $X \subseteqq ausd^{B(O)}$ gilt:*

$$X \subseteqq Fl^{B(O)}(X).$$

II. Satz der Monotonic: *Für beliebige Mengen $X_1, X_2 \subseteqq ausd^{B(O)}$ gilt:*

$$Wenn \; X_1 \subseteqq X_2, \; so \; Fl^{B(O)}(X_1) \subseteqq Fl^{B(O)}(X_2).$$

III. Satz der Abgeschlossenheit: *Für jede Menge $X \subseteqq ausd^{B(O)}$ gilt:*

$$Fl^{B(O)}(Fl^{B(O)}(X)) \subseteqq Fl^{B(O)}(X).$$

Zum Beweis des Satzes der Einbettung genügt es zu bemerken, daß jeder Ausdruck H der Menge X in jedem Modell für X allgemeingültig ist. Der Satz der Monotonie ergibt sich unmittelbar aus der trivialen Feststellung, daß im Fall $X_1 \subseteqq X_2$ jedes Modell für X_2 auch Modell für X_1 ist. Der Beweis des Satzes der Abgeschlossenheit läßt sich schließlich leicht auf den Beweis folgender Behauptung reduzieren: *Jedes Modell einer beliebigen Menge X von (identitätsfreien) B-Ausdrücken ist auch Modell für $Fl^{B(O)}(X)$.* Ist nämlich $H \in Fl^{B(O)}(Fl^{B(O)}(X))$, so ist H zunächst in jedem Modell für $Fl^{B(O)}(X)$ allgemeingültig; wenn aber — wie behauptet — jedes Modell für X auch Modell für $Fl^{B(O)}(X)$ ist, so ist dann erst recht H in jedem Modell für X allgemeingültig und $H \in Fl^{B(O)}(X)$. Es bleibt also in der Tat diese Behauptung zu beweisen. Hierzu sei nun Σ ein beliebiges Modell der Menge X und H ein beliebiger Ausdruck aus $Fl^{B(O)}(X)$. Nach Definition des Folgerns ist dann H in Σ allgemeingültig. Also ist jeder Ausdruck der Menge $Fl^{B(O)}(X)$ in Σ allgemeingültig und mithin Σ Modell für $Fl^{B(O)}(X)$, was ja gerade zu zeigen war.

Als nächstes vermerken wir, daß für $Fl^{B(O)}$ auch der sogenannte Endlichkeitssatz gilt:

IV. Endlichkeitssatz für das Folgern: *Für jede Menge $X \subseteq ausd^{B(O)}$* *gilt: Zu jedem Ausdruck $H \in Fl^{B(O)}(X)$ existiert eine endliche Teilmenge X^** *von X, so daß $H \in Fl^{B(O)}(X^*)$.*

Den vollständigen Beweis dieses Endlichkeitssatzes werden wir erst in § 9 erbringen. Wir wollen hier zunächst nur zeigen, daß er gleichwertig dem folgenden Satz (vgl. I, S. 164) ist:

IV*. Endlichkeitssatz für Modelle: *Besitzt jede endliche Teilmenge* *X^* einer Menge X von B-Ausdrücken ein Modell Σ^*, so besitzt auch die ge-* *samte Menge X ein Modell Σ.*

Wir setzen zunächst voraus, daß der Endlichkeitssatz für Modelle für jede Menge X von B-Ausdrücken richtig ist, und zeigen, daß dann auch der Endlichkeitssatz für das Folgern für jede Menge X von B-Ausdrücken gilt. Es sei also $X \subseteq ausd^{B(O)}$ und $H \in Fl^{B(O)}(X)$. Angenommen, es existiert keine endliche Teilmenge X^* von X, so daß $H \in Fl^{B(O)}(X^*)$. Dann gibt es für jede endliche Teilmenge X^* von X ein Modell Σ^*, in dem H nicht allgemeingültig ist. Offenbar ist dann auch die Aussage $Gen(H)$ nicht in Σ^* allgemeingültig und mithin $\sim Gen(H)$ in Σ^* erfüllbar. Da $\sim Gen(H)$ eine Aussage ist, folgt hieraus, daß $\sim Gen(H)$ allgemeingültig in Σ^*, also Σ^* ein Modell für $X^* \cup \{\sim Gen(H)\}$ ist. Hieraus ergibt sich nun sofort, daß jede endliche Teilmenge Y^* der Menge $X \cup \{\sim Gen(H)\}$ ein Modell besitzt, denn entweder hat Y^* die Form $X^* \cup \{\sim Gen(H)\}$, wobei X^* eine endliche Teilmenge von X ist, und dann hat Y^* nach Annahme ein Modell, oder Y^* ist eine endliche Teilmenge von X, und dann hat $Y^* \cup \{\sim Gen(H)\}$ nach Annahme ein Modell, welches natürlich zugleich auch Modell für Y^* ist. Mithin können wir auf $X \cup \{\sim Gen(H)\}$ den Endlichkeitssatz für Modelle anwenden. Wir erhalten, daß die Menge $X \cup \{\sim Gen(H)\}$ ein Modell Σ besitzt. Dabei ist also Σ Modell für X und Σ Modell für $\{\sim Gen(H)\}$. Aus der ersten Feststellung würde sich wegen $H \in Fl^{B(O)}(X)$ ergeben, daß H und damit auch $Gen(H)$ in Σ allgemeingültig ist, während die zweite Feststellung besagt, daß $\sim Gen(H)$ in Σ allgemeingültig ist. Das ist aber unmöglich. Wenn also der Endlichkeitssatz für Modelle richtig ist, so gilt auch der Endlichkeitssatz für das Folgern.

Wir nehmen nun umgekehrt an, daß IV gilt, und zeigen, daß dann auch IV* richtig ist. Es sei also X eine Menge von B-Ausdrücken, für die jede endliche Teilmenge X^* ein Modell Σ^* hat. Angenommen, X besäße kein Modell Σ. Dann würde aus X jeder B-Ausdruck H folgen. Es würde also für jeden B-Ausdruck H^* sowohl $X\,Flg\,H^*$ als auch $X\,Flg\,\sim H^*$ gelten. Nach dem als gültig vorausgesetzten Endlichkeitssatz für das Folgern könnten wir dann endliche Teilmengen X_1^*, X_2^* von X so finden, daß X_1^* *Flg* H^* und X_2^* *Flg* $\sim H^*$. Die Menge $X^* = X_1^* \cup X_2^*$ wäre dann eine endliche Teilmenge von X, für die nach dem Satz der Monotonie sowohl X^* *Flg* H als auch X^* *Flg* $\sim H^*$ gilt. Die Menge X^* würde nach Voraussetzung ein Modell Σ^* besitzen und in Σ^* müßten sowohl H^* als auch $\sim H^*$ allgemeingültig sein. Das ist aber unmöglich, mithin ist unsere Annahme falsch, und es gilt IV*.

In den letzten Jahren wurden in zunehmendem Maße interessante Beispiele für direkte Anwendungen des Endlichkeitssatzes für das Folgern und des Endlichkeitssatzes für Modelle auf den Beweis zum Teil recht tiefliegender Sätze der Mathematik gefunden. Die ersten Beispiele vor allem aus der Gruppentheorie wurden im Jahre 1941 von dem sowjetischen Algebraiker und Grundlagenforscher A. I. Malzew angegeben[1]), blieben aber lange unbemerkt. Wir wollen hier nur einige charakteristische Beispiele behandeln.[2])

Hier zunächst eine Anwendung des Endlichkeitssatzes für das Folgern: Es sei H eine Aussage über der Basis $B = [\{o, e\}, \emptyset, \{S, P\}]$, wobei S, P zweistellige Operationssymbole sind. Die Gültigkeit von H in allen Körpern der Charakteristik 0 ist offenbar gleichbedeutend damit, daß H aus der Menge

$$X = Kp(o, e, S, P) \cup \{\sim C_p \mid p \text{ Primzahl}\}$$

folgt. Auf Grund des Endlichkeitssatzes folgt aber jede derartige Aussage bereits aus einer endlichen Teilmenge X^* von X, d.h. (Satz der Monotonie!), es gibt eine Primzahl p_0, so daß H aus $Kp(o, e, S, P) \cup \{\sim C_p \mid p \leqq p_0\}$ folgt. Modelle dieser Ausdrucksmenge sind aber genau die Körper, deren Charakteristik 0 oder größer als p_0 ist. Damit haben wir das folgende „Metatheorem“[3]) erhalten: *Gilt eine B-Aussage H in allen Körpern der Charakteristik 0, also in allen Erweiterungskörpern des Körpers der rationalen Zahlen, so gilt H auch in allen Körpern hinreichend großer Primzahlcharakteristik.*

Als Anwendungsbeispiel dieses allgemeinen Metatheorems erhält man leicht den folgenden S a t z: *Ein System*

$$p_1(x_1, \dots, x_n) = 0, \dots, \qquad p_k(x_1, \dots, x_n) = 0$$

von algebraischen Gleichungen mit ganzzahligen Koeffizienten, das in keinem Erweiterungskörper des Körpers der rationalen Zahlen eine Lösung besitzt, ist auch (sofern man die Koeffizienten modulo p reduziert) in jedem Körper hinreichend großer Primzahlcharakteristik $p > p_0$ unlösbar, wobei p_0 eine von dem gewählten Gleichungssystem abhängige Primzahl ist. Zum Beweis genügt es zu bemerken, daß man zu vorgegebenem Gleichungssystem eine B-Aussage konstruieren kann (Übungs-

---

[1]) А. И. Мальцев, Об одном общем методе получения локальных теорем теории групп (Über eine allgemeine Methode, lokale Sätze der Gruppentheorie zu erhalten), Ученые зап. Ивановского Пед. инст., Физ.—мат. Фак. 1 (1941), S. 3—9.

[2]) Der interessierte Leser sei verwiesen auf A. Robinson, Introduction to model theory and to the metamathematics of algebra, 2. Aufl., Amsterdam 1965.

[3]) Unter einem Metatheorem versteht man ein Theorem, das eine Aussage über alle Aussagen einer gewissen mathematischen Theorie macht. Demgemäß hat z. B. auch das sog. Dualitätstheorem der projektiven Geometrie den Charakter eines Metatheorems.

aufgabe!), deren Gültigkeit in einem Modell Σ von $Kp(o, e, S, P)$ gleichbedeutend damit ist, daß das betrachtete Gleichungssystem in Σ unlösbar ist. Wir empfehlen dem Leser, einen direkten algebraischen Beweis dieses Satzes zu versuchen.

Wir kommen nun zu Anwendungen des Endlichkeitssatzes für Modelle. Dazu betrachten wir als erstes einen beliebigen Ring $\mathfrak{R} = [M, 0, +, \cdot]$, d.h., es sei M eine beliebige Menge (die Trägermenge von $\mathfrak{R}$), 0 ein Element von M (das Nullelement von $\mathfrak{R}$) und es seien $+$ und $\cdot$ zweistellige Operationen in M (die Additions- und Multiplikationsoperation von $\mathfrak{R}$), so daß bei der Interpretation $\omega(o) = 0$, $\omega(S) = +$, $\omega(P) = \cdot$ sämtliche Aussagen der Menge $Rg(o, S, P)$ in $\Sigma = [M, \omega]$ wahr werden. Man zeigt leicht, daß es zu endlich vielen Elementen $\xi_1, \ldots, \xi_k$ aus M einen kleinsten Unterring $\mathfrak{U}(\xi_1, \ldots, \xi_k)$ von $\mathfrak{R}$ gibt, der die Elemente $\xi_1, \ldots, \xi_k$ enthält. Man nennt $\mathfrak{U}(\xi_1, \ldots, \xi_k)$ *den von $\xi_1, \ldots, \xi_k$ erzeugten Unterring von $\mathfrak{R}$* ($\mathfrak{U}(\xi_1, \ldots, \xi_k)$ kann als Durchschnitt aller der Unterringe von $\mathfrak{R}$ erhalten werden, die $\xi_1, \ldots, \xi_k$ enthalten). Ein Unterring von $\mathfrak{R}$, der auf diese Weise durch endlich viele Elemente $\xi_1, \ldots, \xi_k$ erzeugt werden kann, heißt *ein endlich erzeugbarer Unterring von $\mathfrak{R}$*. Man sagt, *der Ring $\mathfrak{R}$ sei in einen Schiefkörper einbettbar*, wenn ein Schiefkörper $\mathfrak{S}$ (d.h. ein Modell von $Sk(o, e, S, P)$) existiert, so daß $\mathfrak{R}$ isomorph einem Unterring des (als Ring aufgefaßten) Schiefkörpers $\mathfrak{S}$ ist. Wir wollen nun unter Anwendung des Endlichkeitssatzes für Modelle zeigen, daß *ein Ring $\mathfrak{R} = [M, 0, +, \cdot]$ dann (und natürlich auch nur dann) in einen Schiefkörper einbettbar ist, wenn jeder endlich erzeugbare Unterring von $\mathfrak{R}$ in einen Schiefkörper einbettbar ist*. Zum Beweis betrachten wir eine Basis $B = [B_1 \cup \{e\}, \emptyset, \{S, P\}]$, bei der B_1 zu jedem $\xi \in M$ ein eindeutig bestimmtes Individuensymbol a_ξ enthält und als a_0 das Individuensymbol o genommen wird. Als *Diagramm von $\mathfrak{R}$* bezeichnen wir die Menge $D(\mathfrak{R})$ aus folgenden B-Aussagen

$$S(a_\xi, a_\eta) = a_{\xi+\eta}, \quad P(a_\xi, a_\eta) = a_{\xi\cdot\eta} \quad (\xi, \eta \in M),$$

$$a_\xi \neq a_\eta \quad (\xi, \eta \in M \text{ mit } \xi \neq \eta).$$

Man sieht leicht ein, daß der Ring $\mathfrak{R}$ dann und nur dann in einen Schiefkörper einbettbar ist, wenn die Menge $Sk(o, e, S, P) \cup D(\mathfrak{R})$ ein Modell besitzt. Letzteres ist aber auf Grund des Endlichkeitssatzes für Modelle genau dann der Fall, wenn für jede endliche Teilmenge X^* von $D(\mathfrak{R})$ die Menge $Sk(o, e, S, P) \cup X^*$ ein Modell hat. Das ist aber sicher dann der Fall, wenn jeder endlich erzeugbare Unterring von $\mathfrak{R}$ in einen Schiefkörper einbettbar ist; denn kommen in X^* genau die Individuensymbole $a_{\xi_1}, \ldots, a_{\xi_k}$ aus B_1 vor und ist $\mathfrak{S}$ ein Schiefkörper, in den der Unterring $\mathfrak{U}(\xi_1, \ldots, \xi_k)$ einbettbar ist, so ist $\mathfrak{S}$ (sofern man zusätzlich noch $a_{\xi_1}, \ldots, a_{\xi_k}$ durch die isomorphen Bilder von $\xi_1, \ldots, \xi_k$ interpretiert) ein Modell für $Sk(o, e, S, P) \cup X^*$.

Im nächsten Beispiel[1]) gehen wir aus von der folgenden Menge von Aussagen: $G = \{ \bigwedge_{x, y} (Axy \to Ayx), \sim \bigvee_x Axx \}$; dabei sei A ein zweistelliges Attributensymbol. Jedes Modell dieser Menge kann man sich durch einen einfachen ungerichteten Graphen $\mathfrak{G}$ ohne Schlingen veranschaulichen, dessen Knotenpunkte (oder

---

[1]) Für die im folgenden verwendeten Begriffsbildungen verweisen wir z.B. auf G. R̄ingel, Färbungsprobleme auf Flächen und Graphen, Berlin 1959.

Ecken) die Elemente des zugrunde liegenden Individuenbereichs sind, von denen je zwei genau dann durch eine Kante verbunden werden, wenn die entsprechenden Individuen in der zur Interpretation von A verwendeten binären Relation stehen (das „Axiom" $\bigwedge\limits_{x,\,y} (Axy \to Ayx)$ beinhaltet gerade, daß es sich um einen ungerichteten Graphen handelt, und das „Axiom" $\sim\bigvee\limits_{x} Axx$, daß der Graph keine Schlingen hat). Umgekehrt liefert natürlich auch jeder derartige Graph $\mathfrak{G}$ ein Modell für G. Unter *der chromatischen Zahl* eines solchen Graphen $\mathfrak{G}$ versteht man die kleinste Zahl m, für die folgendes gilt: Die Knotenpunkte von $\mathfrak{G}$ lassen sich so in m Klassen einteilen, daß je zwei Knotenpunkte, die durch eine Kante verbunden sind, zu verschiedenen Klassen gehören. Interpretiert man die Klassen als Farben, so ist m gerade die kleinste Anzahl von verschiedenen Farben, die bei einer Färbung der Knotenpunkte von $\mathfrak{G}$ benötigt wird, wenn dabei je zwei durch eine Kante verbundene Knotenpunkte verschieden gefärbt sein sollen. Es gilt dann der folgende Satz von DE BRUIJN und ERDÖS[1]), der sich ebenfalls durch geeignete Anwendung des Endlichkeitssatzes für Modelle gewinnen läßt: *Jeder unendliche Graph $\mathfrak{G}$ mit der chromatischen Zahl m besitzt einen endlichen Untergraphen mit der chromatischen Zahl m.* Zum Beweis bilden wir zunächst mit m einstelligen Attributensymbolen $F_1, \ldots, F_m$ die Menge K_m aus folgenden Aussagen

$$\bigwedge_{x}(F_1 x \vee \cdots \vee F_m x), \quad \sim\bigvee_{x}(F_i x \wedge F_j x) \quad (1 \leqq i < j \leqq m),$$

$$\bigwedge_{x,\,y}(Axy \wedge F_i x \to \sim F_i y) \quad (i = 1, \ldots, m).$$

Es ist unmittelbar klar, daß ein Graph $\mathfrak{G}$ dann und nur dann durch Hinzunahme von m „Farbattributen" zu einem Modell für $G \vee K_m$ erweitert werden kann, wenn seine chromatische Zahl kleiner oder gleich m ist. Ist $\mathfrak{G}$ ein Graph der betrachteten Art, so ordnen wir jedem Knotenpunkt ξ von $\mathfrak{G}$ ein Individuensymbol a_ξ zu und definieren als Diagramm $D(\mathfrak{G})$ die Menge aus folgenden Aussagen

$Aa_\xi a_\eta$ (für alle ξ, η, die in $\mathfrak{G}$ durch eine Kante verbunden sind),

$\sim Aa_\xi a_\eta$ (für alle ξ, η, die in $\mathfrak{G}$ durch keine Kante verbunden sind),

$a_\xi \neq a_\eta$ (für alle $\xi \neq \eta$).

Ein Graph ist genau dann Modell für $G \vee D(\mathfrak{G})$, wenn er einen zu $\mathfrak{G}$ isomorphen Untergraphen enthält. Hätte nun jeder endliche Untergraph eines unendlichen Graphen $\mathfrak{G}$ mit der chromatischen Zahl m erne chromatische Zahl kleiner als m, so hätte jede endliche Teilmenge von $G \vee K_{m-1} \vee D(\mathfrak{G})$ ein Modell, und daraus würde nach dem Endlichkeitssatz für Modelle folgen, daß auch $G \vee K_{m-1} \vee D(\mathfrak{G})$ ein Modell besitzt. Dann wäre aber die chromatische Zahl von $\mathfrak{G}$ kleiner als m, im Widerspruch zur Voraussetzung. Damit ist der Satz von DE BRUIJN und ERDÖS bewiesen.

---

[1]) N. G. DE BRUIJN and P. ERDÖS, A colour problem for infinite graphs and a problem in the theory of relations, Proc. Royal Acad. Sci., Amsterdam, Ser. A, 54 (1951), S. 371—373.

Da bei Gültigkeit der Hülleneigenschaften bekanntlich die Abtrennungsregel dem Ableitbarkeitstheorem gleichwertig ist (vgl. I, S. 75) und für $Fl^{B(O)}$ ja die Hülleneigenschaften und die Abtrennungsregel gelten, erhalten wir unmittelbar

V. Ableitbarkeitstheorem: *Für jede Menge $X \subseteqq ausd^{B(O)}$ und beliebige (identitätsfreie) B-Ausdrücke H_1, H_2 gilt:*

Wenn $(H_1 \to H_2) \in Fl^{B(O)}(X)$, so $H_2 \in Fl^{B(O)}(X \cup \{H_1\})$.

Die Umkehrung des Ableitbarkeitstheorems, das sogenannte Deduktionstheorem, ist dagegen für $Fl^{B(O)}$ allgemein nur richtig, wenn der Ausdruck H_1 eine Aussage ist. Es sei dazu H_1 eine B-Aussage mit $X \cup \{H_1\}$ Flg H_2 und es sei Σ ein Modell für X. Ist die Aussage H_1 wahr in Σ, so ist Σ Modell für $X \cup \{H_1\}$, also wegen $X \cup \{H_1\}$ Flg H_2 der Ausdruck H_2 in Σ allgemeingültig und damit auch $(H_1 \to H_2)$ in Σ allgemeingültig. Ist dagegen H_1 falsch in Σ, so nimmt $(H_1 \to H_2)$ bei jeder Belegung f über Σ den Wert W an (da die Prämisse den Wert F hat), und es ist ebenfalls $(H_1 \to H_2)$ in Σ allgemeingültig. Mithin ist $(H_1 \to H_2)$ in jedem Modell Σ der Menge X allgemeingültig, d.h., X Flg $(H_1 \to H_2)$. Es gilt also:

VI. Deduktionstheorem: *Für jede Menge $X \subseteqq ausd^{B(O)}$, jeden (identitätsfreien) B-Ausdruck H_2 und jede (identitätsfreie) B-Aussage H_1 gilt:*

Wenn $H_2 \in Fl^{B(O)}(X \cup \{H_1\})$, so $(H_1 \to H_2) \in Fl^{B(O)}(X)$.

Unter Verwendung von (3) erhält man aus VI leicht die folgende etwas allgemeinere Fassung des Deduktionstheorems:

VI*. *Für jede Menge $X \subseteqq ausd^{B(O)}$ und beliebige (identitätsfreie) B-Ausdrücke H_1, H_2 gilt:*

Wenn $H_2 \in Fl^{B(O)}(X \cup \{H_1\})$, so $(Gen(H_1) \to H_2) \in Fl^{B(O)}(X)$.

Zum Nachweis, daß VI nicht für beliebige B-Ausdrücke H_1, H_2 gilt, betrachte man z.B. die Ausdrücke Ax_1, Ax_2, wobei A ein einstelliges Attributensymbol ist. Es gilt offenbar $\{Ax_1\}$ Flg Ax_2, dagegen folgt $(Ax_1 \to Ax_2)$ nicht aus der leeren Menge.

Neben dem Folgern schlechthin betrachten wir noch kurz das Folgern in einem Individuenbereich I und das $\mathfrak{m}$-zahlige Folgern. Wir sagen, daß *aus der Menge $X \subseteqq ausd^{B(O)}$ im Individuenbereich I der (identitätsfreie) B-Ausdruck H folgt* $(X$ Flg_I H, $Fl_I^{B(O)}(X))$, wenn H allgemeingültig ist in jeder B-Algebra Σ über I, die Modell für X ist. Man zeigt wiederum leicht, daß auch hierbei nur die Mächtigkeit von I von Bedeutung ist, d.h., wenn $|I_1| = |I_2|$, so ist für jede Menge X von (identitätsfreien) B-Ausdrücken $Fl_{I_1}^{B(O)}(X) = Fl_{I_2}^{B(O)}(X)$. Demgemäß sagen wir, daß *aus der Menge $X \subseteqq ausd^{B(O)}$ $\mathfrak{m}$-zahlig der (identitätsfreie) B-Ausdruck H folgt* $(X$ $Flg_{\mathfrak{m}}$ H,

$Fl_{\mathfrak{m}}^{B(O)}(X))$, wenn X $Flg_I H$ für jeden (oder wenigstens einen) Individuenbereich I der Mächtigkeit $\mathfrak{m}$, d.h., wenn H allgemeingültig ist in jeder B-Algebra Σ, die Modell für X ist und deren Individuenbereich die Mächtigkeit $\mathfrak{m}$ hat. Dabei sind auf Grund des Reduktionstheorems von LÖWENHEIM und SKOLEM[1]) wiederum nur die Fälle von Interesse, daß $\mathfrak{m}$ eine natürliche Zahl $k > 0$ oder die transfinite Kardinalzahl $\aleph_0$ ist, jedenfalls bei abzählbar unendlicher Ausdrucksmenge $ausd^B$[2]) Für diese zeigt man jedoch leicht, daß

$$Fl_k^B(X) = Fl^B(X \cup \{\vee_k!!\}) \quad (k = 1, 2, \ldots), \quad Fl_{\aleph_0}^B(X) = Fl^B(X \cup negaz),$$

wobei $negaz = \{\sim \vee_k!! \,|\, k = 1, 2, \ldots\}$ die Menge aller negierten Anzahlaussagen ist. Noch allgemeiner wäre das Folgern in bezug auf eine Klasse K von Kardinalzahlen (vgl. die analogen Ausführungen für die Allgemeingültigkeit auf S. 49), wobei das Folgern im Endlichen besonderes Interesse verdient. Auf ein eingehendes Studium des Folgerns in einem Individuenbereich I und des $\mathfrak{m}$-zahligen Folgerns wollen wir hier verzichten. Es sei nur vermerkt, daß insbesondere die folgenden Beziehungen gelten:

$$Fl_I^{B(O)}(\emptyset) = ag_I^{B(O)}, \quad Fl_{\mathfrak{m}}^{B(O)}(\emptyset) = ag_{\mathfrak{m}}^{B(O)}.$$

Die in § 3 für ag_I, ag und $ag_{\mathfrak{m}}$ formulierten und bewiesenen (verallgemeinerten) Einsetzungsregeln für Symbole der Basis B lassen sich leicht zu „Rückverlegbarkeitssätzen" für derartige Einsetzungen beim Folgern verallgemeinern (nimmt man nämlich in diesen Rückverlegbarkeitssätzen für X speziell die leere Menge, so erhält man mittels (1) sofort die entsprechenden Einsetzungsregeln).

Ist a ein Individuensymbol aus der Basis B und t ein beliebiger B-Term, so bezeichnen wir für eine gegebene Menge X von B-Ausdrücken mit $X\{a/t\}$ die Menge aller Ausdrücke $H\{a/t\}$ mit $H \in X$, wobei $H\{a/t\}$ die auf S. 44 erklärte Bedeutung hat. Analog werden für ein n-stelliges Operationssymbol F und einen Substituenden $t^*(x_1, \ldots, x_n)$ bzw. ein n-stelliges Attributensymbol A und einen Substituenden $H^*(x_1, \ldots, x_n)$ die Bezeichnungen $X\{F/t^*\}$ bzw. $X\{A/H^*\}$ erklärt. Dann lassen die R ü c k v e r l e g b a r k e i t s s ä t z e folgende einfache Formulierung zu:

---

[1]) Jetzt benötigt man allerdings die folgende allgemeine Formulierung des Satzes von LÖWENHEIM und SKOLEM: *Besitzt eine Menge X von B-Ausdrücken überhaupt ein (unendliches) Modell, so besitzt X ein (unendliches) Modell, dessen Mächtigkeit nicht größer ist als die Mächtigkeit der Menge aller B-Ausdrücke* (vgl. S. 117).

[2]) Bei überabzählbarer Ausdrucksmenge $ausd^B$ liegen die Verhältnisse komplizierter, da man hier unter Umständen (d.h. bei geeigneter Basis) Ausdrucksmengen X konstruieren kann, die zwar ein überabzählbares Modell, aber kein abzählbares Modell haben.

Für jede Menge X von B-Aussagen[1]), jeden B-Ausdruck H_0, jedes Individuensymbol a bzw. n-stellige Operationssymbol F bzw. n-stellige Attributensymbol A und jeden B-Term t bzw. B-Term $t^*(x_1, ..., x_n)$ bzw. B-Ausdruck $H^*(x_1, ..., x_n)$ gilt:

$$\text{Wenn } X \ Flg \ H_0, \quad \text{so} \quad X\{a/t\} \ Flg \ H_0\{a/t\}$$

$$\text{bzw.} \quad X\{F/t^*\} \ Flg \ H_0\{F/t^*\}$$

$$\text{bzw.} \quad X\{A/H^*\} \ Flg \ H_0\{A/H^*\},$$

und analog für Flg_I und $Flg_\mathfrak{m}$.

Wir führen als Beispiel den Beweis für den Fall der F-Einsetzung. Es gelte $X \ Flg \ H_0$, es sei $\Sigma = [I, \omega]$ eine beliebige B-Algebra mit $X\{F/t^*\} \leqq ag_\Sigma^B$ und es sei f eine beliebige Belegung der Individuenvariablen mit Individuen aus I. Mit $\Sigma_f = [I, \omega_f]$ (vgl. S. 43) bezeichnen wir diejenige B-Algebra, die aus Σ entsteht, wenn man statt $\omega(F)$ die Operation $\omega_f(F)$ nimmt, für die bei beliebigem $\xi_1, ..., \xi_n \in I$

$$\omega_f(F) \ (\xi_1, ..., \xi_n) = Wert_\Sigma \left(t^*, f \left\langle \begin{matrix} x_1, ..., x_n \\ \xi_1, ..., \xi_n \end{matrix} \right\rangle \right)$$

gilt, und alle übrigen Symbole aus B wie durch ω interpretiert. Aus Gleichung $(19'_F)$ von S. 44 folgt dann, daß $Wert_{\Sigma_f}(H, f) = W$ für jedes $H \in X$, denn nach Voraussetzung ist $Wert_\Sigma(H\{F/t^*\}, f) = W$ für alle $H \in X$. Da alle $H \in X$ Aussagen sind, ist mithin Σ_f Modell für X. Also ist nach Voraussetzung H_0 in Σ_f allgemeingültig und folglich $Wert_{\Sigma_f}(H_0, f) = W$. Nach Gleichung $(19'_F)$ von S. 44 ist dann aber auch $Wert_\Sigma(H_0\{F/t^*\}, f) = W$. Das gilt für jede Belegung f, d.h. $ag_\Sigma H_0\{F/t^*\}$, und da das für jede B-Algebra Σ mit $X\{F/t^*\} \leqq ag_\Sigma^B$ der Fall ist, gilt $X\{F/t^*\} \ Flg \ H_0\{F/t^*\}$. Da hierbei Σ und Σ_f B-Algebren über demselben Individuenbereich I sind, ist damit zugleich auch unsere Behauptung für Flg_I und $Flg_\mathfrak{m}$ bewiesen.

§ 6. ABLEITBARKEIT UND BEWEISBARKEIT

Ziel der folgenden Überlegungen ist es, die Klassen $ag^{B(O)}$, $ag_\mathfrak{m}^{B(O)}$ und $Fl^{B(O)}(X)$ axiomatisch zu charakterisieren, d.h. einen Ableitungsbegriff und jeweils ein übersehbares Axiomensystem so anzugeben, daß mit diesem Ableitungsbegriff aus dem jeweiligen Axiomensystem genau die Ausdrücke der entsprechenden Klasse ableitbar sind. Während im klassischen

---

[1]) Die Beschränkung auf Mengen von Aussagen ist wesentlich.

zweiwertigen Aussagenkalkül (vgl. I, § 6 und § 7) das analoge Problem vorwiegend methodisch von Interesse war – dort hatten wir ja in der Methode der Aufstellung einer vollständigen Wertetabelle oder in der Methode der Normalformen (vgl. I, S. 70) ein einfaches Verfahren an der Hand, um die Allgemeingültigkeit eines beliebigen Ausdrucks zu entscheiden – hat es jetzt grundsätzliche Bedeutung. Wir werden nämlich in Teil III dieser Einführung zeigen, daß es in den meisten der zu betrachtenden Fälle nachweisbar kein analoges allgemeines Verfahren gibt, um die Zugehörigkeit eines beliebigen Ausdrucks zu der jeweiligen Klasse in endlich vielen Schritten zu entscheiden. Ganz unabhängig davon kann man feststellen, daß die direkte Überprüfung z. B. eines Ausdrucks auf Allgemeingültigkeit in jedem nichtleeren Individuenbereich mittels Belegungen, wenn sie überhaupt gelingt, wesentlich schwieriger sein wird, als das im Aussagenkalkül der Fall ist, da man bei einem unendlichen Individuenbereich sicher nicht mehr nur mit der Betrachtung endlich vieler Fälle auskommt.

Im vorliegenden Paragraphen wollen wir zunächst den verwendeten Ableitungsbegriff definieren und studieren. Als Schlußregeln verwenden wir die bereits in § 3 diskutierten Schlußregeln $(Abtr)$, (Gv), (Ph), (Gh), (Pv), $(Tevfr^B)$ und $(Umgb)$ (S. 32), die jetzt aber als rein strukturelle (syntaktische) Umformungsregeln benutzt werden. Ein B-Ausdruck H heißt also genau dann *aus der Menge X von B-Ausdrücken ableitbar* $(X\,Abl^B H)$, wenn man H, ausgehend von Ausdrücken der Menge X, durch endlich oftmalige Anwendung der genannten Regeln erhalten kann. Die Relation $X\,Abl^B H$ wird also in folgender Weise induktiv[1]) definiert:

(1) Die Ausdrücke der Menge X sind aus X ableitbar, d.h., wenn $H \in X$,

so $X\,Abl^B H$.

(2) a) Wenn $X\,Abl^B H_1$ und $X\,Abl^B (H_1 \to H_2)$, so $X\,Abl^B H_2$;

b) Wenn $X\,Abl^B (H_1(x_k) \to H_2)$, so $X\,Abl^B (\bigwedge x_k H_1(x_k) \to H_2)$;

c) Wenn $X\,Abl^B (H_1 \to H_2(x_k))$, so $X\,Abl^B (H_1 \to \bigvee x_k H_2(x_k))$;

d) Wenn $X\,Abl^B (H_1 \to H_2(x_k))$, so $X\,Abl^B (H_1 \to \bigwedge x_k H_2(x_k))$,

sofern in H_1 die Variable x_k nicht vorkommt;

e) Wenn $X\,Abl^B (H_1(x_k) \to H_2)$, so $X\,Abl^B (\bigvee x_k H_1(x_k) \to H_2)$,

sofern in H_2 die Variable x_k nicht vorkommt;

---

[1]) Natürlich handelt es sich hierbei genaugenommen wieder um eine induktive Definition über eine zunächst einzuführende *Ableitungsstufe* (vgl. I, S. 72).

f) Wenn $X \, Abl^B H(x_k)$, so $X \, Abl^B H(x_k/t)$, für jeden zulässigen[1]) B-Term t,

g) Wenn $X \, Abl^B H$ und H' aus H durch gebundene Umbenennung entsteht, so $X \, Abl^B H'$.

(3) Ein Ausdruck H ist nur dann aus X ableitbar, wenn das auf Grund von (1) und (2) der Fall ist.

Die Menge aller Ausdrücke, die aus einer gegebenen Menge X von B-Ausdrücken ableitbar sind, heißt die *Ableitungsmenge von X* ($Ab^B(X)$). Es ist also $Ab^B(X)$ die kleinste Menge von Ausdrücken, die die Menge X umfaßt und in bezug auf Anwendungen der betrachteten Schlußregeln abgeschlossen ist. Enthält die Menge X nur identitätsfreie Ausdrücke, so besteht offenbar auch $Ab^B(X)$ nur aus identitätsfreien Ausdrücken.

Offenbar ist ein B-Ausdruck H genau dann aus einer Menge X von B-Ausdrücken ableitbar, wenn es eine endliche Folge $(H_1, \ldots, H_n)$ von B-Ausdrücken gibt, so daß folgendes gilt: (i) Der letzte Ausdruck H_n dieser Folge ist der Ausdruck H; (ii) Ein beliebiger Ausdruck H_i $(1 \leq i \leq n)$ dieser Folge ist ein Element der Menge X oder er entsteht aus Ausdrücken H_{i_1}, H_{i_2} mit $1 \leq i_1, i_2 < i$ durch Anwendung der Abtrennungsregel (d.h., es hat z. B. H_{i_1} die Form $(H' \rightarrow H'')$, wobei H' der Ausdruck H_{i_2} und H'' der Ausdruck H_i ist), oder es entsteht H_i aus einem Ausdruck H_{i_1} mit $1 \leq i_1 < i$ durch Anwendung einer der Regeln (Gv), (Ph), (Gh), (Pv), $(Tevfr^B)$ bzw. $(Umgb)$. Eine solche Folge wollen wir eine *Ableitungsfolge* oder kurz eine *Ableitung für H aus X* nennen.

Bezüglich der Regel $(Tevfr^B)$ merken wir folgendes an: Bei unserer Definition von $X \, Abl^B H$ ist nicht ausgeschlossen, daß in der Basis B Symbole vorhanden sind, die weder in X (d.h. in keinem Ausdruck der Menge X) noch in H auftreten. Diese können aber durchaus in einer Ableitungsfolge für H aus X erscheinen,[2]) wenn nämlich im Verlauf der Ableitung ein Term t eingesetzt wird, der ein solches Symbol enthält. Dabei ist es keineswegs selbstverständlich, daß derartige Einsetzungen grundsätzlich vermieden werden können; denn das eingeführte, nicht in X und H enthaltene

---

[1]) D.h. für jeden B-Term t, bei dem beim Übergang von $H(x_k)$ zu $H(x_k/t)$ keine Variablenkonfusion eintritt (vgl. S. 18). Der Index B bei Abl^B soll andeuten, daß die Anwendung der Regel der Termeinsetzung mit beliebigen B-Termen zugelassen ist.

[2]) Natürlich kann es sich dabei höchstens um Individuen- und Operationssymbole handeln; es ist nämlich unmittelbar klar, daß ein aus X ableitbarer Ausdruck H höchstens Attributensymbole enthält, die in X vorkommen, und mithin auch in einer Ableitungsfolge für H aus X nur solche Attributensymbole auftreten können.

Symbol kann ja im weiteren Verlauf der Ableitung durch Anwendung der Abtrennungsregel wieder herausfallen. Zur genaueren Diskussion dieser Frage bezeichnen wir mit $\tilde{B}$ die Basis aus allen denjenigen Symbolen der Basis B, die in X oder in H vorkommen, und untersuchen, wann wir aus $X\ Abl^B H$ auf $X\ Abl^{\tilde{B}} H$ schließen können. Dazu sei $(H_1, \ldots, H_n)$ eine B-Ableitung für H aus X. Zunächst ist unmittelbar klar, daß wir aus dieser Ableitung alle Individuensymbole eliminieren können, die nicht in $\tilde{B}$ vorhanden sind; ist nämlich a ein derartiges Individuensymbol, x eine Individuenvariable, die in keinem der Ausdrücke $H_1, \ldots, H_n$ auftritt, und H_i^* der aus H_i bei Ersetzung von a durch x entstehende Ausdruck $(i = 1, \ldots, n)$, so ist (Beweis!) $(H_1^*, \ldots, H_n^*)$ eine Ableitung für H aus X, in der das Symbol a nicht auftritt. Ferner kann man aus der Ableitung $(H_1, \ldots, H_n)$ alle einstelligen Operationssymbole eliminieren, die nicht in $\tilde{B}$ vorhanden sind; ist nämlich F ein derartiges Operationssymbol und bezeichnet jetzt z. B. H_i^* den aus H_i durch Streichen aller Vorkommen von F und der zugehörigen Argumentklammern entstehenden Ausdruck $(i = 1, \ldots, n)$, so ist $(H_1^*, \ldots, H_n^*)$ eine Ableitung für H aus X, die F nicht enthält. Kommt schließlich in $\tilde{B}$ ein wenigstens zweistelliges Operationssymbol F^* vor, so lassen sich aus der Ableitung $(H_1, \ldots, H_n)$ alle Operationssymbole eliminieren, die nicht in $\tilde{B}$ vorhanden sind; ist nämlich F ein derartiges Operationssymbol einer Stellenzahl $k \geq 2$, so ersetzen wir z. B. in jedem Ausdruck H_i, von innen beginnend, jeden Term der Form $F(t_1, \ldots, t_k)$ durch $F^*(t_1, F^*(t_2, \ldots, F^*(t_{k-1}, t_k)\cdots))$ $(i = 1, \ldots, n)$; die Folge der dabei entstehenden Ausdrücke H_i^* ist eine Ableitung für H aus X, in der F nicht mehr vorkommt. Ungeklärt bleibt also lediglich der Fall, daß in $\tilde{B}$ kein Operationssymbol einer Stellenzahl $k \geq 2$ auftritt, ein derartiges Operationssymbol jedoch in B vorhanden ist. Ob in diesem Fall $X\ Abl^B H$ allgemein (d. h. für jedes X und H) mit $X\ Abl^{\tilde{B}} H$ gleichwertig ist, konnte vom Autor bislang nicht entschieden werden.

Analog wie im Aussagenkalkül (vgl. I, S. 73 ff.) zeigt man, daß für die Abbildung Ab^B, die einer beliebigen Menge $X \subseteq ausd^{B(O)}$ ihre Ableitungsmenge $Ab^B(X)$ zuordnet, die Hülleneigenschaften, der Endlichkeitssatz und das Ableitbarkeitstheorem gelten. Ferner sieht man sofort, daß die Ableitungsmenge der leeren Menge leer ist: $Ab^B(\emptyset) = \emptyset$. Wir merken weiterhin an, daß für die Ableitbarkeitsrelation Abl^B die auf S. 34 formulierten Quantifizierungsregeln (Gh^*) und (Pv^*) sowie die auf S. 36 formulierte Regel der Termeinsetzung für freie Variablen $(Tefr^B)$ gelten. Die Beweise hierfür ergeben sich auf die dort angedeutete Weise unter Verwendung der Regel der gebundenen Umbenennung. Als Spezialfälle der Regeln $(Tevfr^B)$ bzw. $(Tefr^B)$ erhält man Umbenennungsregeln $(Umvfr)$ bzw. $(Umfr)$ für vollfreie bzw. freie Variablen. Enthält die Basis B weder Individuen-

noch Operationssymbole, so reduzieren sich die Regeln $(Tevfr^B)$ und $(Tefr^B)$ auf diese Umbenennungsregeln. Aus den Ausführungen des § 3 ergeben sich schließlich leicht die folgenden Sätze über die Deduktionserblichkeit der Allgemeingültigkeit:

$$Wenn \ X \leqq ag_{\Sigma}^{B(O)}, \ so \ Ab^B(X) \leqq ag_{\Sigma}^{B(O)},$$
$$Wenn \ X \leqq ag_{I}^{B(O)}, \ so \ Ab^B(X) \leqq ag_{I}^{B(O)},$$
$$Wenn \ X \leqq ag_{\mathfrak{m}}^{B(O)}, \ so \ Ab^B(X) \leqq ag_{\mathfrak{m}}^{B(O)},$$
$$Wenn \ X \leqq ag^{B(O)}, \ so \ Ab^B(X) \leqq ag^{B(O)},$$
$$Wenn \ X \leqq ag_{end}^{B(O)}, \ so \ Ab^B(X) \leqq ag_{end}^{B(O)}.$$

Wir wollen als nächstes zeigen, daß sich die simultanen I-, F- und A-Einsetzungen[1]) bei der betrachteten Ableitbarkeitsrelation Abl^B in einer ähnlichen Weise rückverlegen lassen, wie das bei den Einsetzungen im Aussagenkalkül bei der Ableitungsrelation $Abla$ der Fall ist (vgl. I, S. 77). Zur einfacheren Formulierung der Ergebnisse bezeichnen wir mit Abl_A^B diejenige Ableitbarkeitsrelation, die man erhält, wenn man zu den Schlußregeln von Abl^B noch eine Regel der simultanen A-Einsetzung für B-Ausdrücke in Attributensymbole der Basis B hinzunimmt, d. h. die obige (mit Abl_A^B statt Abl^B formulierte) induktive Definition um die folgende Zeile ergänzt:

(2) h_A) Wenn $X \ Abl_A^B \ H$ und H' aus H durch eine legale simultane A-Einsetzung von B-Ausdrücken für Attributensymbole der Basis B erhalten wird, so $X \ Abl_B^A \ H'$.[2])

---

[1]) Wir betrachten im folgenden nur solche Einsetzungen, bei denen das Verbot von Variablenkonfusionen und -kollisionen streng eingehalten wird (sogenannte *legale Einsetzungen* — vgl. S. 42).

[2]) Wir merken an, daß es bei den I-, F- und A-Einsetzungen im allgemeinen nicht möglich ist, eine beliebige simultane Einsetzung in eine Kette von einfachen Einsetzungen aufzulösen. Zum Beispiel ist über der Basis

$$B = [\emptyset, \{A_1, A_2\}, \emptyset] \quad (A_1, A_2 \ \text{einstellige Attributensymbole})$$

der B-Ausdruck

$$A_1x \wedge A_2y \rightarrow A_1x \wedge A_2z$$

aus dem B-Ausdruck $A_1x \rightarrow A_2x$ durch eine simultane A-Einsetzung, aber nicht durch eine Kette von einfachen A-Einsetzungen zu gewinnen. Letzteres wird möglich, wenn wir $A_1x \rightarrow A_2x$ als Ausdruck über z. B. der Basis $B = [\emptyset, \{A_1, A_2, A_3\}, \emptyset]$ ansetzen, aber dann läßt sich natürlich ein anderes Gegenbeispiel konstruieren. Eine derartige Auflösung ist generell für beliebige A-Einsetzungen nur möglich, wenn es in der Basis B zu jeder Stellenzahl unendlich viele Attributensymbole gibt (vgl. hierzu den analogen Satz für den Aussagenkalkül in I, S. 25, dessen Beweis ebenfalls maßgeblich die Existenz von unendlich vielen Aussagenvariablen benutzt).

Analog mögen Abl_F^B bzw. Abl_I^B durch Hinzunahme entsprechender Zeilen h_F) bzw. h_I) entstehen, in denen an Stelle der simultanen A-Einsetzung die simultane F- bzw. I-Einsetzung auftritt. Unter Abl_{AF}^B wird dann z. B. die Ableitbarkeitsrelation verstanden, bei der sowohl h_A) als auch h_F) hinzugenommen werden. Entsprechend bezeichnen wir mit $Able_A^B$, $Able_I^B$, $Able_{AF}^B$ usw. die Ableitbarkeitsrelationen, die jeweils nur auf den als Index vermerkten Einsetzungsregeln beruhen. Zum Beispiel bedeutet also $X\,Able_A^B\,H$ $(H \in Abe_A^B(X))$, daß man den Ausdruck H aus einem Ausdruck der Menge X durch eine Kette von legalen simultanen A-Einsetzungen von B-Ausdrücken für Attributensymbole aus B gewinnen kann. Da, wie man leicht zeigt, jede Kette von simultanen A-Einsetzungen einer einzelnen simultanen A-Einsetzung gleichwertig ist (bezüglich des analogen Resultats für die Einsetzungen im Aussagenkalkül vgl. I, S. 25), kann man die Menge $Abe_A^B(X)$ auch charakterisieren als die Menge aller der Ausdrücke, die aus Ausdrücken der Menge X durch eine legale simultane A-Einsetzung von B-Ausdrücken für Attributensymbole aus B gewonnen werden können. Wir merken an, daß die A-, F- und I-Einsetzungen in dem Sinne miteinander vertauschbar sind, daß z. B. $Abe_A^B(Abe_F^B(X)) = Abe_F^B(Abe_A^B(X)) = Abe_{AF}^B(X)$ usw. gilt, wobei man jeden Ausdruck z. B. der Menge $Abe_{AF}^B(X)$ durch eine kombinierte simultane AF-Einsetzung aus einem Ausdruck der Menge X gewinnen kann.

Es gelten dann die folgenden Rückverlegbarkeitssätze:

$$Ab_A^B(X) = Ab^B(Abe_A^B(X)), \qquad Ab_A^B(X) = Ab^B(Abe_F^B(X)),$$

$$Ab_I^B(X) = Ab^B(Abe_I^B(X)), \qquad Ab_{BF}^B(X) = Ab^B(Abe_{AF}^B(X)) \qquad \text{usw.}$$

Wir wollen den Fall der A-Einsetzungen etwas eingehender behandeln, in den anderen Fällen verlaufen die Überlegungen ganz analog. Da die Inklusion $Ab^B(Abe_A^B(X)) \subseteqq Ab_A^B(X)$ trivial gilt, brauchen wir nur die Inklusion $Ab_A^B(X) \subseteqq Ab^B(Abe_A^B(X))$ zu beweisen, und hierfür genügt es offenbar zu zeigen, daß die Menge $Ab^B(Abe_A^B(X))$ in bezug auf simultane A-Einsetzungen abgeschlossen ist, d. h. für beliebige Ausdrücke H, H' folgendes gilt: Wenn $Abe_A^B(X)\,Abl^B\,H$ und H' aus H durch eine legale simultane A-Einsetzung von B-Ausdrücken für Attributensymbole aus B hervorgeht, so $Abe_A^B(X)\,Abl^B\,H'$. Diese Behauptung ergibt sich nun leicht durch vollständige Induktion über die Ableitungsstufe von H aus $Abe_A^B(X)$. Ist $H \in Abe_A^B(X)$, so ist auch $H' \in Abe_A^B(X)$ und mithin $Abe_A^B(X)\,Abl^B\,H'$. Beim Nachweis, daß sich die Gültigkeit unserer Behauptung bei Anwendung der Schlußregeln vererbt, betrachten wir als Beispiel die Regel der vorderen

Partikularisierung. Wir nehmen also an, der Ausdruck H habe die Form $(\bigvee x_k H_1(x_k) \to H_2)$, wobei in H_2 die Variable x_k nicht vorkommt, und für $(H_1(x_k) \to H_2)$ sei der Satz schon bewiesen. Wir nehmen der Einfachheit halber weiter an, daß der Ausdruck H' dadurch aus H entsteht, daß jedes Derivat der Nennform $A x_{i_1} \ldots x_{i_n}$ (A ein n-stelliges Attributensymbol aus B) durch das zugehörige Derivat des Substituenden $H^*(x_{i_1}, \ldots, x_{i_n})$ ersetzt wird, und hierbei weder Konfusionen noch Kollisionen eintreten. Ohne Beschränkung der Allgemeinheit können wir voraussetzen, daß die „Argumentvariablen" $x_{i_1} \ldots, x_{i_n}$ von der Variablen x_k verschieden sind. Es sind dann mehrere Fälle zu unterscheiden.

1. Fall: Das Attributensymbol A ist in H_1 vorhanden. In diesem Fall kann x_k im Substituenden $H^*(x_{i_1}, \ldots, x_{i_n})$ nicht auftreten (da andernfalls bei der Einsetzung in $(\bigvee x_k H_1(x_k) \to H_2)$ eine Konfusion oder Kollision einträte). Ferner ist natürlich die Einsetzung von H^* für A eine legale A-Einsetzung in $(H_1(x_k) \to H_2)$, und das Resultat dieser Einsetzung hat die Form $(H_1'(x_k) \to H_2')$, wobei $H_1'(x_k)$ und H_2' aus $H_1(x_k)$ und H_2 durch die betrachtete A-Einsetzung entstehen. Hierbei ist x_k nicht in H_2' vorhanden, und nach Induktionsvoraussetzung gilt $Abe_A^B(X)\, Abl^B\,(H_1'(x_k) \to H_2')$, so daß auch $Abe_A^B(X)\, Abl^B\,(\bigvee x_k H_1'(x_k) \to H_2')$, und letzteres ist ja im betrachteten Fall der Ausdruck H'.

2. Fall: Das Attributensymbol A ist in $H_1(x_k)$ nicht vorhanden. Kommt hierbei die Variable x_k im Substituenden $H^*(x_{i_1}, \ldots, x_{i_n})$ nicht vor, so verläuft der Beweis analog wie im Fall 1 (wobei jetzt $H_1'(x_k)$ gleich dem Ausdruck $H_1(x_k)$ ist). Kommt dagegen x_k im Substituenden $H^*(x_{i_1}, \ldots, x_{i_n})$ vor, so gehen wir zunächst zu einem Substituenden $H^{**}(x_{i_1}, \ldots, x_{i_n})$ über, der aus $H^*(x_{i_1}, \ldots, x_{i_n})$ dadurch entsteht, daß die Variable x_k an allen Stellen durch eine Variable x_l ersetzt wird, die weder in $H_1(x_k)$ noch in H_2 noch in $H^*(x_{i_1}, \ldots, x_{i_n})$ auftritt. Die A-Einsetzung von $H^{**}(x_{i_1}, \ldots, x_{i_n})$ für $A x_{i_1} \ldots x_{i_n}$ in $(H_1(x_k) \to H_2)$ ist dann eine legale Einsetzung, die zu einem Ausdruck der Form $(H_1(x_k) \to H_2'')$ führt, wobei x_k in H_2'' nicht vorkommt. Nach Induktionsvoraussetzung gilt $Abe_A^B(X)\, Abl^B\,(H_1(x_k) \to H_2'')$, und Anwendung der Regel (Pv) liefert $Abe_A^B(X)\, Abl^B\,(\bigvee x_k H_1(x_k) \to H_2'')$. Aus dem Ausdruck $(\bigvee x_k H_1(x_k) \to H_2'')$ erhalten wir jedoch den Ausdruck H' (der im betrachteten Fall die Form $(\bigvee x_k H_1(x_k) \to H_2')$ hat, wobei H_2' aus H_2 durch die A-Einsetzung von $H^*(x_{i_1}, \ldots, x_{i_n})$ für $A x_{i_1} \ldots x_{i_n}$ entsteht), indem wir die Variable x_l überall durch die Variable x_k ersetzen, was sich offenbar durch eine Kette von gebundenen Umbenennungen und eine vollfreie Umbenennung (spezielle Termeinsetzung) erreichen läßt. Damit gilt aber dann auch $Abe_A^B(X)\, Abl^B\,(\bigvee x_k H_1(x_k) \to H_2')$, und das **war** ja gerade zu zeigen.

Da wir uns im folgenden in erster Linie für Ableitungen aus Mengen von (identitätsfreien) B-Ausdrücken interessieren werden, die die „logischen Axiome" enthalten, d.h., die im identitätsfreien Fall die Menge $axa^{B\mathrm{O}}$ und im Fall des Vorhandenseins des Gleichheitszeichens die Menge $axa^B \bigcup axi^B$ umfassen (vgl. S. 48), sich also als $ax\dot{a}^{B\mathrm{O}} \bigcup X$ bzw. $axa^B \bigcup axi^B \bigcup X$ schreiben lassen, führen wir den folgenden Beweisbarkeitsbegriff ein: Der B-Ausdruck H heißt *aus der Menge X von (identitätsfreien) B-Ausdrücken (identitätsfrei) beweisbar* ($X\,Bew^{B(\mathrm{O})}H$ oder $X\!\vdash^{B(\mathrm{O})}\!H$), wenn gilt: $axa^B \bigcup axi^B \bigcup X\,Abl^B H$ (bzw. $axa^{B\mathrm{O}} \bigcup X\,Abl^B H$).[1] Statt $\emptyset\,Bew^{B(\mathrm{O})}H$ schreiben wir kurz: $-^{B(\mathrm{O})}H$. Die Menge aller B-Ausdrücke, die im angegebenen Sinne aus einer gegebenen Menge X von (identitätsfreien) B-Ausdrücken (identitätsfrei) beweisbar sind, bezeichnen wir mit $Bw^{B(\mathrm{O})}(X)$, d.h.,

$$Bw^B(X) = Ab^B(axa^B \bigcup a\dot{x}i^B \bigcup X),\quad Bw^{B\mathrm{O}}(X) = Ab^B(axa^{B\mathrm{O}} \bigcup X).$$

Aus den oben vermerkten Eigenschaften des Operators Ab^B ergibt sich leicht, daß auch für $Bw^{B(\mathrm{O})}$ die Hülleneigenschaften, der Endlichkeitssatz und das Ableitbarkeitstheorem gelten, d.h.,

I. *Für jede Menge $X \subseteqq ausd^{B(\mathrm{O})}$ gilt:*

$$X \subseteqq Bw^{B(\mathrm{O})}(X).$$

II. *Für beliebige Mengen $X_1, X_2 \subseteqq ausd^{B(\mathrm{O})}$ gilt:*

$$\text{Wenn } X_1 \subseteqq X_2,\ \text{so } Bw^{B(\mathrm{O})}(X_1) \subseteqq Bw^{B(\mathrm{O})}(X_2).$$

III. *Für jede Menge $X \subseteqq ausd^{B(\mathrm{O})}$ gilt:*

$$Bw^{B(\mathrm{O})}(Bw^{B(\mathrm{O})}(X)) \subseteqq Bw^{B(\mathrm{O})}(X).$$

IV. *Für jede Menge $X \subseteqq ausd^{B(\mathrm{O})}$ gilt: Zu jedem Ausdruck $H \in Bw^{B(\mathrm{O})}(X)$ existiert eine endliche Teilmenge X^* von X, so daß $H \in Bw^{B(\mathrm{O})}(X^*)$.*

V. *Für jede Menge $X \subseteqq ausd^{B(\mathrm{O})}$ und beliebige (identitätsfreie) B-Ausdrücke H_1, H_2 gilt:*

$$\text{Wenn } (H_1 \to H_2) \in Bw^{B(\mathrm{O})}(X),\ \text{so } H_2 \in Bw^{B(\mathrm{O})}(X \bigcup \{H_1\}).$$

Das Deduktionstheorem gilt für die Beweisbarkeit in der folgenden Form:

VI. *Für jede Menge $X \subseteqq ausd^{B(\mathrm{O})}$, jeden (identitätsfreien) B-Ausdruck H_2 und jede (identitätsfreie) B-Aussage H_1 gilt:*

$$\text{Wenn } H_2 \in Bw^{B(\mathrm{O})}(X \bigcup \{H_1\}),\ \text{so } (H_1 \to H_2) \in Bw^{B(\mathrm{O})}(X),$$

---

[1] Man beachte, daß im Gegensatz zum Folgern (vgl. S. 70) $Bw^{B\mathrm{O}}(X)$ **nicht** definiert ist als Menge der in $Bw^B(X)$ enthaltenen identitätsfreien Ausdrücke.

oder etwas allgemeiner

VI*. *Für jede Menge* $X \subseteq ausd^{B(O)}$ *und beliebige (identitätsfreie) B-Ausdrücke* H_1, H_2 *gilt:*

> *Wenn* $H_2 \in Bw^{B(O)}(X \cup \{H_1\})$, *so* $(Gen(H_1) \to H_2) \in Bw^{B(O)}(X)$.

Den Beweis hierfür geben wir im folgenden Paragraphen (S. 98). Dort (S. 90) werden wir ebenfalls zeigen, daß für jede Menge X von (identitätsfreien) B-Ausdrücken und für jeden (identitätsfreien) B-Ausdruck

$$X \, Bew^{B(O)} H \text{ genau dann, wenn } X \, Bew^{B(O)} Gen(H) \tag{1}$$

gilt. Als einfache Folgerung erhalten wir hieraus, daß für jede Menge X von (identitätsfreien) B-Ausdrücken

$$Bw^{B(O)}(X) = Bw^{B(O)}(Gen(X))$$

ist. Wegen (1) ist nämlich einerseits $Gen(X) \subseteq Bw^{B(O)}(X)$, also gilt auf Grund des Satzes der Monotonie und des Satzes der Abgeschlossenheit $Bw^{B(O)}(Gen(X)) \subseteq Bw^{B(O)}(X)$, und andererseits ist $X \subseteq Bw^{B(O)}(Gen(X))$, also wiederum auf Grund des Satzes der Monotonie und des Satzes der Abgeschlossenheit

$$Bw^{B(O)}(X) \subseteq Bw^{B(O)}(Gen(X)).$$

Aus den Sätzen über die Deduktionserblichkeit der Allgemeingültigkeit für die Ableitbarkeitsrelation Abl^B ergeben sich leicht die entsprechenden Sätze für die Beweisbarkeitsrelation $Bew^{B(O)}$, wenn man nämlich beachtet, daß $axa^{BO} \subseteq ag^{BO}$ und $axa^B \cup axi^B \subseteq ag^B$. So gilt z. B.:

> *Wenn* $X \subseteq ag_{\Sigma}^{B(O)}$, *so* $Bw^{B(O)}(X) \subseteq ag_{\Sigma}^{B(O)}$.

Hieraus erhalten wir leicht, daß für jede Menge $X \subseteq ausd^{B(O)}$ die Inklusion

$$Bw^{B(O)}(X) \subseteq Fl^{B(O)}(X)$$

gilt. In § 8 werden wir zeigen, daß für jede Menge $X \subseteq ausd^{B(O)}$ auch die umgekehrte Inklusion richtig ist. Beides zusammen ergibt den folgenden

Hauptsatz des Prädikatenkalküls der ersten Stufe. *Für jede Menge* X *von (identitätsfreien) Ausdrücken über einer beliebigen Basis B gilt:*

$$Bw^{B(O)}(X) = Fl^{B(O)}(X).$$

Wir wollen schon hier zwei wichtige Folgerungen aus dem Hauptsatz vermerken, deren direkter Beweis erhebliche Schwierigkeiten bietet, die aber für das richtige Verständnis des Beweisbarkeitsbegriffs wesentlich sind:

1. Für jede Menge X von identitätsfreien B-Ausdrücken ist auf Grund des Hauptsatzes $Bw^{BO}(X) = Fl^{BO}(X)$ und $Bw^B(X) = Fl^B(X)$. Andererseits

ist definitionsgemäß (vgl. S. 70) $Fl^{BO}(X) = Fl^{B}(X) \wedge ausd^{BO}$. Mithin ist für jede Menge X von identitätsfreien B-Ausdrücken

$$Bw^{BO}(X) = Bw^{B}(X) \wedge ausd^{BO},$$

d.h., *jeder identitätsfreie B-Ausdruck, der aus $axa^{B} \vee axi^{B} \vee X$ ableitbar ist, ist bereits aus $axa^{BO} \vee X$ ableitbar.*

2. Es bezeichne für eine gegebene Menge X von (identitätsfreien) B-Ausdrücken $\tilde{B}$ die Basis aus allen denjenigen Symbolen der Basis B, die in X (d.h. in den Ausdrücken der Menge X) effektiv vorhanden sind. Dann ist auf Grund des Hauptsatzes $Bw^{\tilde{B}(O)}(X) = Fl^{\tilde{B}(O)}(X)$ und $Bw^{B(O)}(X) = Fl^{B(O)}(X)$. Andererseits ist $Fl^{\tilde{B}(O)}(X) = {}^{\langle}Fl^{B(O)}(X) \wedge ausd^{\tilde{B}(O)}$. Mithin ist für jede Menge X von (identitätsfreien) B-Ausdrücken, in der nur Symbole aus $\tilde{B}$ vorkommen,

$$Bw^{\tilde{B}(O)}(X) = Bw^{B(O)}(X) \wedge ausd^{\tilde{B}(O)},$$

d.h., *für einen beliebigen B-Ausdruck H, in dem ebenfalls nur Symbole aus $\tilde{B}$ vorhanden sind, gilt:*

$$axa^{B(O)}(\vee axi^{B}) \vee X \; Abl^{B} H \; genau \; dann, \; wenn$$

$$axa^{\tilde{B}(O)}(\vee axi^{\tilde{B}}) \vee X \; Abl^{\tilde{B}} H.{}^{[1]}$$

Dieser Satz präzisiert den etwa folgendermaßen zu beschreibenden Sachverhalt: Unser Beweisbarkeitsbegriff ist so beschaffen, daß alles, was innerhalb einer durch eine Basis $\tilde{B}$ definierten elementaren Sprache formulierbar ist und innerhalb einer elementaren Erweiterung dieser Sprache aus $\tilde{B}$-Ausdrücken bewiesen werden kann, bereits innerhalb der engeren Sprache beweisbar ist.

Wir wollen schließlich noch kurz skizzieren, wie man mittels der oben bewiesenen Rückverlegbarkeitssätze der simultanen A-, F- und I-Einsetzungen für die Ableitbarkeitsrelation Abl^{B} die Analoga zu den in § 5 formulierten Rückverlegbarkeitssätzen des Folgerns für die Beweisbarkeitsrelation $Bew^{B(O)}$ erhalten kann.[2] Wir behaupten also:

Für jede Menge X von (identitätsfreien) B-Aussagen, jeden (identitätsfreien) B-Ausdruck H_0, jedes Individuensymbol a bzw. n-stellige Operations-

---

[1] Man vgl. dies mit den Ausführungen auf S. 81.

[2] Die Gültigkeit dieser Sätze kann natürlich auch über den Hauptsatz erschlossen werden, für dessen Beweis wir sie nicht benötigen.

*symbol F bzw. n-stellige Attributensymbol A und jeden B-Term t bzw.
B-Term $t^*(x_1, ..., x_n)$ bzw. (identitätsfreien) B-Ausdruck $H^*(x_1, ..., x_n)$ gilt:*

$$\text{Wenn } X \, Bew^{B(\mathrm{O})} H_0, \quad so \quad X\{a/t\} \, Bew^{B(\mathrm{O})} H_0\{a/t\}$$

$$bzw. \quad X\{F/t^*\} \, Bew^{B(\mathrm{O})} H_0\{F/t^*\}$$

$$bzw. \quad X\{A/H^*\} \, Bew^{B(\mathrm{O})} H_0\{A/H^*\}.$$

Wir führen den Beweis wieder am Beispiel der A-Einsetzungen. Es sei
also $X \, Bew^{B(\mathrm{O})} H_0$. Nach dem Endlichkeitssatz existiert dann eine endliche
Teilmenge $X^* = \{H_1, ..., H_n\}$ von X, so daß $X^* \, Bew^{B(\mathrm{O})} H_0$, und Anwendung des Deduktionstheorems ergibt:

$$\emptyset \, Bew^{B(\mathrm{O})} (H_1 \to (\cdots \to (H_n \to H_0)\cdots)),$$

d. h.

$$axa^{B(\mathrm{O})} (\bigcup axi^B) \, Abl^B H,$$

wenn wir den Ausdruck $(H_1 \to (\cdots \to (H_n \to H_0)\cdots))$ zur Abkürzung mit
H bezeichnen. Hieraus folgt leicht

$$axa^{B(\mathrm{O})} (\bigcup axi^B) \, Abl^B_A H\{A/H^*\},$$

und der Satz über die Rückverlegbarkeit der A-Einsetzungen für Abl^B
ergibt: $Abe^B_A(axa^{B(\mathrm{O})}(\bigcup axi^B)) \, Abl^B H\{A/H^*\}$. Im folgenden Paragraphen
werden wir zeigen (vgl. S. 106), daß

$$Abe^B_A(axa^{B(\mathrm{O})} (\bigcup axi^B)) \subseteqq Ab^B(axa^{B(\mathrm{O})} (\bigcup axi^B)). \; [1]$$

---

[1]) Da jeder Ausdruck der Menge $axa^B(\mathrm{O})$ bei jeder Kette von A- (bzw. F- bzw.
I-)Einsetzungen in einen Ausdruck der Menge $axa^B(\mathrm{O})$ übergeht, bleibt nur zu
zeigen, daß jeder Ausdruck der Menge axi^B bei einer beliebigen Kette von A- bzw.
F-Einsetzungen in einen Ausdruck übergeht, der aus $axa^B \bigcup axi^B$ ableitbar ist
(I-Einsetzungen sind in Ausdrücke der Menge axi^B natürlich nicht möglich). Da
jeder Ausdruck, der aus einem Ausdruck der Menge axi^B durch eine A- bzw. F-
Einsetzung entsteht, die Form

$$x_0 = x_i \to \big(H^*(x_1, ..., x_{i-1}, x_0, x_{i+1}, ..., x_{m_\mu}) \to H^*(x_1, ..., x_i, ..., x_{m_\mu}) \big)$$

bzw.

$$x_0 = x_i \to t^*(x_1, ..., x_{i-1}, x_0, x_{i+1}, ..., x_{n_\nu}) = t^*(x_1, ..., x_i, ..., x_{n_\nu})$$

hat, genügt es also zu zeigen, daß alle Ausdrücke dieser Form aus $axa^B \bigcup axi^B$
ableitbar sind.

Folglich ist auf Grund des Satzes der Abgeschlossenheit für Ab^B

$$axa^{B(O)}(\bigvee axi^B)\ Abl^B\ H\{A/H\}^*,$$

d. h.

$$\emptyset\ Bew^{B(O)}\ (H_1\{A/H^*\} \to (\cdots \to (H_n\{A/H^*\} \to H_0\{A/H^*\})\cdots)),$$

und Anwendung des Ableitbarkeitstheorems und des Satzes der Monotonie für $Bw^{B(O)}$ liefert

$$X\{A/H^*\}\ Bew^{B(O)}\ H_0\{A/H^*\},$$

was zu zeigen war.

§ 7. GRUNDLEGENDE GESETZE DER PRÄDIKATENLOGIK

Im vorliegenden Paragraphen sollen wichtige Beispiele für Ausdrücke über einer beliebigen Basis B zusammengestellt werden, die in jeder B-Algebra Σ allgemeingültig sind. Unsere Methode zum Nachweis der Allgemeingültigkeit wird in der Ableitung der betreffenden Ausdrücke aus $axa^{B(O)}$ bzw. $axa^B \bigvee axi^B$ bestehen, d. h. im Nachweis, daß diese Ausdrücke im Sinne der Definition des vorangehenden Paragraphen aus der leeren Menge (syntaktisch) beweisbar sind. Auf Grund des Satzes der Monotonie für $Bw^{B(O)}$ sind natürlich alle im folgenden als aus der leeren Menge beweisbar erkannten Ausdrücke aus jeder Menge X von B-Ausdrücken beweisbar.

Insbesondere sind (vgl. S. 47) aus $axa^{B(O)}$ zunächst alle (identitätsfreien) aussagenlogisch allgemeingültigen B-Ausdrücke ableitbar, und zwar bereits allein mittels der Abtrennungsregel. Derartige aussagenlogische Ableitungen werden natürlich im folgenden nicht mehr vorgeführt, sondern von uns lediglich vermerkt; sie sind fast alle in I, § 7, zu finden.

Wir merken an, daß die Ableitung der folgenden Sätze 1. bis 23. (auch beim Vorhandensein des Gleichheitszeichens) nur die Axiome aus $axa^{B(O)}$ erfordert und erst die weiteren Sätze von den identitätstheoretischen Axiomen aus axi^B Gebrauch machen. Da im vorliegenden Paragraphen die Basis B nicht geändert wird, schreiben wir statt $\emptyset\ Bew^{B(O)}H$ kurz $\vdash^{(O)}H$.

Es sei zunächst $H(x)$ ein beliebiger (identitätsfreier) Ausdruck über der betrachteten Basis B, in dem die Variable x vollfrei vorkommt. Dann ist der Ausdruck $H(x) \to H(x)$ aussagenlogisch allgemeingültig, also auch $\vdash^{(O)}H(x) \to H(x)$. Wenden wir hierauf die Regel (Gv) bzw. die Regel (Ph) an, so erhalten wir:

1. $$\vdash^{(O)} \bigwedge_x H(x) \to H(x),$$

2. $$\vdash^{(O)}H(x) \to \bigvee_x H(x).$$

Wenden wir auf 1. die Regel (Ph) oder auf 2. die Regel (Gv) an, so bekommen wir:

3. $$\vdash^{(O)} \bigwedge_x H(\dot{x}) \to \bigvee_x H(x)\,.$$

Mehrfache Anwendung von (Gv) bzw. (Ph) und evtl. $(Umgb)$ liefert analog:

1'. $$\vdash^{(O)} Gen(H) \to H\,,$$

2'. $$\vdash^{(O)} H \to Prt(H)\,,$$

3'. $$\vdash^{(O)} Gen(H) \to Prt(H)\,.$$

Als nächstes behaupten wir, daß folgendes gilt:

4. $$X \vdash^{(O)} H(x)\ \textit{genau dann, wenn }\ X \vdash^{(O)} \bigwedge_x H(x),$$

wobei X eine beliebige Menge von (identitätsfreien) B-Ausdrücken ist. Ist $X \vdash^{(O)} \bigwedge_x H(x)$, so gilt nach 1. auf Grund von $(Abtr)$ auch $X \vdash^{(O)} H(x)$. Es sei nun umgekehrt $X \vdash^{(O)} H(x)$. Wir wählen einen beliebigen aus $axa^{B(O)}$ ableitbaren Ausdruck H^*, in dem die Variable x nicht vorkommen möge. Dann ist zunächst $X \vdash^{(O)} H(x) \to (H^* \to H(x))$; denn dieser Ausdruck entsteht aus dem aussagenlogischen Axiom $p \to (q \to p)$, indem man für p den Ausdruck $H(x)$ und für q den Ausdruck H^* einsetzt. Anwendung der Abtrennungsregel liefert: $X \vdash^{(O)} H^* \to H(x)$. Da in H^* nach Voraussetzung die Variable x nicht vorkommt, dürfen wir die Regel (Gh) anwenden und erhalten: $X \vdash^{(O)} H^* \to \bigwedge_x H(x)$. Nun sollte aber der Ausdruck H^* ableitbar sein, und eine nochmalige Anwendung von $(Abtr)$ liefert: $X \vdash^{(O)} \bigwedge_x H(x)$.

Mehrmalige Anwendung von 4. und evtl. Anwendung von $(Umgb)$ ergibt:

4. $$X \vdash^{(O)} H\ \textit{genau dann, wenn }\ X \vdash^{(O)} Gen(H)\,.$$

Die folgenden Sätze 5. bis 7. seien unter der Bezeichnung Gesetze der Quantorenvertauschung zusammengefaßt. In ihnen ist $H(x, y)$ ein beliebiger (identitätsfreier) B-Ausdruck, in dem die Variablen x und y vollfrei vorkommen.

5. $$\vdash^{(O)} \bigwedge_x \bigwedge_y H(x, y) \leftrightarrow \bigwedge_y \bigwedge_x H(x, y),$$

6. $$\vdash^{(O)} \bigvee_x \bigvee_y H(x, y) \leftrightarrow \bigvee_y \bigvee_x H(x, y),$$

7. $$\vdash^{(O)} \bigvee_x \bigwedge_y H(x, y) \to \bigwedge_y \bigvee_x H(x, y)\,.$$

Zum Beweis von 5. genügt es offenbar zu zeigen, daß

5a.
$$\vdash^{(O)} \bigwedge_x \bigwedge_y H(x, y) \to \bigwedge_y \bigwedge_x H(x, y).$$

Unter Vertauschung der Buchstaben x, y gilt dann nämlich auch:

5b.
$$\vdash^{(O)} \bigwedge_y \bigwedge_x H(x, y) \to \bigwedge_x \bigwedge_y H(x, y).$$

Aus 5a. und 5b. folgt aber mit Hilfe des aussagenlogischen Axioms 12. $(p \to q : \to : q \to p \,.\to.\, p \leftrightarrow q)$ sofort 5. Zum Beweis von 5a. gehen wir aus von $\vdash^{(O)} H(x, y) \to H(x, y)$. Durch zweimalige Anwendung von (Gv) folgt hieraus: $\vdash^{(O)} \bigwedge_x \bigwedge_y H(x, y) \to H(x, y)$, und zweimalige Anwendung von (Gh^*) liefert die Behauptung 5a. Der Beweis für 6. verläuft analog. Zum Beweis von 7. gehen wir ebenfalls von $\vdash^{(O)} H(x, y) \to H(x, y)$ aus und erhalten bei Anwendung von (Gv) und (Ph) $\vdash^{(O)} \bigwedge_y H(x, y) \to \bigvee_x H(x, y)$.

Hierauf können wir nun die Regeln (Pv^*) und $)Gh^*)$ anwenden und erhalten die Behauptung.

Wir merken an, daß die Umkehrung von 7. nicht gilt. Auf 7. beruht die bekannte Tatsache aus der Analysis, daß man aus der gleichmäßigen Gültigkeit einer Eigenschaft (gleichmäßige Stetigkeit, gleichmäßige Konvergenz usw.) stets auf die Gültigkeit der Eigenschaft schließen kann, während der umgekehrte Schluß allgemein nicht richtig ist.

Die folgenden Sätze 8. bis 13. bezeichnen wir als Gesetze der Quantorenverteilung. In ihnen sind $H_1(x)$ und $H_2(x)$ (identitätsfreie) B-Ausdrücke, in denen die Variable x vollfrei vorkommt.

8.
$$\vdash^{(O)} \bigwedge_x (H_1(x) \wedge H_2(x)) \leftrightarrow \bigwedge_x H_1(x) \wedge \bigwedge_x H_2(x),$$

9.
$$\vdash^{(O)} \bigwedge_x H_1(x) \vee \bigwedge_x H_2(x) \to \bigwedge_x (H_1(x) \vee H_2(x)),$$

10.
$$\vdash^{(O)} \bigwedge_x (H_1(x) \to H_2(x)) \,.\to.\, \bigwedge_x H_1(x) \to \bigwedge_x H_2(x),$$

11.
$$\vdash^{(O)} \bigwedge_x (H_1(x) \leftrightarrow H_2(x)) \,.\to.\, \bigwedge_x H_1(x) \leftrightarrow \bigwedge_x H_2(x),$$

12.
$$\vdash^{(O)} \bigvee_x (H_1(x) \wedge H_2(x)) \to \bigvee_x H_1(x) \wedge \bigvee_x H_2(x),$$

13.
$$\vdash^{(O)} \bigvee_x (H_1(x) \vee H_2(x)) \leftrightarrow \bigvee_x H_1(x) \vee \bigvee_x H_2(x).$$

Die Behauptung 8. kann in die Teilbehauptungen

8a.
$$\vdash^{(O)} \bigwedge_x (H_1(x) \wedge H_2(x)) \to \bigwedge_x H_1(x) \wedge \bigwedge_x H_2(x),$$

8b.
$$\vdash^{(O)} \bigwedge_x H_1(x) \wedge \bigwedge_x H_2(x) \to \bigwedge_x (H_1(x) \wedge H_2(x))$$

und die Behauptung 13. in die Teilbehauptungen

13a.$\qquad \vdash^{(O)} \bigvee_x (H_1(x) \vee H_2(x)) \to \bigvee_x H_1(x) \vee \bigvee_x H_2(x)$

13b.$\qquad \vdash^{(O)} \bigvee_x H_1(x) \vee \bigvee_x H_2(x) \to \bigvee_x (H_1(x) \vee H_2(x))$

zerlegt werden.

Der Beweis von 8a. ist auf Grund des aussagenlogischen Axioms 6. $(p \to q : \to : p \to r . \to . p \to q \wedge r)$ erbracht, wenn gezeigt ist, daß

$$\vdash^{(O)} \bigwedge_x (H_1(x) \wedge H_2(x)) \to \bigwedge_x H_1(x) \quad \text{und} \quad \vdash^{(O)} \bigwedge_x (H_1(x) \wedge H_2(x)) \to \bigwedge_x H_2(x)$$

und diese Behauptungen ergeben sich aus

$$\vdash^{(O)} H_1(x) \wedge H_2(x) \to H_1(x) \quad \text{bzw.} \quad \vdash^{(O)} H_1(x) \wedge H_2(x) \to H_2(x),$$

also aus den aussagenlogischen Axiomen 4. bzw. 5. durch Anwendung von (Gv) und (Gh^*).

Die Behauptung 12. kann analog bewiesen werden, wobei lediglich an Stelle von (Gv) und (Gh^*) die Schlußregeln (Ph) und (Pv^*) anzuwenden sind.

Zum Beweis von 8b. genügt es offenbar zu zeigen, daß

$$\vdash^{(O)} \bigwedge_x H_1(x) \wedge \bigwedge_x H_2(x) \to H_1(x) \wedge H_2(x),$$

da hieraus 8b. unmittelbar durch Anwendung von (Gh^*) erhalten werden kann, und hierzu genügt auf Grund von Axiom 6. der Nachweis von

$$\vdash^{(O)} \bigwedge_x H_1(x) \wedge \bigwedge_x H_2(x) \to H_1(x) \quad \text{und} \quad \vdash^{(O)} \bigwedge_x H_1(x) \wedge \bigwedge_x H_2(x) \to H_2(x).$$

Das ergibt sich jedoch unmittelbar aus

$$\vdash^{(O)} \bigwedge_x H_1(x) \wedge \bigwedge_x H_2(x) \to \bigwedge_x H_1(x) \quad \text{bzw.} \quad \vdash^{(O)} \bigwedge_x H_1(x) \wedge \bigwedge_x H_2(x) \to \bigwedge_x H_2(x)$$

und

$$\vdash^{(O)} \bigwedge_x H_1(x) \to H_1(x) \quad \text{bzw.} \quad \vdash^{(O)} \bigwedge_x H_2(x) \to H_2(x)$$

unter Benutzung eines Kettenschlusses, d.h. von Axiom 3.

$$(p \to q : \to : q \to r . \to . p \to r).$$

Zum Beweis von 13a. genügt es zu zeigen, daß

$$\vdash^{(O)} H_1(x) \vee H_2(x) \to \bigvee_x H_1(x) \vee \bigvee_x H_2(x),$$

und hierfür genügt auf Grund von Axiom 9. $(p \to r : \to : q \to r . \to . p \vee q \to r)$ der Nachweis von

$$\vdash^{(O)} H_1(x) \to \bigvee_x H_1(x) \vee \bigvee_x H_2(x) \quad \text{und} \quad \vdash^{(O)} H_2(x) \to \bigvee_x H_1(x) \vee \bigvee_x H_2(x),$$

und das folgt aus

$$\vdash^{(O)} H_1(x) \to \bigvee_x H_1(x) \quad\text{bzw.}\quad \vdash^{(O)} H_2(x) \to \bigvee_x H_2(x)$$

und Spezialfällen der aussagenlogischen Axiome 7. bzw. 8., nämlich

$$\vdash^{(O)} \bigvee_x H_1(x) \to \bigvee_x H_1(x) \vee \bigvee_x H_2(x) \quad\text{bzw.}\quad \vdash^{(O)} \bigvee_x H_2(x) \to \bigvee_x H_1(x) \vee \bigvee_x H_2(x),$$

durch Anwendung eines Kettenschlusses.

Zum Beweis von 13 b. genügt es auf Grund von Axiom 9. zu zeigen, daß

$$\vdash^{(O)} \bigvee_x H_1(x) \to \bigvee_x (H_1(x) \vee H_2(x)) \quad\text{und}\quad \vdash^{(O)} \bigvee_x H_2(x) \to \bigvee_x (H_1(x) \vee H_2(x)),$$

und das folgt aus

$$\vdash^{(O)} H_1(x) \to H_1(x) \vee H_2(x) \quad\text{bzw.}\quad \vdash^{(O)} H_2(x) \to H_1(x) \vee H_2(x)$$

durch Anwendung von (Ph) und (Pv^*).

Die Behauptung 9. kann analog zu 13 b. bewiesen werden, wobei lediglich an Stelle von (Ph) und (Pv^*) die Schlußregeln (Gv) und (Gh^*) anzuwenden sind.

Zum Beweis von 10. gehen wir aus von

$$\vdash^{(O)} \bigwedge_x (H_1(x) \to H_2(x)) \; . \to . \; H_1(x) \to H_2(x) \, .$$

Durch Anwendung einer Prämissenvertauschung, d.h. der aussagenlogischen Identität $p \to (q \to r) \; . \to . \; q \to (p \to r)$ (ihre Ableitung aus den aussagenlogischen Axiomen findet sich in I, S. 84), erhalten wir hieraus

$$\vdash^{(O)} H_1(x) \; . \to . \; \bigwedge_x (H_1(x) \to H_2(x)) \to H_2(x) \, ,$$

und Anwendung von (Gv) ergibt:

$$\vdash^{(O)} \bigwedge_x H_1(x) \; . \to . \; \bigwedge_x (H_1(x) \to H_2(x)) \to H_2(x) \, .$$

Mittels der aussagenlogischen Identität $p \to (q \to r) \; . \to . \; p \wedge q \to r$ (Prämissenverbindung — vgl. I, S. 95) erhalten wir hieraus

$$\vdash^{(O)} \bigwedge_x H_1(x) \wedge \bigwedge_x (H_1(x) \to H_2(x)) \to H_2(x) \, ,$$

und Anwendung von (Gh^*) liefert

$$\vdash^{(O)} \bigwedge_x H_1(x) \wedge \bigwedge_x (H_1(x) \wedge H_2(x)) \to \bigwedge_x H_2(x) \, .$$

Mittels der aussagenlogischen Identität $p \wedge q \to r \,.\!\to.\, p \to (q \to r)$ (Prämissenzerlegung – vgl. I, S. 95) folgt hieraus

$$\vdash^{(\mathrm{O})} \bigwedge_x H_1(x) \,.\!\to.\, \bigwedge_x (H_1(x) \to H_2(x)) \to \bigwedge_x H_2(x)$$

und eine nochmalige Prämissenvertauschung ergibt die Behauptung.

Zum Beweis von 11. gehen wir von den folgenden Spezialfällen der Axiome 10. und 11. aus:

$$\vdash^{(\mathrm{O})} H_1(x) \leftrightarrow H_2(x) \,.\!\to.\, H_1(x) \to H_2(x)$$

und

$$\vdash^{(\mathrm{O})} H_1(x) \leftrightarrow H_2(x) \,.\!\to.\, H_2(x) \to H_1(x).$$

Anwendung von (Gv) und (Gh^*) liefert:

$$\vdash^{(\mathrm{O})} \bigwedge_x (H_1(x) \leftrightarrow H_2(x)) \to \bigwedge_x (H_1(x) \to H_2(x))$$

und

$$\vdash^{(\mathrm{O})} \bigwedge_x (H_1(x) \leftrightarrow H_2(x)) \to \bigwedge_x (H_2(x) \to H_1(x)).$$

Hieraus und aus 10. erhalten wir durch Kettenschluß

$$\vdash^{(\mathrm{O})} \bigwedge_x (H_1(x) \leftrightarrow H_2(x)) \,.\!\to.\, \bigwedge_x H_1(x) \to \bigwedge_x H_2(x)$$

und

$$\vdash^{(\mathrm{O})} \bigwedge_x (H_1(x) \leftrightarrow H_2(x)) \,.\!\to.\, \bigwedge_x H_2(x) \to \bigwedge_x H_1(x),$$

und hieraus ergibt sich unter Benutzung der aussagenlogischen Identität $p \to (q \to r) :\to: p \to (r \to q) \,.\!\to.\, p \to (q \leftrightarrow r)$ (vgl. I, S. 87) die Behauptung.

Es sei erwähnt, daß in Analogie zu 10. bzw. 11. folgende Sätze bewiesen werden können:

10′. $\qquad \vdash^{(\mathrm{O})} \bigwedge_x (H_1(x) \to H_2(x)) \,.\!\to.\, \bigvee_x H_1(x) \to \bigvee_x H_2(x),$

10″. $\qquad \vdash^{(\mathrm{O})} \bigvee_x (H_1(x) \to H_2(x)) \,.\!\to.\, \bigwedge_x H_1(x) \to \bigvee_x H_2(x),$

11′. $\qquad \vdash^{(\mathrm{O})} \bigwedge_x (H_1(x) \leftrightarrow H_2(x)) \,.\!\to.\, \bigvee_x H_1(x) \to \bigvee_x H_2(x).$

Für die Negation gelten die folgenden Gesetze, die man als prädikatenlogische Verallgemeinerungen der DE MORGANschen Regeln auffassen kann:

14. $\qquad \vdash^{(\mathrm{O})} \bigvee_x \sim H(x) \leftrightarrow \sim \bigwedge_x H(x),$

15. $\qquad \vdash^{(\mathrm{O})} \bigwedge_x \sim H(x) \leftrightarrow \sim \bigvee_x H(x).$

Zum Beweis von z. B. 14. genügt es zu zeigen, daß

14 a. $\qquad \vdash^{(O)} \bigvee_x \sim H(x) \to \sim \bigwedge_x H(x),$

14 b. $\qquad \vdash^{(O)} \sim \bigwedge_x H(x) \to \bigvee_x \sim H(x).$

Für den Beweis von 14 a. gehen wir aus von 1., d. h. von

$$\vdash^{(O)} \bigwedge_x H(x) \to H(x)$$

und wenden das Axiom 12. der Kontraposition $(p \to q \;.\to.\; \sim q \to \;\sim p)$ an
Das ergibt

$$\vdash^{(O)} \sim H(x) \to \;\sim \bigwedge_x H(x),$$

woraus durch Anwendung von (Pv^*) die Behauptung 14 a. folgt. Zum Beweis von 14 b. gehen wir aus von 2., d.h. genauer von

$$\vdash^{(O)} \sim H(x) \to \bigvee_x \sim H(x),$$

und wenden hierauf eine Kontraposition der Form $\sim p \to q \;.\to.\; \sim q \to p$ (vgl. I, S. 97) an:

$$\vdash^{(O)} \sim \bigvee_x \sim H(x) \to H(x).$$

Anwendung von (Gh^*) ergibt

$$\vdash^{(O)} \sim \bigvee_x \sim H(x) \to \bigwedge_x H(x),$$

woraus durch nochmalige Kontraposition 14 b. folgt.

Die folgenden Sätze 16. bis 23. bezeichnen wir als Gesetze der Quantorenverschiebung. In ihnen ist $H(x)$ ein (identitätsfreier) B-Ausdruck, in dem die Variable x vollfrei vorkommt, und H^* ein (identitätsfreier) B-Ausdruck, der die Variable x nicht enthält.

16. $\qquad \vdash^{(O)} \bigwedge_x (H(x) \wedge H^*) \leftrightarrow \bigwedge_x H(x) \wedge H^*,$

17. $\qquad \vdash^{(O)} \bigwedge_x (H(x) \vee H^*) \leftrightarrow \bigwedge_x H(x) \vee H^*,$

18. $\qquad \vdash^{(O)} \bigwedge_x (H(x) \to H^*) \leftrightarrow \bigvee_x H(x) \to H^*,$

19. $\qquad \vdash^{(O)} \bigwedge_x (H^* \to H(x)) \leftrightarrow H^* \to \bigwedge_x H(x),$

20. $\qquad \vdash^{(O)} \bigvee_x (H(x) \wedge H^*) \leftrightarrow \bigvee_x H(x) \wedge H^*,$

21. $\qquad \vdash^{(O)} \bigvee_x (H(x) \vee H^*) \leftrightarrow \bigvee_x H(x) \vee H^*,$

22. $\qquad \vdash^{(O)} \bigvee_x (H(x) \to H^*) \leftrightarrow \bigwedge_x H(x) \to H^*.$

23. $\qquad \vdash^{(O)} \bigvee_x (H^* \to H(x)) \leftrightarrow H^* \to \bigvee_x H(x).$

Die Behauptung 16. kann ähnlich wie 8. bewiesen werden.
Zum Beweis von 17. genügt es zu zeigen, daß

17 a. $\qquad \vdash^{(O)} \bigwedge_x (H(x) \vee H^*) \to \bigwedge_x H(x) \vee H^*,$

17 b. $\qquad \vdash^{(O)} \bigwedge_x H(x) \vee H^* \to \bigwedge_x (H(x) \vee H^*),$

wobei 17 b. ähnlich wie 9. bewiesen werden kann. Zum Beweis von 17 a.
gehen wir aus von

$$\vdash^{(O)} \bigwedge_x (H(x) \vee H^*) \to H(x) \vee H^*.$$

Mittels der aussagenlogischen Identität $p \to q \vee r .\to. p \wedge \sim r \to q$ folgt
hieraus

$$\vdash^{(O)} \bigwedge_x (H(x) \vee H^*) \wedge \sim H^* \to H(x),$$

und Anwendung von (Gh^*) liefert

$$\vdash^{(O)} \bigwedge_x (H(x) \vee H^*) \wedge \sim H^* \to \bigwedge_x H(x),$$

woraus unter Benutzung der Identität $p \wedge \sim r \to q .\to. p \to q \vee r$ die
Behauptung 17 a. folgt.

Zum Beweis von 18. genügt es zu zeigen, daß

18 a. $\qquad \vdash^{(O)} \bigwedge_x (H(x) \to H^*) .\to. \bigvee_x H(x) \to H^*,$

18 b. $\qquad \vdash^{(O)} \bigvee_x H(x) \to H^* .\to. \bigwedge_x (H(x) \to. H^*).$

Zunächst gilt

$$\vdash^{(O)} \bigwedge_x (H(x) \to H^*) .\to. H(x) \to H^*.$$

Prämissenvertauschung ergibt

$$\vdash^{(O)} H(x) .\to. \bigwedge_x (H(x) \to H^*) \to H^*.$$

Da in der Conclusio dieses Ausdrucks die Variable x nicht frei vorkommt,
ist die Regel (Pv^*) anwendbar und liefert

$$\vdash^{(O)} \bigvee_x H(x) .\to. \bigwedge_x (H(x) \to H^*) \to H^*,$$

woraus durch nochmalige Prämissenvertauschung 18 a. folgt. Zum Beweis
von 18 b. genügt es zu zeigen, daß

$$\vdash^{(O)} \bigvee_x H(x) \to H^* .\to. H(x) \to H^*,$$

und das folgt durch Anwendung von (*Abtr*) aus 2. und

$$\vdash^{(O)} H(x) \to \bigvee_x H(x) :\to: \bigvee_x H(x) \to H^* .\to. H(x) \to H^*,$$

einem Spezialfall von Axiom 3.

Zum Beweis von 19. genügt es zu zeigen, daß

19a. $\qquad \vdash^{(O)} \bigwedge_x (H^* \to H(x)) .\to. H^* \to \bigwedge_x H(x),$

19b. $\qquad \vdash^{(O)} H^* \to \bigwedge_x H(x) .\to. \bigwedge_x (H^* \to H(x)).$

Zunächst gilt

$$\vdash^{(O)} \bigwedge_x (H^* \to H(x)) .\to. H^* \to H(x).$$

Prämissenverbindung liefert

$$\vdash^{(O)} \bigwedge_x (H^* \to H(x)) \wedge H^* \to H(x).$$

Wenden wir hierauf (*Gh**) an, so erhalten wir

$$\vdash^{(O)} \bigwedge_x (H^* \to H(x)) \wedge H^* \to \bigwedge_x H(x),$$

woraus durch Prämissenzerlegung die Behauptung 19a. folgt. Zum Beweis von 19b. genügt es zu zeigen, daß

$$\vdash^{(O)} H^* \to \bigwedge_x H(x) .\to. H^* \to H(x),$$

und das ergibt sich durch Anwendung von (*Abtr*) aus 1. und

$$\vdash^{(O)} \bigwedge_x H(x) \to H(x) :\to: H^* \to \bigwedge_x H(x) .\to. H^* \to H(x),$$

einem Spezialfall des sog. invertierten Kettenschlusses (vgl. I, S. 85).

Die Beweise für 20., 21. und 23. verlaufen ähnlich zu vorgeführten Beweisen und seien dem Leser als Übungsaufgabe überlassen.

Zum Beweis von 22. genügt es folgendes zu zeigen:

22a. $\qquad \vdash^{(O)} \bigvee_x (H(x) \to H^*) .\to. \bigwedge_x H(x) \to H^*,$

22b. $\qquad \vdash^{(O)} \bigwedge_x H(x) \to H^* .\to. \bigvee_x (H(x) \to H^*).$

Für den Beweis von 22a. gehen wir aus von dem aussagenlogisch allgemeingültigen Ausdruck $H(x) .\to. (H(x) \to H^*) \to H^*$. Anwendung der Regel (*Gv*) und Prämissenvertauschung ergibt

$$\vdash^{(O)} H(x) \to H^* .\to. \bigwedge_x H(x) \to H^*,$$

und Anwendung der Regel (Pv^*) liefert die Behauptung. Für den Beweis von 22b. gehen wir aus von dem aussagenlogisch allgemeingültigen Ausdruck $\sim H(x) \to (H(x) \to H^*)$. Anwendung der Regel (Ph) und Kontraposition ergibt

$$\vdash^{(O)} \sim \bigvee_x (H(x) \to H^*) \to H(x),$$

und Anwendung der Regel (Gh^*) sowie nochmalige Kontraposition liefert

$$\vdash^{(O)} \sim \bigwedge_x H(x) \to \bigvee_x (H(x) \to H^*).$$

Da außerdem

$$\vdash^{(O)} H^* \to \bigvee_x (H(x) \to H^*),$$

gilt also

$$\vdash^{(O)} \sim \bigwedge_x H(x) \vee H^* \to \bigvee_x (H(x) \to H^*).$$

Wenden wir hierauf mit dem aussagenlogisch allgemeingültigen Ausdruck $\bigwedge_x H(x) \to H^* .\to. \sim \bigwedge_x H(x) \vee H^*$ einen Kettenschluß an, so erhalten wir 22b.

Wir kommen nun zum Beweis des **Deduktionstheorems** für $Bw^{B(O)}$ (vgl. S. 85), das wir in der folgenden etwas verallgemeinerten Form beweisen wollen:

Für jede Menge X von (identitätsfreien) B-Ausdrücken und beliebige (identitätsfreie) B-Ausdrücke H_1, H_2 gilt:

Wenn $axa^{B(O)} \bigcup X \bigcup \{H_1\}\, Abl^B H_2$, so $axa^{B(O)} \bigcup X\, Abl^B\, (Gen(H_1) \to H_2)$.

Den Beweis hierfür führen wir durch vollständige Induktion über die Stufe der Ableitbarkeit von H_2 aus $axa^{B(O)} \bigcup X \bigcup \{H_1\}$. Im Anfangsschritt der Induktion ist zu zeigen, daß unsere Behauptung sicher dann richtig ist, wenn H_2 Element von $axa^{B(O)} \bigcup X \bigcup \{H_1\}$ ist. Ist hierbei $H_2 \in axa^{B(O)} \bigcup X$, so ist $axa^{B(O)} \bigcup X\, Abl^B H_2$ und wegen $axa^{B(O)} \bigcup X\, Abl^B\, (H_2 \to (H_1 \to H_2))$ auf Grund von $(Abtr)$ auch $axa^{B(O)} \bigcup X\, Abl^B\, (H_1 \to H_2)$, woraus durch evtl. mehrfache Anwendung von (Gv) und $(Umgb)$ die Behauptung $axa^{B(O)} \bigcup X\, Abl^B\, (Gen(H_1) \to H_2)$ folgt. Ist dagegen H_2 gleich dem Ausdruck H_1, so ist — da aus $axa^{B(O)}$ alle (identitätsfreien) Ausdrücke der Form $(H \to H)$ ableitbar sind — ebenfalls $axa^{B(O)} \bigcup X\, Abl^B\, (H_1 \to H_2)$, woraus wie im vorigen Fall die Behauptung folgt. Beim Induktionsschritt sind entsprechend unseren 7 Schlußregeln insgesamt 7 Fälle zu unterscheiden. Wir behandeln als charakteristische Beispiele die Regeln (Gv) und (Gh). Für die Abtrennungsregel verläuft der Beweis übrigens analog dem in I, S. 118 geführten Beweis. Zum Nachweis, daß sich die Gültigkeit unseres Satzes bei Anwendung von (Gv) vererbt, setzen wir **voraus**, daß

H_2 die Form $(\bigwedge_x H'(x) \to H'')$ hat, wobei $H'(x)$ und H'' B-Ausdrücke mit $axa^{B(O)} \bigvee X \bigvee \{H_1\}\, Abl^B\, (H'(x) \to H'')$ sind, und für $(H'(x) \to H'')$ unser Satz bereits gilt, d.h. $axa^{B(O)} \bigvee X\, Abl^B\, (Gen(H_1) \to (H'(x) \to H''))$. Durch Prämissenvertauschung erhalten wir hieraus

$$axa^{B(O)} \bigvee X\, Abl^B\, (H'(x) \to (Gen(H_1) \to H'')),$$

und Anwendung von (Gv) liefert

$$axa^{B(O)} \bigvee X\, Abl^B\, (\bigwedge_x H'(x) \to (Gen\,(H_1) \to H'')),$$

woraus sich durch nochmalige Prämissenvertauschung die Behauptung $axa^{\,B(O)} \bigvee X\, Abl^B\, (Gen(H_1) \to H_2)$ ergibt. Bei der Regel (Gh) setzen wir entsprechend voraus, daß H_2 die Form $(H' \to \bigwedge_x H''(x))$ hat, wobei H', $H''(x)$ B-Ausdrücke mit $axa^{B(O)} \bigvee X \bigvee \{H_1\}\, \overset{x}{Abl^B}\, (H' \to H''(x))$ sind, x nicht in H' vorkommt und für $(H' \to H''(x))$ unser Satz bereits gilt, d.h.

$$axa^{B(O)} \bigvee X\, Abl^B\, (Gen\,(H_1) \to (H' \to H''(x))).$$

Prämissenverbindung liefert

$$axa^{B(O)} \bigvee X\, Abl^B\, (Gen(H_1) \wedge H' \to H''(x)),$$

und da hier in der Prämisse die Variable x nicht frei vorkommt ($Gen(H_1)$ enthält keine freien Variablen, und in H' kommt x nach Voraussetzung nicht vor), ist die Regel (Gh^*) anwendbar und ergibt

$$axa^{B(O)} \bigvee X\, Abl^B(Gen(H_1) \wedge H' \to \bigwedge_x H''(x)).$$

Durch Prämissenzerlegung folgt hieraus unmittelbar die zu beweisende Behauptung $axa^{B(O)} \bigvee X\, Abl^B\, (Gen(H_1) \to H_2)$.

Die (identitätsfreien) B-Ausdrücke H_1, H_2 heißen *syntaktisch äquivalent bzgl. der Menge X von (identitätsfreien) B-Ausdrücken* $(H_1\, Äqsyn_X^{B(O)} H_2)$, wenn $X\, Bew^{(O)}\, (H_1 \leftrightarrow H_2)$. Man stellt leicht fest, daß $Äqsyn_X^{B(O)}$ bei beliebigem $X \subseteqq ausd^{B(O)}$ eine Äquivalenzrelation in $ausd^{B(O)}$ ist. Für $Äqsyn_X^{B(O)}$ erhalten wir ferner das folgende

Ersetzbarkeitstheorem für syntaktisch äquivalente Ausdrücke. *Für jede Menge $X \subseteqq ausd^{B(O)}$ und beliebige Ausdrücke H_1, H_0, H_{00}, H_2 aus $ausd^{B(O)}$ gilt:*
Wenn Ers $H_1 H_0 H_{00} H_2$ und $H_0\, Äqsyn_X^{B(O)} H_{00}$, so $H_1\, Äqsyn_X^{B(O)} H_2$.[1]

---

[1] Zur Definition von *Ers* $H_1 H_0 H_{00} H_2$ vgl. S. 38.

Dieses Ersetzbarkeitstheorem ergibt sich leicht aus folgendem Satz:

24. *Wenn* $Ers\ H_1 H_0 H_{00} H_2$, *so* $\vdash^{B(O)} Gen(H_0 \leftrightarrow H_{00}) \to (H_1 \leftrightarrow H_2).$[1]

Der Beweis hierfür erfolgt wie der Beweis des entsprechenden Satzes für den Aussagenkalkül (vgl. I, S. 92 ff.) durch vollständige Induktion über die Ausdrucksstufe von H_1. Da sich der Anfangsschritt der Induktion (bis auf eine Kette von gebundenen Umbenennungen und vorderen Generalisierungen) und im Induktionsschritt die aussagenlogischen Verknüpfungen wörtlich wie im Aussagenkalkül erledigen lassen, beschränken wir uns hier auf den Nachweis, daß sich die Gültigkeit von 24. bei Quantifizierungen vererbt. Wir nehmen also an, der Ausdruck H_1 habe die Form $\bigwedge_x H'(x)$ oder $\bigvee_x H'(x)$, der Ausdruck H_2 habe die Form $\bigwedge_x H''(x)$ oder $\bigvee_x H''(x)$, es gelte $Ers\ H'(x) H_0 H_{00} H''(x)$, und für $H'(x)$ sei die Gültigkeit von 24. bereits bewiesen, d.h., es gelte

$$\vdash^{B(O)} Gen(H_0 \leftrightarrow H_{00}) \to (H'(x) \leftrightarrow H''(x)). \tag{$*$}$$

Zu zeigen ist, daß dann auch

$$\vdash^{B(O)} Gen(H_0 \leftrightarrow H_{00}) \leftrightarrow (H_1 \leftrightarrow H_2),$$

also $\vdash^{B(O)} Gen(H_0 \leftrightarrow H_{00}) \to (\bigwedge_x H'(x) \leftrightarrow \bigwedge_x H''(x))$ und $\vdash^{B(O)} Gen(H_0 \leftrightarrow H_{00}) \to$ $\to (\bigvee_x H'(x) \leftrightarrow \bigvee_x H''(x))$. Nun folgt aber aus $(*)$ durch Anwendung von $(Gh\overset{x}{*})$ [2]

$$\vdash^{B(O)} Gen(H_0 \leftrightarrow H_{00}) \to \bigwedge_x (H'(x) \leftrightarrow H''(x)),$$

und hieraus sowie aus 11. bzw. 11 . ergeben sich mittels eines Kettenschlusses unsere Behauptungen.

Wir merken an, daß (identitätsfreie) Ausdrücke H_1, H_2 genau dann bezüglich j e d e r Menge X von (identitätsfreien) Ausdrücken syntaktisch

---

[1] Auf Grund der Deduktionserblichkeit der Allgemeingültigkeit erhält man hieraus auch sofort die semantischen Ersetzbarkeitstheoreme für $Äqsem_\Sigma$ (S. 38), $Äqsem_I$ (S. 40), $Äqsem$ (S. 40), $Äqsem_\mathfrak{m}$ (S. 49) und $Äqsem_{end}$ (S. 49).

[2] An dieser und nur dieser Stelle machen wir davon Gebrauch, daß als Prämisse die Aussage $Gen(H_0 \leftrightarrow H_{00})$ auftritt (alle anderen Schritte des Induktionsbeweises funktionieren auch mit der Prämisse $(H_0 \leftrightarrow H_{00})$. Daraus folgt, daß sich die Behauptung von 24. zu $\vdash^{B(O)} (H_0 \leftrightarrow H_{00}) \to (H_1 \leftrightarrow H_2)$ verschärfen läßt, wenn beim Übergang von H_1 zu H_2 nur solche Vorkommen von H_0 in H_1 durch H_{00} ersetzt werden, die in H_1 nicht im Wirkungsbereich einer Variablen liegen, die in H_0 oder H_{00} vorkommt (vgl. S. 39).

äquivalent sind, wir wollen sie dann auch schlechthin *syntaktisch äquivalent* nennen (H_1 $Äqsyn^{B(\bigcirc)}$ H_2), wenn H_1, H_2 bzgl. der leeren Menge syntaktisch äquivalent sind.

Als eine Anwendung vorangehender Überlegungen beweisen wir noch das sogenannte Dualitätstheorem für identitätsfreie Ausdrücke. Dazu sei H ein identitätsfreier Ausdruck über der Basis B, in dem weder der Funktor $\to$ noch der Funktor $\leftrightarrow$ vorkommt.[1]) Der identitätsfreie B-Ausdruck H' heißt *dual* zum Ausdruck H, wenn man H' dadurch aus H erhält, daß man simultan in H den Funktor $\wedge$ überall durch den Funktor $\vee$, den Funktor $\vee$ überall durch den Funktor $\wedge$, den Quantor $\bigwedge$ überall durch den Quantor $\bigvee$ und den Quantor $\bigvee$ überall durch den Quantor $\bigwedge$ ersetzt. Es gilt dann das folgende

Dualitätstheorem. *Es seien H_1, H_2 identitätsfreie B-Ausdrücke, in denen weder der Funktor $\to$ noch der Funktor $\leftrightarrow$ vorkommt. Es sei ferner H der zu H_1 und H'_2 der zu H_2 duale Ausdruck. Dann gilt:*

$$\vdash^{\bigcirc} (H_1 \to H_2) \text{ genau dann, wenn } \vdash^{\bigcirc} (H'_2 \to H'_1),$$

$$\vdash^{\bigcirc} (H_1 \leftrightarrow H_2) \text{ genau dann, wenn } \vdash^{\bigcirc} (H'_1 \leftrightarrow H'_2).$$

Beweis. Offenbar genügt es zu zeigen, daß mit $\vdash^{\bigcirc} (H_1 \to H_2)$ auch $\vdash^{\bigcirc} (H'_2 \to H'_1)$ gilt. Es sei also $\vdash^{\bigcirc} (H_1 \to H_2)$, wobei in $(H_1 \to H_2)$ genau die Attributensymbole $A_1^{n_1}, \ldots, A_k^{n_k}$ vorkommen mögen. Durch eine Kette von k A-Einsetzungen ersetzen wir in $(H_1 \to H_2)$ jedes Derivat der Nennform $A_\varkappa^{n_\varkappa} x_1 \ldots x_{n_\varkappa}$ durch das zugehörige Derivat des Substituenden $\sim A_\varkappa^{n_\varkappa} x_1 \ldots x_{n_\varkappa}$ ($\varkappa = 1, \ldots, k$). Offenbar handelt es sich hierbei durchweg um legale A-Einsetzungen. Das Resultat ist ein Ausdruck der Form $(H_1^* \to H_2^*)$, wobei H_1^*, H_2^* aus H_1, H_2 durch die betrachteten A-Einsetzungen entstehen. Nach dem Satz über die Rückverlegbarkeit der A-Einsetzungen (vgl. S. 87) gilt $\vdash^{\bigcirc} (H_1^* \to H_2^*)$. Indem wir die in H_1^* und H_2^* vor den Attributensymbolen stehenden Negationszeichen sukzessive syntaktisch äquivalent nach außen treiben, wobei wir neben den schon beim Beweis des aussagenlogischen Dualitätstheorems (vgl. I, S. 43) benutzten Äquivalenzen die Gesetze 14. und 15. benutzen, gelangen wir zu $\vdash^{\bigcirc} (\sim H'_1 \to \sim H'_2)$ und Anwendung einer Kontraposition liefert die Behauptung $\vdash^{\bigcirc} (H'_2 \to H'_1)$.

Wir merken an, daß für Ausdrücke, in denen das Gleichheitszeichen auftritt, das Dualitätstheorem allgemein nicht richtig ist.

---

[1]) Das bedeutet keine wesentliche Einschränkung der Allgemeinheit, da man diese Funktoren stets semantisch und syntaktisch äquivalent eliminieren kann.

Es folgt nun eine Reihe von grundlegenden Ableitungen aus $axa^B \vee axi^B$. Zunächst beweisen wir:

25. $\vdash x_0 = x_1 \to x_1 = x_0$ (Gesetz der Symmetrie),

26. $\vdash x_0 = x_1 \to (x_1 = x_2 \to x_0 = x_2)$ (Gesetz der Transitivität).

Zum Beweis des Gesetzes der Symmetrie gehen wir aus vom Gesetz der Drittengleichheit (aus axi^B):

$$\vdash x_0 = x_1 \to (x_0 = x_2 \to x_1 = x_2).$$

Anwendung einer Prämissenvertauschung ergibt

$$\vdash x_0 = x_2 \to (x_0 = x_1 \to x_1 = x_2).$$

Benennen wir hier (im Sinne einer speziellen Termeinsetzung) die Variable x_2 in die Variable x_0 um, so erhalten wir $\vdash x_0 = x_0 \to (x_0 = x_1 \to x_1 = x_0)$ und Anwendung von (*Abtr*) mit dem Gesetz der Reflexivität (aus axi^B) liefert 25.

Zum Beweis von 26. gehen wir aus von

$$\vdash x_1 = x_0 \to (x_1 = x_2 \to x_0 = x_2). \tag{$*$}$$

Man erhält (*) aus dem Gesetz der Drittengleichheit durch eine simultane vollfreie Umbenennung (Termeinsetzung) oder auch die Einsetzungskette, bei der zunächst x_0 in x_3, sodann x_1 in x_0 und schließlich x_3 in x_1 umbenannt wird. Wendet man auf 25. und (*) einen Kettenschluß an, so ergibt sich 26.

Wir merken an, daß man aus 25. und 26. auch leicht das Gesetz der Drittengleichheit ableiten kann.

Wir beweisen als nächstes die folgenden Verschärfungen der „Ersetzbarkeitsaxiome" aus axi^B:

27. $$\vdash \bigwedge_{i=1}^{n_\nu} x_i = y_i \to F_\nu^{n_\nu}(x_1, \ldots, x_{n_\nu}) = F_\nu^{n_\nu}(y_1, \ldots, y_{n_\nu}),$$

28. $$\vdash \bigwedge_{i=1}^{m_\mu} x_i = y_i \to (A_\mu^{m_\mu} x_1 \ldots x_{m_\mu} \leftrightarrow A_\mu^{m_\mu} y_1 \ldots y_{m_\mu});$$

dabei ist $F_\nu^{n_\nu}$ bzw. $A_\mu^{m_\mu}$ ein beliebiges Operations- bzw. Attributensymbol aus der betrachteten Basis B und $y_1, \ldots, y_{n_\nu}$ bzw. $y_1, \ldots, y_{m_\mu}$ sind beliebige (nicht notwendig paarweise verschiedene) Individuenvariablen.

Zum Beweis von 27. gehen **wir aus von**

$$\vdash \bigwedge_{i=1}^{n_\nu} x_i = y_i \to x_1 = y_1$$

und

$$\vdash x_1 = y_1 \to F_\nu^{n_\nu}(x_1, x_2, \ldots, x_{n_\nu}) = F_\nu^{n_\nu}(y_1, x_2, \ldots, x_{n_\nu})$$

(letzteres ergibt sich aus dem Axiom

$$\vdash x_0 = x_1 \to F_\nu^{n_\nu}(x_0, x_2, \ldots, x_{n_\nu}) = F_\nu^{n_\nu}(x_1, x_2, \ldots, x_{n_\nu})$$

durch eine Kette von vollfreien Umbenennungen). Anwendung eines Kettenschlusses liefert

$$(\alpha) \qquad \vdash \bigwedge_{i=1}^{n_\nu} x_i = y_i \to F_\nu^{n_\nu}(x_1, x_2, \ldots, x_{n_\nu}) = F_\nu^{n_\nu}(y_1, x_2, \ldots, x_{n_\nu}).$$

Analog erhält man aus

$$\vdash \bigwedge_{i=1}^{n_\nu} x_i = y_i \to x_2 = y_2$$

und

$$\vdash x_2 = y_2 \to F_\nu^{n_\nu}(y_1, x_2, x_3, \ldots, x_{n_\nu}) = F_\nu^{n_\nu}(y_1, y_2, x_3, \ldots, x_{n_\nu})$$

mittels eines Kettenschlusses

$$(\beta) \qquad \vdash \bigwedge_{i=1}^{n_\nu} x_i = y_i \to F_\nu^{n_\nu}(y_1, x_2, x_3, \ldots, x_{n_\nu}) = F_\nu^{n_\nu}(y_1, y_2, x_3, \ldots, x_{n_\nu}).$$

Ferner folgt aus 26. durch Termeinsetzung

$$(\gamma) \qquad \vdash F_\nu^{n_\nu}(x_1, x_2, \ldots, x_{n_\nu}) = F_\nu^{n_\nu}(y_1, x_2, \ldots, x_{n_\nu})$$

$$\to (F_\nu^{n_\nu}(y_1, x_2, \ldots, x_{n_\nu}) = F_\nu^{n_\nu}(y_1, y_2, x_3, \ldots, x_{n_\nu})$$

$$\to F_\nu^{n_\nu}(x_1, x_2, \ldots, x_{n_\nu}) = F_\nu^{n_\nu}(y_1, y_2, x_3, \ldots, x_{n_\nu})) .$$

Anwendung eines Kettenschlusses auf (α) und (γ) liefert

$$(\delta) \qquad \vdash \bigwedge_{i=1}^{n_\nu} x_i = y_i \to (F_\nu^{n_\nu}(y_1, x_2, \ldots, x_{n_\nu}) = F_\nu^{n_\nu}(y_1, y_2, x_2, \ldots, x_{n_\nu})$$

$$\to F_\nu^{n_\nu}(x_1, x_2, \ldots, x_{n_\nu}) = F_\nu^{n_\nu}(y_1, y_2, x_3, \ldots, x_{n_\nu})),$$

und Anwendung eines FREGESchen Kettenschlusses auf (δ) und (β) ergibt

$$\vdash \bigwedge_{i=1}^{n_\nu} x_i = y_i \to F_\nu^{n_\nu}(x_1, x_2, x_3, \ldots, x_{n_\nu}) = F_\nu^{n_\nu}(y_1, y_2, x_3, \ldots, x_{n_\nu}).$$

Setzt man den Beweis in analoger Weise fort, so erhält man 27. Der Beweis für 28. verläuft ähnlich (unter Benutzung der aus axa^B ableitbaren Transitivität des Funktors „↔"), wobei allerdings zunächst die Axiome

$$x_0 = x_i \to (A^{m_\mu}_\mu x_1 \ldots x_{i-1}x_0x_{i+1} \ldots x_{m_\mu} \to A^{m_\mu}_\mu x_1 \ldots x_i \ldots x_{m_\mu})$$

aus axi^B unter Benutzung von 25. zu

$$\vdash x_0 = x_i \to (A^{m_\mu}_\mu x_1 \ldots x_{i-1}x_0x_{i+1} \ldots x_{m_\mu} \leftrightarrow A^{m_\mu}_\mu x_1 \ldots x_i \ldots x_{m_\mu})$$

verschärft werden müssen.

Mittels 27. und 28. können wir nun die **syntaktischen Ersetzbarkeitstheoreme für Terme** beweisen.

Für beliebige B-Terme t_0, t_{00} und beliebige B-Terme t, t' bzw. B-Ausdrücke H, H' gilt: Wenn Ers $t\,t_0t_{00}t'$ bzw. Ers $Ht_0t_{00}H'$ und X Bew^B $t_0 = t_{00}$, so X Bew^B $t = t'$ bzw. X Bew^B $(H \leftrightarrow H')$.

Diese Ersetzbarkeitstheoreme ergeben sich leicht aus den folgenden Sätzen:

29. $\qquad$ *Wenn Ers $tt_0t_{00}t'$, $\quad$ so $\vdash^B t_0 = t_{00} \to t = t'$,*

30. $\qquad$ *Wenn Ers $Ht_0t_{00}H'$, $\quad$ so $\vdash^B Gen(t_0 = t_{00}) \to (H \leftrightarrow H')$.*

Der Beweis von 29. erfolgt durch vollständige Induktion über die Kompliziertheit des Terms t, der von 30. durch vollständige Induktion über die Kompliziertheit des Ausdrucks H. Wird beim Übergang von t zu t' keine Ersetzung vorgenommen, so ist t' mit t (als Zeichenreihe) identisch und die Behauptung von 29. folgt aus $\vdash t = t$ (was durch Anwendung von $(Tevfr^B)$ aus $\vdash^B x_0 = x_0$ folgt) durch Prämissenbelastung. Wird beim Übergang von t zu t' der gesamte Term t ersetzt, so ist t mit t_0 und t' mit t_{00} identisch und die Behauptung von 29. nimmt die Form $\vdash t_0 = t_{00} \to t_0 = t_{00}$ an. Wir können also beim Beweis von 29. von diesen beiden Trivialfällen absehen. Ebenso kann man beim Beweis von 30. von dem Trivialfall absehen, daß beim Übergang von H zu H' keine Ersetzung vorgenommen wird, also H' mit H identisch ist.

Für den Induktionsbeweis von 29. nehmen wir zunächst an, daß t ein Individuensymbol oder eine Individuenvariable ist. Dann sind offenbar nur die beiden zuvor erwähnten Trivialfälle möglich und unsere Behauptung ist richtig. Wir können also annehmen, daß der Term t die Form $F^{n_\nu}_\nu(t_1, \ldots, t_{n_\nu})$ hat, wobei 29. für $t_1, \ldots, t_{n_\nu}$ bereits gilt. In diesem Fall hat t' die Form $F^{n_\nu}_\nu(t'_1, \ldots, t'_{n_\nu})$, wobei Ers $t_it_0t_{00}t'_i$ $(i = 1, \ldots, n_\nu)$, so daß nach Induktionsvoraussetzung

$$\vdash t_0 = t_{00} \to t_i = t'_i \qquad (i = 1, \ldots, n_\nu).$$

Hieraus folgt

$$(\alpha) \qquad \vdash t_0 = t_{00} \to \bigwedge_{i=1}^{n_\nu} t_i = t_i'.$$

Ferner folgt aus 27. durch eine Kette von Termeinsetzungen

$$(\beta) \qquad \vdash \bigwedge_{i=1}^{n_\nu} t_i = t_i' \to F_\nu^{n_\nu}(t_1, \ldots, t_{n_\nu}) = F_\nu^{n_\nu}(t_1', \ldots, t_{n_\nu}'),$$

und aus (α) und (β) ergibt sich durch einen Kettenschluß die Behauptung von 29.

Für den Induktionsbeweis von 30. betrachten wir zunächst den Anfangsschritt, daß der Ausdruck H ein prädikativer Ausdruck ist, also die Form $t_1 = t_2$ oder $A_\mu^{m_\mu} t_1 \ldots t_{m_\mu}$ hat. Dann hat H' die Form $t_1' = t_2'$ oder $A_\mu^{m_\mu} t_1' \ldots t_{m_\mu}'$, wobei $Ers\ t_i t_0 t_{00} t_i'$ $(i - 1, 2$ bzw. $i - 1, \ldots, m_\mu)$. Auf Grund von 29. gilt dann:

$$\vdash Gen(t_0 = t_{00}) \to t_i = t_i' \qquad (i = 1, 2 \text{ bzw. } i = 1, \ldots, m_\mu), -$$

also auch

$$(\gamma_1) \qquad \vdash Gen(t_0 = t_{00}) \to t_1 = t_1' \wedge t_2 = t_2'$$

bzw.

$$(\gamma_2) \qquad \vdash Gen(t_0 = t_{00}) \to \bigwedge_{i=1}^{m_\mu} t_i = t_i'.$$

Aus 28. folgt durch eine Kette von Termeinsetzungen

$$(\delta_2) \qquad \vdash \bigwedge_{i=1}^{m_\mu} t_i = t_i' \to (A_\mu^{m_\mu} t_1 \ldots t_{m_\mu} \leftrightarrow A_\mu^{m_\mu} t_1' \ldots t_{m_\mu}'),$$

und aus (γ_2) und (δ_2) ergibt sich durch einen Kettenschluß die Behauptung von 30. für den Fall, daß H die Form $A_\mu^{m_\mu} t_1 \ldots t_{m_\mu}$ hat. Weiterhin zeigt man leicht (Übungsaufgabe!), daß

$$(\delta_1) \qquad \vdash t_1 = t_1' \wedge t_2 = t_2' \to (t_1 = t_2 \leftrightarrow t_1' = t_2'),$$

und aus (γ_1) und (δ_1) ergibt sich durch einen Kettenschluß die Behauptung von 30. für den Fall, daß H die Form $t_1 = t_2$ hat. Damit ist 30. für alle prädikativen Ausdrücke H bewiesen. Der Nachweis dafür, daß sich die Gültigkeit von 30. bei beliebigen logischen Zusammensetzungen vererbt, verläuft analog dem Beweis der entsprechenden Behauptung im syntaktischen Ersetzbarkeitstheorem für Ausdrücke und sei daher dem Leser überlassen.

Eine Analyse des Beweises von 30. zeigt,[1]) daß die Behauptung von 30. zu $\vdash t_0 = t_{00} \to (H \leftrightarrow H')$ verschärft werden kann, wenn beim Übergang von H zu H' kein Vorkommen von t_0 in H durch t_{00} ersetzt wird, das in H im Wirkungsbereich einer Variablen liegt, die in t_0 oder t_{00} vorkommt. Diese Voraussetzung ist sicher dann erfüllt, wenn es einen Ausdruck $H^*(x)$ gibt, aus dem man H dadurch erhalten kann, daß man im Sinne einer vollfreien Termeinsetzung die Variable x an allen Stellen, an denen sie in $H^*(x)$ vorkommt, durch den Term t_0 ersetzt, also H die Form $H^*(x/t_0)$ oder kurz $H^*(t_0)$ hat,[2]) und H' dadurch aus $H^*(x)$ entsteht, daß man die Variable x unter Vermeidung von Konfusionen an gewissen Stellen durch t_{00} und an den restlichen Stellen durch t_0 ersetzt. Für den letzten Sachverhalt wollen wir auch kurz sagen, daß H' aus $H^*(t_0)$ *durch eine partielle Ersetzung von* t_0 *durch* t_{00} *entsteht;* einen Ausdruck, der durch eine solche partielle Ersetzung (unter Beachtung des Konfusionsverbots) erhalten werden kann, bezeichnen wir im folgenden durch $H^*(t_0//t_{00})$. Damit gelangen wir zu dem folgenden sogenannten LEIBNIZschen Ersetzbarkeitstheorem.

Ist $H^*(x)$ ein beliebiger B-Ausdruck, in dem die Variable x vollfrei vorkommt, t_0 ein zulässiger B-Term und $H^*(t_0//t_{00})$ ein Ausdruck, der aus $H^*(t_0)$ durch eine partielle Ersetzung des Terms t_0 durch den B-Term t_{00} entsteht, so gilt:

31. $$\vdash^B t_0 = t_{00} \to (H^*(t_0) \leftrightarrow H^*(t_0//t_{00})) .$$

Mit Hilfe von 29. bzw. 31. erhalten wir sofort, daß alle B-Ausdrücke, die man aus einem Axiom der Menge axi^B durch eine Kette von simultanen F- bzw. A-Einsetzungen erhalten kann, aus $axa^B \bigvee axi^B$ ableitbar sind. Zum Beispiel hat jeder Ausdruck, der aus einem Axiom der Menge axi^B durch eine Kette von A-Einsetzungen entsteht (hierfür kommen natürlich nur die Axiome

$$x_0 = x_i \to (A_\mu^{m\mu} x_1 \dots x_{i-1} x_0 x_{i+1} \dots x_{m_\mu} \to A_\mu^{m\mu} x_1 \dots x_i \dots x_{m_\mu})$$

in Betracht), die Form $x_0 = x_i \to (H^*(x_0) \to H^*(x_i))$ und ist daher nach 31. aus $axa^B \bigvee axi^B$ ableitbar. Für die F-Einsetzungen schließt man analog unter Verwendung von 29.

Ist $H(x)$ ein Ausdruck, in dem die Variable x vollfrei vorkommt, und t ein zulässiger Term, in dem die Variable x nicht vorkommt, so gilt:

32. $$\vdash \bigvee_x (x = t \wedge H(x)) \leftrightarrow H(t) .$$

---

[1]) Vgl. die Fußnote 2 auf S. 100.
[2]) Das setzt voraus, daß t_0 ein zulässiger B-Term im Sinne von S. 18 ist.

Die Implikation

32a.
$$\vdash \bigvee_x (x = t \wedge H(x)) \to H(t)$$

erhalten wir aus

$$\vdash x = t \to (H(x) \to H(t))$$

durch Prämissenverbindung und Anwendung der Regel (Pv). Zum Beweis der Umkehrung

32b.
$$\vdash H(t) \to \bigvee_x (x = t \wedge H(x))$$

gehen wir aus von

$$\vdash x = t \wedge H(x) \to x = t \wedge H(x).$$

Anwendung der Regel (Ph) liefert

$$\vdash x = t \wedge H(x) \to \bigvee_x (x = t \wedge H(x)),$$

und Anwendung der Regel $(Tevfr^B)$ ergibt

$$\vdash t = t \wedge H(t) \to \bigvee_x (x - t \wedge H(x)),$$

woraus durch Prämissenzerlegung und Abtrennung des beweisbaren Ausdrucks $t = t$ die Behauptung 32b. folgt.

Ähnlich beweist man (Übungsaufgabe!)

33.
$$\vdash \bigwedge_x (x = t \to H(x)) \leftrightarrow H(t).^{[1]})$$

Die nun folgenden Ableitungen betreffen Gesetze, in denen relativierte Mindestzahl-, Höchstzahl- bzw. Anzahlausdrücke auftreten (bzgl. deren Definition vgl. S. 60). Wählt man in ihnen für $H(x)$ einen beliebigen ableitbaren Ausdruck, so erhält man durch einfache zusätzliche Betrachtungen entsprechende Gesetze für die Mindestzahl-, Höchstzahl- bzw. Anzahlaussagen. Zunächst ergibt sich leicht

34.
$$\vdash \bigvee_{n+1} x H(x) \to \bigvee_n x H(x) \qquad (n = 1, 2, \ldots).$$

Man erhält das sofort aus

$$\vdash \bigwedge_{1 \leq i < j \leq n+1} y_i \neq y_j \wedge \bigwedge_{i=1}^{n+1} H(y_i) \to \bigwedge_{1 \leq i < j \leq n} y_i \neq y_j \wedge \bigwedge_{i=1}^{n} H(y_i)$$

---

[1]) Man kann 33. auch aus 32. durch Anwendung einer Kontraposition und einfache aussagenlogische Umformungen erhalten.

durch n-malige Anwendung von (Ph) mit den Variablen $y_1, \ldots, y_n$ und anschließende $(n+1)$-malige Anwendung von (Pv^*) mit den Variablen $y_1, \ldots, y_{n+1}.$[1]) Mittels einer Kontraposition folgt aus 34. sofort

35. $\qquad \vdash \bigvee_n! x H(x) \rightarrow \bigvee_{n+1}! x H(x) \qquad (n = 1, 2, \ldots).$

34. und 35. können natürlich sofort zu

34'. $\qquad \vdash \bigvee_n x H(x) \rightarrow \bigvee_k x H(x) \qquad (1 \leqq k \leqq n).$

35'. $\qquad \vdash \bigvee_k! x H(x) \rightarrow \bigvee_n! x H(x) \qquad (1 \leqq k \leqq n)$

verallgemeinert werden. Offenbar ist 35'. nur eine andere Formulierung für

35''. $\qquad \vdash \bigvee_k! x H(x) \rightarrow\, \sim \bigvee_{n+1} x H(x) \qquad (1 \leqq k \leqq n),$

und hieraus folgt durch Kontraposition

34''. $\qquad \vdash \bigvee_{n+1} x H(x) \rightarrow\, \sim \bigvee_k! x H(x) \qquad (1 \leqq k \leqq n).$

Da ferner trivial gilt

$$\vdash\, \sim \bigvee_k! x H(x) \rightarrow\, \sim \bigvee_k!! x H(x),$$

folgt mittels 34''.:

36a. $\qquad \vdash \bigvee_{n+1} x H(x) \rightarrow\, \sim \bigvee_0!! x H(x) \wedge \cdots \wedge\, \sim \bigvee_n!! x H(x).$[2])

Wir wollen nun zeigen, daß auch die Umkehrung hiervon beweisbar ist:

36b. $\qquad \vdash\, \sim \bigvee_0!! x H(x) \wedge \cdots \wedge\, \sim \bigvee_n!! x H(x) \rightarrow \bigvee_{n+1} x H(x).$

Nach Definition der relativierten Anzahlausdrücke gilt zunächst

$$\vdash\, \sim \bigvee_n!! x H(x) \leftrightarrow\, \sim \left(\bigvee_n x H(x) \wedge\, \sim \bigvee_{n+1} x H(x) \right),$$

und mittels der aussagenlogischen Identität $\sim (p \wedge \sim q) \leftrightarrow (p \rightarrow q)$ (vgl. I, S. 99) folgt hieraus (vgl. I, S. 40)

$(\alpha) \qquad \vdash\, \sim \bigvee_n!! x H(x) \leftrightarrow \left(\bigvee_n x H(x) \rightarrow \bigvee_{n+1} x H(x) \right) \qquad (n = 1, 2, \ldots).$

Den Beweis für 36b. führen wir durch vollständige Induktion über n. Im Fall $n = 0$ nimmt 36b. die Form

$$\vdash\, \sim\, \sim \bigvee x H(x) \rightarrow \bigvee x H(x)$$

an, und dieser Ausdruck ist aussagenlogisch allgemeingültig, also aus axa^B ableitbar. Wir nehmen nun an, 36b. sei für $n = n_0$ bereits bewiesen, d.h., es gelte

$\beta) \qquad \vdash\, \sim \bigvee_0!! x H(x) \wedge \cdots \wedge\, \sim \bigvee_{n_0}!! x H(x) \rightarrow \bigvee_{n_0+1} x H(x).$

---

[1]) Hierbei sind (vgl. S. 60) $y_1, \ldots, y_{n+1}$ paarweise verschiedene Variablen, die im Ausdruck $H(x)$ nicht vorkommen.

[2]) $\bigvee_0!! x H(x)$ ist dabei definiert als $\sim \bigvee x H(x)$ (vgl. S. 60).

Auf Grund von (α) gilt

$$\vdash\; \sim \bigvee_{n_0+1}!!\,xH(x) \to \left(\bigvee_{n_0+1}xH(x) \to \bigvee_{n_0+2}xH(x)\right),$$

und eine Prämissenvertauschung liefert

$$\vdash\; \bigvee_{n_0+1}xH(x) \to \left(\sim \bigvee_{n_0+1}!!\,xH(x) \to \bigvee_{n_0+2}xH(x)\right).$$

Hieraus und aus (β) folgt mittels eines Kettenschlusses

$$\vdash\; \sim \bigvee_0!!\,xH(x) \wedge \cdots \wedge \sim \bigvee_{n_0}!!\,xH(x) \to \left(\sim \bigvee_{n_0+1}!!\,xH(x) \to \bigvee_{n_0+2}xH(x)\right),$$

und eine Prämissenverbindung ergibt die Induktionsbehauptung.

Mittels einer Kontraposition und einfacher aussagenlogischer Umformungen folgt aus 36.:

37. $\qquad \vdash \bigvee_n!\,xH(x) \leftrightarrow \bigvee_0!!\,xH(x) \vee \cdots \vee \bigvee_n!!\,xH(x).$

Als nächstes wollen wir zeigen, daß folgendes gilt:

38. $\vdash \bigvee_{n+1}xH(x) \leftrightarrow \displaystyle\bigwedge_{y_1, \ldots, y_n}\;\bigvee_{y_{n+1}}\,(y_{n+1} \neq y_1 \wedge \overset{\cdot}{\cdots} \wedge y_{n+1} \neq y_n \wedge H(y_{n+1})).$

Zum Beweis der Implikation 38a., deren genaue Durchführung dem Leser als Übungsaufgabe überlassen sei, genügt es zu zeigen, daß

$$\vdash \bigvee_{y_1, \ldots, y_n}\;\bigwedge_{y_{n+1}}\,(H(y_{n+1}) \to y_{n+1} = y_1 \vee \cdots \vee y_{n+1} = y_n) \to \sim \bigvee_{n+1}xH(x),$$

d.h.

$$\vdash \bigvee_{y_1, \ldots, y_n}\;\bigwedge_{y_{n+1}}\,(H(y_{n+1}) \to y_{n+1} = y_1 \vee \cdots \vee y_{n+1} = y_n)$$
$$\to \bigwedge_{y_1, \ldots, y_{n+1}}\,(H(y_1) \wedge \cdots \wedge H(y_{n+1})$$
$$\to y_1 = y_2 \vee y_1 = y_3 \vee \cdots \vee y_1 = y_{n+1}$$
$$\vee\, y_2 = y_3 \vee \cdots \vee y_2 = y_{n+1}$$
$$\cdots\cdots\cdots\cdots\cdots$$
$$\vee\, y_n = y_{n+1}).$$

Hierfür genügt es jedoch zu zeigen, daß

$$\vdash \bigwedge_x (H(x) \to x = y_1 \vee \cdots \vee x = y_n) \wedge H(z_1) \wedge \cdots \wedge H(z_{n+1})$$
$$\to z_1 = z_2 \vee z_1 = z_3 \vee \cdots \vee z_1 = z_{n+1}$$
$$\vee\, z_2 = z_3 \vee \cdots \vee z_2 = z_{n+1}$$
$$\cdots\cdots\cdots\cdots\cdots$$
$$\vee\, z_n = z_{n+1},^{1)}$$

---

[1] Hierbei sind $z_1, \ldots, z_{n+1}$ paarweise verschiedene Variablen, die nicht in $H(x)$ vorkommen und von $y_1, \ldots, y_n$ verschieden sind.

und das folgt aus

$$\vdash \bigwedge_{x} (H(x) \to \; x = y_1 \vee \cdots \vee x = y_n) \wedge H(z_1) \wedge \cdots \wedge H(z_{n+1})$$

$$\to (z_1 = y_1 \vee \cdots \vee z_1 = y_n) \wedge (z_2 = y_1 \vee \cdots \vee z_2 = y_n)$$

$$\wedge \cdots \wedge (z_{n+1} = y_1 \vee \cdots \vee z_{n+1} = y_n)$$

mittels des allgemeinen Distributivgesetzes für Konjunktion und Alternative sowie des Gesetzes der Drittengleichheit (wir merken an, daß es sich hierbei um einen typischen sogenannten „Schubfachschluß" handelt).

Der Beweis der Umkehrung 38b. erfolgt durch vollständige Induktion über n. Der Fall $n = 0$ ist trivial. Wir nehmen daher an, 38b. sei für $n = n_0$ bereits bewiesen, und zeigen, daß 38b. dann auch für $n = n_0 + 1$ gilt. Dazu gehen wir aus von dem aussagenlogisch allgemeingültigen Ausdruck

$$(y_{n_0+2} \neq y_1 \wedge \cdots \wedge y_{n_0+2} \neq y_{n_0+1} \wedge H(y_{n_0+2})) \wedge \bigwedge_{1 \leq i < j \leq n_0+1} y_i \neq y_j \wedge \bigwedge_{i=1}^{n_0+1} H(y_i)$$

$$\to \bigwedge_{1 \leq i < j \leq n_0+2} y_i \neq y_j \wedge \bigwedge_{i=1}^{n_0+2} H(y_i) \,.$$

Bezeichnen wir den ersten Teil der Prämisse kurz durch

$$H_1(y_1, \ldots, y_{n_0+2}),$$

den zweiten Teil der Prämisse durch

$$H_2(y_1, \ldots, y_{n_0+1})$$

und die Conclusio durch

$$H_3(y_1, \ldots, y_{n_0+2}),$$

so gilt also

$$\vdash H_1(y_1, \ldots, y_{n_0+2}) \wedge H_2(y_1, \ldots, y_{n_0+1}) \to H_3(y_1, \ldots, y_{n_0+2}) \,.$$

Die $(n_0 + 2)$-malige Anwendung der Regel (Ph) mit den Variablen $y_1, \ldots, y_{n_0+2}$ führt zu

$$\vdash H_1(y_1, \ldots, y_{n_0+2}) \wedge H_2(y_1, \ldots, y_{n_0+1}) \to \bigvee_{n_0+2} x H(x),$$

und Prämissenzerlegung ergibt

$$\vdash H_1(y_1, \ldots, y_{n_0+2}) \to (H_2(y_1, \ldots, y_{n_0+1}) \to \bigvee_{n_0+2} x H(x)) \,.$$

Da die Variable y_{n_0+2} in der Conclusio dieses Ausdrucks nicht mehr frei vorkommt, kann sie vorn partikularisiert werden; sodann werden die Variablen $y_1, \ldots, y_{n_0+1}$ vorn generalisiert. Das ergibt:

$$\vdash \bigwedge_{y_1, \ldots, y_{n_0+1}} \bigvee_{y_{n_0+2}} H_1(y_1, \ldots, y_{n_0+2}) \to (H_1(y_1, \ldots, y_{n_0+1}) \to \bigvee_{n_0+2} x H(x)) \,.$$

Nun wenden wir eine Prämissenvertauschung an und partikularisieren anschließend vorn die Variablen $y_1, \ldots, y_{n_0+1}$. Eine nochmalige Prämissenvertauschung führt zu

$$(\alpha) \qquad \bigwedge_{y_1, \ldots, y_{n_0}+1} \bigvee_{y_{n_0}+2} H_1(y_1, \ldots, y_{n_0+2}) \to (\bigvee_{n_0+1} x H(x) \to \bigvee_{n_0+2} x H(x)).$$

Ferner beweist man leicht (Übungsaufgabe!)

$$\vdash \bigwedge_{y_1, \ldots, y_{n_0}+1} \bigvee_{y_{n_0}+2} (y_{n_0}+2 \neq y_1 \wedge \cdots \wedge y_{n_0+2} \neq y_{n_0+1} \wedge H(y_{n_0+2}))$$

$$\to \bigwedge_{y_1, \ldots, y_{n_0}} \bigvee_{y_{n_0}+1} (y_{n_0+1} \neq y_1 \wedge \cdots \wedge y_{n_0+1} \neq y_{n_0} \wedge H(y_{n_0+1})),$$

woraus auf Grund der Induktionsvoraussetzung mittels eines Kettenschlusses

$$(\beta) \qquad \vdash \bigwedge_{y_1, \ldots, y_{n_0}+1} \bigvee_{y_{n_0}+2} H_1(y_1, \ldots, y_{n_0+2}) \to \bigvee_{n_0+1} x H(x)$$

folgt. Wenden wir auf (α) und (β) einen FREGEschen Kettenschluß an, so erhalten wir die Induktionsbehauptung.

Anwendung einer Kontraposition und bekannter Umformungen auf 38. führt zu

39. $\vdash \bigvee_n! x H(x) \leftrightarrow \bigvee\limits_{y_1, \ldots, y_n} \bigwedge\limits_{y_{n+1}} (H(y_{n+1}) \to y_{n+1} = y_1 \vee \cdots \vee y_{n+1} = y_n)$

Wir behaupten schließlich, daß folgendes gilt:

40. $\vdash \bigvee\limits_x (x \neq x_1 \wedge \cdots \wedge x \neq x_n \wedge H(x))$

$\leftrightarrow \bigvee_1 x H(x) \wedge \bigwedge\limits_{i=1}^{n} (H(x_i) \to \bigvee_2 x H(x))$

$\wedge \bigwedge\limits_{1 \leq i < j \leq n} (H(x_i) \wedge H(x_j) \wedge x_i \neq x_j \to \bigvee_3 x H(x))$

$\wedge \bigwedge\limits_{1 \leq i < j < k \leq n} (H(x_i) \wedge H(x_j) \wedge H(x_k) \wedge x_i \neq x_j \wedge x_i \neq x_k \wedge x_j \neq x_k$

$$\to \bigvee_4 x H(x))$$

$\wedge \cdots$

$\wedge (H(x_1) \wedge \cdots \wedge H(x_n) \wedge \bigwedge\limits_{1 \leq i < j \leq n} x_i \neq x_j \to \bigvee_{n+1} x H(x)),$

wofür wir auch kurz

$$\vdash H_n(x_1, \ldots, x_n) \leftrightarrow H'_n(x_1, \ldots, x_n)$$

schreiben wollen.

Zum Beweis der Implikation 40a. genügt es offenbar, die Implikationen

$$\vdash \bigvee_x (x \neq x_1 \wedge \cdots \wedge x \neq x_n \wedge H(x)) \to \bigvee_1 x H(x),$$

$$\vdash \bigvee_x (x \neq x_1 \wedge \cdots \wedge x \neq x_n \wedge H(x)) \to (H(x_i) \to \bigvee_2 x H(x)) \qquad (i = 1, \ldots, n),$$

$$\vdash \bigvee_x (x \neq x_1 \wedge \cdots \wedge x \neq x_n \wedge H(x))$$
$$\to (H(x_i) \wedge H(x_j) \wedge x_i \neq x_j \to \bigvee_3 x H(x)) \qquad (1 \leqq i < j \leqq n),$$
$$\cdots$$

$$\vdash \bigvee_x (x \neq x_1 \wedge \cdots \wedge x \neq x_n \wedge H(x))$$
$$\to (H(x_1) \wedge \cdots \wedge H(x_n) \wedge x_1 \neq x_2 \wedge \cdots \wedge x_{n-1} \neq x_n \to \bigvee_{n+1} x H(x))$$

zu beweisen. Diese Ableitungen sind durchweg sehr einfach und seien daher dem Leser überlassen.

Zum Beweis der Umkehrung 40b. zeigen wir zunächst, daß folgendes gilt:

$$(\alpha) \quad \vdash \bigwedge_{i=1}^{n} \left(\bigwedge_{\substack{\nu=1 \\ \nu \neq i}}^{n} z_i \neq x_\nu \wedge H(z_i) \right)$$

$$\wedge (x_1 \neq x_2 \wedge x_1 \neq x_3 \wedge \cdots \wedge x_{n-1} \neq x_n \wedge H(x_1) \wedge \cdots \wedge H(x_n) \to \bigvee_{n+1} x H(x))$$

$$\to \bigvee_x (x \neq x_1 \wedge \cdots \wedge x \neq x_n \wedge H(x)).$$

Dazu beachten wir, daß

$$(\beta) \quad \vdash x_1 = x_2 \vee x_1 = x_3 \vee \cdots \vee x_{n-1} = x_n$$
$$\vee (x_1 \neq x_2 \wedge \cdots \wedge x_{n-1} \neq x_n \wedge \sim H(x_1))$$
$$\cdots$$
$$\vee (x_1 \neq x_2 \wedge \cdots \wedge x_{n-1} \neq x_n \wedge \sim H(x_n))$$
$$\vee (x_1 \neq x_2 \wedge \cdots \wedge x_{n-1} \neq x_n \wedge H(x_1) \wedge \cdots \wedge H(x_n));$$

dieser Ausdruck ist aussagenlogisch allgemeingültig, denn er entsteht durch eine Einsetzung aus einer aussagenlogischen Identität der Form

$$p_1 \vee \cdots \vee p_s \vee (\sim p_1 \wedge \cdots \wedge \sim p_s \wedge \sim q_1) \vee \cdots$$
$$\vee (\sim p_1 \wedge \cdots \wedge \sim p_s \wedge \sim q_t) \vee (\sim p_1 \wedge \cdots \wedge \sim p_s \wedge q_1 \wedge \cdots \wedge q_t).$$

Daher genügt es zu zeigen, daß der in (α) als ableitbar behauptete Ausdruck unter jedem der Alternativglieder von (β) als zusätzlicher Prämisse ableitbar ist. Für das letzte Alternativglied folgt das aus 38a., während es sich für die anderen Alternativglieder leicht aus

$$\vdash x_i = x_j \wedge \bigwedge_{\substack{\nu=1 \\ \nu \neq i}}^{n} z_i \neq x_\nu \wedge H(z_i) \to \bigwedge_{\nu=1}^{n} z_i \neq x_\nu \wedge H(z_i)$$

bzw.

$$\vdash x_1 \neq x_2 \wedge \cdots \wedge x_{n-1} \neq x_n \wedge \sim H(x_i) \wedge \bigwedge_{\substack{\nu=1 \\ \nu \neq i}}^{n} z_i \neq x_\nu \wedge H(z_i)$$

$$\to z_i \neq x_1 \wedge \cdots \wedge z_i \neq x_i \wedge \cdots \wedge z_i \neq x_n \wedge H(z_i)$$

durch hintere Partikularisierung von z_i und anschließende gebundene Umbenennung von z_i in x ergibt. Durch sukzessive Prämissenzerlegungen, vordere Partikularisierungen von $z_1, \ldots, z_n$ und anschließende gebundene Umbenennungen folgt aus (α)

$$(\gamma) \quad \vdash \bigwedge_{i=1}^{n} \bigvee_{x} (\bigwedge_{\substack{\nu=1 \\ \nu \neq i}}^{n} x \neq x_\nu \wedge H(x))$$

$$\wedge (x_1 \neq x_2 \wedge \cdots \wedge x_{n-1} \neq x_n \wedge H(x_1) \wedge \cdots \wedge H(x_n) \to \bigvee_{n+1} x H(x))$$

$$\to \bigvee_{x} (x \neq x_1 \wedge \cdots \wedge x \neq x_n \wedge H(x)).$$

Damit gelingt nun leicht der Induktionsbeweis für 40b. Da der Anfangsschritt $n = 0$ trivial gilt, können wir annehmen, daß 40b. für $n = n_0$ schon bewiesen ist, und müssen zeigen, daß 40b. dann auch für $n = n_0 + 1$ richtig ist. Da nun im Ausdruck $H'_{n_0+1}(x_1, \ldots, x_{n_0+1})$ die Ausdrücke $H_{n_0}(x_2, \ldots, x_{n_0+1}), \ldots, H_{n_0}(x_1, \ldots, x_{n_0})$ und der Ausdruck

$$x_1 \neq x_2 \wedge \cdots \wedge x_{n_0} \neq x_{n_0+1} \wedge H(x_1) \wedge \cdots \wedge H(x_{n_0+1}) \to \bigvee_{n_0+2} x H(x)$$

als Konjunktionsglieder auftreten, erhalten wir durch mehrfache Anwendung der Induktionsvoraussetzung

$$\vdash H'_{n_0+1}(x_1, \ldots, x_{n_0+1}) \to \bigwedge_{i=1}^{n_0+1} (\bigvee_{x} \bigwedge_{\substack{\nu=1 \\ \nu \neq i}}^{n_0+1} (x \neq x_\nu \wedge H(x)))$$

$$\wedge (x_1 \neq x_2 \wedge \cdots \wedge H(x_1) \wedge \cdots \to \bigvee_{n_0+2} x H(x)).$$

Hieraus und aus (γ) für $n = n_0 + 1$ folgt mittels eines Kettenschlusses die Induktionsbehauptung.

§ 8. DIE AXIOMATISIERUNGSTHEOREME
FÜR DEN PRÄDIKATENKALKÜL DER ERSTEN STUFE

Hauptziel des vorliegenden Paragraphen ist der Beweis[1]) des folgenden Hauptsatzes des Prädikatenkalküls der ersten Stufe.

(I) *Für jede Menge X von (identitätsfreien) Ausdrücken über einer beliebigen Basis B gilt: $Bw^{B(O)}(X) = Fl^{B(O)}(X)$, d. h., ein B-Ausdruck H ist genau dann aus X beweisbar, wenn er aus der Menge X folgt.*

Bevor wir dies beweisen, wollen wir eine Reihe von Folgerungen und äquivalenten Formulierungen von (I) diskutieren. Dazu bemerken wir zunächst, daß analog wie im Aussagenkalkül (vgl. I, S. 167) folgendes gilt:

Lemma. *Es seien F_1 und F_2 eindeutige Abbildungen des Systems aller Teilmengen von $ausd^{B(O)}$ in sich, die folgende Eigenschaften besitzen:*

(i) $$F_1(\emptyset) \subseteqq F_2(\emptyset).$$

(ii) *Bei beliebigem $X \subseteqq ausd^{B(O)}$ gibt es zu jedem $H \in F_1(X)$ eine endliche Teilmenge X^* von X, so daß $H \in F_1(X^*)$.*

(iii) *Bei beliebigem $X \subseteqq ausd^{B(O)}$ gilt für jede Aussage $H_1 \in ausd^{B(O)}$ und jeden Ausdruck $H_2 \in ausd^{B(O)}$:*

Wenn $H_2 \in F_1(X \cup \{H_1\})$, so $(H_1 \to H_2) \in F_1(X)$.

(iv) *Bei beliebigem $X_1, X_2 \subseteqq ausd^{B(O)}$ gilt:*

Wenn $X_1 \subseteqq X_2$, so $F_2(X_1) \subseteqq F_2(X_2)$.

(v) *Bei beliebigem $X \subseteqq ausd^{B(O)}$ gilt für jedes $H_1, H_2 \in ausd^{B(O)}$:*

Wenn $(H_1 \to H_2) \in F_2(X)$, so $H_2 \in F_2(X \cup \{H_1\})$.

(vi) *Für jede Menge $X \subseteqq ausd^{B(O)}$ gilt:*

$$F_1(X) \subseteqq F_1(Gen(X)) \quad und \quad F_2(Gen(X)) \subseteqq F_2(X).[2])$$

Dann ist $F_1(X) \subseteqq F_2(X)$ für jede Menge $X \subseteqq ausd^{B(O)}$

Setzen wir in diesem Lemma $F_1 = Bw^{B(O)}$ und $F_2 = Fl^{B(O)}$, so sind alle Voraussetzungen (i) bis (vi) erfüllt: (i) folgt aus $Bw^{B(O)}(\emptyset) \subseteqq ag^{B(O)}$ (S. 86) und $Fl^{B(O)}(\emptyset) = ag^{B(O)}$ (S. 70); (ii) ist der Endlichkeitssatz für $Bw^{B(O)}$ (S. 85); (iii) ist das Deduktionstheorem für $Bw^{B(O)}$ (S. 85); (iv) ist der Satz der Monotonie für $Fl^{B(O)}$ (S. 71); (v) ist das Ableitbarkeits-

---

[1]) Die von uns im vorliegenden Paragraphen verwendete Beweismethode basiert auf einer Grundidee von L. HENKIN, The completeness of the first order functional calculus, Journal Symb. Log. 14 (1949), 159—166.

[2]) Die Voraussetzung (vi) ist erforderlich, weil die Gültigkeit der Voraussetzung (iii) nur für Aussagen H_1 gefordert wurde.

theorem für $Fl^{B(O)}$ (S. 76); (vi) ist schließlich in früheren Sätzen für $Bw^{B(O)}$ (S. 86) und $Fl^{B(O)}$ (S. 71) enthalten. Folglich erhalten wir mit Hilfe des Lemmas unmittelbar:

(Ia) *Für jede Menge X von (identitätsfreien) Ausdrücken über einer beliebigen Basis B gilt: $Bw^{B(O)}(X) \leqq Fl^{B(O)}(X)$.*

Wir merken an, daß wir die Behauptung (Ia) bereits in § 6 direkt bewiesen haben. Mithin genügt es zum Beweis von (I) folgendes zu beweisen:

(Ib) *Für jede Menge X von (identitätsfreien) B-Ausdrücken gilt:*

$$Fl^{B(O)}(X) \leqq Bw^{B(O)}(X).$$

Wählen wir in (I) für X speziell die leere Menge, so erhalten wir unter Verwendung von $Fl^{B(O)}(\emptyset) = ag^{B(O)}$ (vgl. S. 70) die folgenden **A x i o m a t i - s i e r u n g s t h e o r e m e** für ag^B und ag^{BO}:

(II) $Bw^B(\emptyset) = Ab^B(axa^B \vee axi^B) = ag^B$, $Bw^{BO}(\emptyset) = Ab^B(axa^{BO}) = ag^{BO}$.

Da auch hier die Inklusionen

(IIa) $Ab^B(axa^B \vee axi^B) \leqq ag^B$, $Ab^B(axa^{BO}) \leqq ag^{BO}$

trivial gelten, sind von (II) ebenfalls nur die Inklusionen

(IIb) $ag^B \leqq Ab^B(axa^B \vee axi^B)$, $ag^{BO} \leqq Ab^B(axa^{BO})$

(**V o l l s t ä n d i g k e i t s t h e o r e m e**) von Interesse.[1]

Da für $Bw^{B(O)}$ der Endlichkeitssatz gilt (vgl. S. 85), folgt aus (I) (bzw. (Ib)), daß auch für $Fl^{B(O)}$ der Endlichkeitssatz gilt, dessen Beweis in § 5 offenbleiben mußte. Mit Hilfe des obigen Lemmas ergibt sich nun leicht, daß aus (IIb) und dem Endlichkeitssatz für das Folgern auch umgekehrt die noch zu beweisende Behauptung (Ib) folgt. Setzen wir nämlich im Lemma $\mathsf{F}_1 = Fl^{B(O)}$ und $\mathsf{F}_2 = Bw^{B(O)}$, so gelten ebenfalls dessen Voraussetzungen, wobei die Voraussetzung (i) das Vollständigkeitstheorem (IIb) und die Voraussetzung (ii) der Endlichkeitssatz für das Folgern ist.

Damit haben wir gezeigt, daß *die Gültigkeit des Hauptsatzes* (I) *im wesentlichen gleichwertig ist der Gültigkeit des Vollständigkeitstheorems* (IIb) *und des Endlichkeitssatzes für das Folgern.*

In § 5 haben wir bewiesen, daß der Endlichkeitssatz für das Folgern dem Endlichkeitssatz für Modelle gleichwertig ist. Nennen wir eine Menge X von B-Ausdrücken *semantisch widerspruchsfrei*, wenn sie ein Modell besitzt, d.h., wenn es eine B-Algebra Σ gibt, so daß $X \leqq ag^B_\Sigma$, so können wir den Endlichkeitssatz für Modelle folgendermaßen formulieren (**E n d l i c h k e i t s - s a t z f ü r d i e s e m a n t i s c h e W i d e r s p r u c h s f r e i h e i t**):

---

[1] Die Inklusionen (IIb) bilden den Inhalt des sogenannten GÖDELschen Vollständigkeitssatzes. Vgl. K. GÖDEL, Die Vollständigkeit der Axiome des logischen Funktionenkalküls, Monatshefte Math. Phys. **32** (1930), 349—360.

(III) *Für jede Menge X von B-Ausdrücken gilt: Ist jede endliche Teilmenge X^* von X semantisch widerspruchsfrei, so ist auch X semantisch widerspruchsfrei.*[1])

Durch die vorangehenden Überlegungen ist dann gezeigt, daß *die Gültigkeit von* (I) *im wesentlichen gleichwertig ist der Gültigkeit von* (II b) *und* (III).

Bezeichnen wir für einen B-Ausdruck H mit $EC(H)$ die Klasse aller B-Algebren, in denen H allgemeingültig ist — man nennt $EC(H)$ auch die durch H definierte *elementare Klasse* — so können wir den Endlichkeitssatz für Modelle auch folgendermaßen formulieren:

Ist $\mathfrak{S}$ ein beliebiges System von elementaren Klassen, so daß der Durchschnitt je endlich vieler Klassen aus $\mathfrak{S}$ nicht leer ist, dann ist auch der Durchschnitt aller Klassen aus $\mathfrak{S}$ nicht leer.

Denn eine B-Algebra Σ ist offenbar genau dann Modell einer gegebenen Menge X von B-Ausdrücken, wenn Σ dem Durchschnitt aller elementaren Klassen $EC(H)$ mit $H \in X$ angehört.

In dieser Form wird der Endlichkeitssatz häufig als **Kompaktheïtstheorem** bezeichnet. Auf die hierdurch angedeuteten Zusammenhänge mit der Topologie sowie mit der Theorie der BooLEschen Algebren kann nicht näher eingegangen werden.[2])

Analog wie im Aussagenkalkül (vgl. I, S. 107) nennen wir eine Menge X von (identitätsfreien) B-Ausdrücken *syntaktisch widerspruchsfrei*, wenn aus ihr nicht alle (identitätsfreien) B-Ausdrücke beweisbar sind, wenn also $Bw^{B(O)}(X) \neq ausd^{B(O)}$. Man erkennt leicht (vgl. I, S. 108), daß *eine Menge X von (identitätsfreien) B-Ausdrücken genau dann syntaktisch widerspruchsfrei ist, wenn es keinen (identitätsfreien) B-Ausdruck H gibt, so daß $H \in Bw^{B(O)}(X)$ und $\sim H \in Bw^{B(O)}(X)$.* Hiermit ergibt sich analog wie im Aussagenkalkül (vgl. I, S. 108), daß auch *für die syntaktische Widerspruchsfreiheit der Endlichkeitssatz gilt* (im Gegensatz zu (III) benötigt der Beweis hierfür natürlich nur den Endlichkeitssatz für $Bw^{B(O)}$, also nicht den Hauptsatz). Es ist weiter leicht zu sehen, daß *jede semantisch widerspruchsfreie Menge von Ausdrücken auch syntaktisch widerspruchsfrei ist.* Wir wollen nun zeigen, daß die Umkehrung hiervon, d.h. der Satz

(IV) *Jede syntaktisch widerspruchsfreie Menge X von (identitätsfreien) B-Ausdrücken ist semantisch widerspruchsfrei,*

ebenfalls dem Hauptsatz (I) (genauer: zu (I b)) äquivalent ist.

---

[1]) Dieser Satz wurde zuerst von A. I. MALZEW aufgestellt und wird daher heute häufig als MALZEW-Theorem bezeichnet. Vgl. A. I. MALZEW, Untersuchungen auf dem Gebiete der mathematischen Logik, Мат. Сборн. 1 (1936), 323–335.

[2]) Wir verweisen hierzu insbesondere auf A.TARSKI, Some notions and methods on the borderline of algebra and metamathematics, Proc. Intern. Congr. Math. 1950, Providence 1952, 705–720, und J. L. BELL and A. B. SLOMSON, Models and ultraproducts, Amsterdam 1969.

Wir setzen zunächst voraus, daß (I b) gilt, und zeigen, daß dann auch (IV) richtig ist. Es sei also X eine beliebige syntaktisch widerspruchsfreie Menge von (identitätsfreien) B-Ausdrücken, d.h., $Bw^{B(\mathrm{O})}(X) \neq ausd^{B(\mathrm{O})}$. Auf Grund von (I b) ist dann auch $Fl^{B(\mathrm{O})}(X) \neq ausd^{B(\mathrm{O})}$, d.h., es existiert ein (identitätsfreier) B-Ausdruck H mit $H \notin Fl^{B(\mathrm{O})}(X)$. Letzteres besagt offenbar, daß H nicht in allen B-Modellen der Menge X allgemeingültig ist, es also ein B-Modell Σ von X gibt, in dem H nicht allgemeingültig ist. Insbesondere besitzt dann X das B-Modell Σ und ist mithin semantisch widerspruchsfrei.

Wir setzen nun umgekehrt voraus, daß (IV) gilt, und nehmen an, (I b) wäre nicht richtig, d.h., es gäbe eine Menge X von (identitätsfreien) B-Ausdrücken und einen (identitätsfreien) B-Ausdruck H, so daß X Flg H und nicht X $Bew^{B(\mathrm{O})}H$. Ohne Beschränkung der Allgemeinheit dürfen wir annehmen, daß H eine Aussage ist. Dann ist die Menge $X \cup \{\sim H\}$ syntaktisch widerspruchsfrei, nämlich $H \notin Bw^{B(\mathrm{O})}(X \cup \{\sim H\})$; denn sonst wäre auf Grund des Deduktionstheorems X $Bew^{B(\mathrm{O})}(\sim H \to H)$ und mithin wegen X $Bew^{B(\mathrm{O})}(\sim H \to H) \to H$ (dieser Ausdruck ist aussagenlogisch allgemeingültig!) auch X $Bew^{B(\mathrm{O})}H$, was ja nicht der Fall sein sollte. Wenn nun (IV) gilt, so wäre auf Grund unserer Annahme die Menge $X \cup \{\sim H\}$ auch semantisch widerspruchsfrei, besäße also ein Modell Σ. Dann wäre aber Σ Mod X und $ag_\Sigma \sim H$. Wegen X Flg H müßte dann aber auch $ag_\Sigma H$ gelten, und das ist ein Widerspruch. Also ist unsere Annahme falsch, und es gilt (I b).

Wir werden nun sogar die folgende Verschärfung von (IV) beweisen können:

(IV*) *Jede syntaktisch widerspruchsfreie Menge X von B-Ausdrücken besitzt ein Modell, dessen Mächtigkeit[1] kleiner oder gleich der Mächtigkeit der Menge aller B-Ausdrücke ist, und im Fall einer Menge X von identitätsfreien Ausdrücken sogar ein Modell von der Mächtigkeit der Menge aller (identitätsfreien) B-Ausdrücke.*

Mit (IV*) sind also der Hauptsatz (I) und damit auch die Axiomatisierungstheoreme (II) und der Endlichkeitssatz für das Folgern bewiesen. Mittels (IV*) können wir aber auch leicht den Satz von LÖWENHEIM und SKOLEM (vgl. S. 58) herleiten: *Bei beliebiger Basis B ist für jede Kardinalzahl* $\mathfrak{m} \geq \aleph_0$

$$ag_{\mathfrak{m}}^{B(\mathrm{O})} = ag_{\aleph_0}^{B(\mathrm{O})}, \qquad ef_{\mathfrak{m}}^{B(\mathrm{O})} = ef_{\aleph_0}^{B(\mathrm{O})}.$$

Wir behandeln zunächst den identitätsfreien Fall. Da auf Grund des Reduktionstheorems für identitätsfreie Ausdrücke (S. 51) die Inklusionen $ag_{\mathfrak{m}}^{B\mathrm{O}} \subseteq ag_{\aleph_0}^{B\mathrm{O}}$ und $ef_{\aleph_0}^{B\mathrm{O}} \subseteq ef_{\mathfrak{m}}^{B\mathrm{O}}$ trivial gelten, genügt es zu zeigen, daß

$$ag_{\aleph_0}^{B\mathrm{O}} \subseteq ag_{\mathfrak{m}}^{B\mathrm{O}}, \qquad ef_{\mathfrak{m}}^{B\mathrm{O}} \subseteq ef_{\aleph_0}^{B\mathrm{O}}.$$

---

[1] Unter der *Mächtigkeit eines Modells* Σ verstehen wir dabei die Mächtigkeit des Individuenbereichs von Σ.

Natürlich können wir uns wegen der bekannten Dualität von Allgemeingültigkeit und Erfüllbarkeit auf den Beweis der erfüllbarkeitstheoretischen Behauptung beschränken. Es sei also H ein identitätsfreier B-Ausdruck, der $\mathfrak{m}$-zahlig erfüllbar ist. Fassen wir H als Ausdruck über der endlichen Basis B_H aus allen den Symbolen aus B auf, die in H effektiv vorkommen (vgl. S. 15), so existiert also eine B_H-Algebra Σ_H, deren Mächtigkeit gleich $\mathfrak{m}$ ist, so daß $ef_{\Sigma_H} H$. Offenbar ist dann (vgl. S. 68) Σ_H Modell für $\{Prt(H)\}$. Daraus folgt, daß die Menge $\{Prt(H)\}$ syntaktisch widerspruchsfrei ist. Mithin besitzt nach (IV*) die Menge $\{Prt(H)\}$ ein Modell, dessen Mächtigkeit gleich der Mächtigkeit der Menge aller Ausdrücke über B_H, also (vgl. S. 16) gleich $\aleph_0$ ist. Daraus folgt aber sofort, daß $Prt(H)$ und damit auch H $\aleph_0$-zahlig erfüllbar ist.

Auch beim Vorhandensein des Gleichheitszeichens können wir uns auf den Beweis der erfüllbarkeitstheoretischen Behauptung beschränken. Allerdings müssen wir jetzt beide Inklusionen $ef^B_{\mathfrak{m}} \subseteq ef^B_{\aleph_0}$ und $ef^B_{\aleph_0} \subseteq ef^B_{\mathfrak{m}}$ beweisen.

Es sei also zunächst H ein B-Ausdruck, der $\mathfrak{m}$-zahlig erfüllbar ist. Wir fassen H wieder als Ausdruck über der endlichen Basis B_H auf. Dann existiert eine B_H-Algebra Σ_H der Mächtigkeit $\mathfrak{m}$, in der H erfüllbar ist. Es sei nun K eine beliebige Indexmenge der Mächtigkeit $\mathfrak{m}$ und K_0 eine abzählbar unendliche Teilmenge von K. Es sei ferner $\{b_\varkappa \mid \varkappa \in K\}$ ein System von paarweise verschiedenen Individuensymbolen, die sämtlich in B_H nicht vorkommen. Mit U_K bezeichnen wir das System aller Ausdrücke $b_{\varkappa_1} \neq b_{\varkappa_2}$ mit $\varkappa_1, \varkappa_2 \in K$ und $\varkappa_1 \neq \varkappa_2$ und analog mit U_{K_0} das System aller Ausdrücke $b_{\varkappa_1} \neq b_{\varkappa_2}$ mit $\varkappa_1, \varkappa_2 \in K_0$ und $\varkappa_1 \neq \varkappa_2$. Man erkennt leicht, daß die Menge $\{Prt(H)\} \cup U_K$ ein Modell besitzt; man erhält nämlich ein solches, indem man die in $Prt(H)$ auftretenden Symbole aus B_H gemäß Σ_H und die in U_K auftretenden neuen Symbole $b_\varkappa$ $(\varkappa \in K)$ durch paarweise verschiedene Individuen aus dem Individuenbereich von Σ_H interpretiert (letzteres ist möglich, weil Σ_H die Mächtigkeit $\mathfrak{m}$ hat). Folglich ist die Menge $\{Prt(H)\} \cup U_K$ und damit auch die Menge $\{Prt(H)\} \cup U_{K_0}$ syntaktisch widerspruchsfrei. Die Menge $\{Prt(H)\} \cup U_{K_0}$ können wir nun aber auffassen als Menge von Ausdrücken über der abzählbar unendlichen Basis B^*, die aus den endlich vielen Symbolen der Basis B_H und den abzählbar unendlich vielen $b_\varkappa$ mit $\varkappa \in K_0$ gebildet wird. Damit ergibt sich aus (IV*), daß $\{Prt(H)\} \cup U_{K_0}$ ein Modell Σ^* besitzt, dessen Mächtigkeit kleiner oder gleich der Mächtigkeit der Menge aller Ausdrücke über B^*, also kleiner oder gleich $\aleph_0$ (d.h. höchstens abzählbar) ist. Nun sieht man aber sofort, daß in keinem endlichen Individuenbereich sämtliche Ausdrücke aus U_{K_0} erfüllt werden können. Folglich muß die Mächtigkeit von Σ^* gleich $\aleph_0$ sein, und daraus folgt, daß $Prt(H)$ und damit auch H $\aleph_0$-zahlig erfüllbar ist.

Der Beweis der Umkehrung macht von demselben Kunstgriff Gebrauch. Es sei H ein B-Ausdruck, der $\aleph_0$-zahlig erfüllbar ist. Zum Nachweis, daß H dann auch $\mathfrak{m}$-zahlig ($\mathfrak{m} \geq \aleph_0$) erfüllbar ist, genügt es offenbar zu zeigen, daß die Menge $\{Prt(H)\} \cup U_K$ (U_K wie oben definiert) syntaktisch widerspruchsfrei ist; denn dann besitzt nach (IV*) $\{Prt(H)\} \cup U_K$ ein Modell, dessen Kardinalzahl kleiner oder gleich $\mathfrak{m}$ ist, und da die Ausdrücke aus U_K nicht sämtlich in einer Algebra mit weniger als $\mathfrak{m}$ Individuen erfüllt werden können, muß die Mächtigkeit dieses Modells genau gleich $\mathfrak{m}$ sein. Da nun aber für die syntaktische Widerspruchsfreiheit der Endlichkeitssatz gilt, brauchen wir nur zu zeigen, daß jede endliche Teilmenge von $\{Prt(H)\} \cup U_K$ syntaktisch widerspruchsfrei ist. Das ist aber klar, denn jede endliche Teilmenge von $\{Prt(H)\} \cup U_K$ ist Teilmenge einer Menge der Form $\{Prt(H)\} \cup U_{K_0}$, wobei K_0 eine geeignete abzählbar unendliche Teilmenge von K ist, und alle diese Mengen sind syntaktisch widerspruchsfrei, da sie wegen der $\aleph_0$-zahligen Erfüllbarkeit von H ein Modell besitzen.

Mit demselben Kunstgriff können wir schließlich auch das folgende Reduktionstheorem (vgl. S. 64) beweisen: *Ist der B-Ausdruck H für unendlich viele natürliche Zahlen k k-zahlig erfüllbar, so ist H auch $\aleph_0$-zahlig erfüllbar.* Ist nämlich $ef_k H$ für unendlich viele natürliche Zahlen k, so ist – wie man leicht sieht – jede endliche Teilmenge von $\{Prt(H)\} \cup U_{K_0}$ (U_{K_0} wie oben definiert) syntaktisch widerspruchsfrei. Dann ist aber auch $\{Prt(H)\} \cup U_{K_0}$ syntaktisch widerspruchsfrei, und daraus folgt $ef_{\aleph_0} H$.

Setzt man in den obigen Überlegungen an die Stelle der Menge $\{Prt(H)\}$ eine beliebige Menge X von B-Ausdrücken, so gelangt man unmittelbar zu folgendem Satz von TARSKI:

Besitzt eine Menge X von B-Ausdrücken ein Modell der transfiniten Mächtigkeit $\mathfrak{m}_0$, so besitzt X auch Modelle zu jeder transfiniten Mächtigkeit $\mathfrak{m} \geq |X|$.

Es seien ohne Beweis noch folgende beiden Sätze mitgeteilt:[1]

Besitzt eine Menge X von Ausdrücken über einer beliebigen Basis B ein Modell der transfiniten Mächtigkeit $\mathfrak{m}_0$, so hat X auch Modelle zu jeder transfiniten Mächtigkeit $\mathfrak{m} \geq 2^{\mathfrak{m}_0}$. (Wird die verallgemeinerte Kontinuumhypothese als gültig vorausgesetzt, daß es nämlich keine Kardinalzahl $\mathfrak{m}^*$ mit $\mathfrak{m}_0 < \mathfrak{m}^* < 2^{\mathfrak{m}_0}$ gibt, so läßt sich diese Behauptung zu $\mathfrak{m} \geq \mathfrak{m}_0$ verschärfen.)

Besitzt eine Menge X von Ausdrücken über einer beliebigen Basis B Modelle der unendlich vielen endlichen Mächtigkeiten $0 < m_1 < m_2 \ldots$, so hat X auch ein transfinites Modell einer Mächtigkeit $\mathfrak{m} \leq 2^{\aleph_0}$ (A. EHRENFEUCHT).

Bezeichnen wir mit $N(X)$ die Menge aller positiven natürlichen Zahlen n, so daß X ein endliches Modell der Mächtigkeit n besitzt, so sind also, w e n n m a n die v e r a l l g e m e i n e r t e K o n t i n u u m h y p o t h e s e als g ü l t i g v o r a u s s e t z t, folgende Fälle möglich:

---

[1] Zum Beweis dieser Sätze verweisen wir auf H. RASIOWA und R. SIKORSKI, The mathematics of metamathematics, Warschau 1963, S. 346 ff.

(1) $N(X)$ ist nichtleer und endlich und X hat kein unendliches Modell;

(2) $N(X)$ ist endlich und es existiert eine transfinite Kardinalzahl $\mathfrak{m}_0$, so daß X transfinite Modelle zu genau den Mächtigkeiten $\mathfrak{m} \geq \mathfrak{m}_0$ besitzt;

(3) $N(X)$ ist unendlich und es existiert eine transfinite Kardinalzahl $\mathfrak{m}_0 \leq 2^{\aleph_0}$, so daß X transfinite Modelle zu genau den Mächtigkeiten $\mathfrak{m} \geq \mathfrak{m}_0$ besitzt.

EHRENFEUCHT hat überdies gezeigt, daß diese Fallunterscheidung exakt ist, d.h., daß es zu jeder der mit (1) bis (3) verträglichen Möglichkeiten (in einer geeigneten Basis B) eine Menge X mit der jeweiligen Eigenschaft gibt.

Ohne Schwierigkeit erhalten wir auf Grund von $Fl^B(\{\bigvee_k!!\}) = ag_k^B$ (vgl. S. 70) mit Hilfe des Hauptsatzes das folgende **Axiomatisierungstheorem** für ag_k^B:

(II_k)   *Für jede natürliche Zahl $k \geq 1$ ist*

$$Bw^B(\{\bigvee_k!!\}) = Ab^B(axa^B \bigcup axi^B \bigcup \{\bigvee_k!!\}) = ag_k^B.$$

Unter Benutzung des Satzes von LÖWENHEIM-SKOLEM erhält man schließlich leicht, daß bei beliebigem $\mathfrak{m} \geq \aleph_0$ die Beziehung $Fl^B(negaz) = ag_\mathfrak{m}^B$ gilt, wobei *negaz* die Menge aller negierten Anzahlaussagen $\sim \bigvee_k!!$ ($k = 1, 2, \ldots$) bezeichnet. Mittels des Hauptsatzes folgt hieraus das **Axiomatisierungstheorem** für $ag_\mathfrak{m}^B$:

($II_\mathfrak{m}$)   *Für jede Kardinalzahl $\mathfrak{m} \geq \aleph_0$ ist*

$$Bw^B(negaz) = Ab^B(axa^B \bigcup axi^B \bigcup negaz) = ag_\mathfrak{m}^B.$$

Auf die noch ausstehenden Axiomatisierungstheoreme für $ag_k^{B\bigcirc}$ ($k = 1, 2, \ldots$) kommen wir am Ende dieses Paragraphen zurück.

Wir kommen nun zum Beweis des Satzes (IV*). Dazu benötigen wir eine Reihe von Hilfssätzen.

Hilfssatz 1. *Es sei X eine beliebige Menge von (identitätsfreien) B-Ausdrücken, in denen ein gewisses Individuensymbol a der Basis B nicht vorkommt. Es sei ferner $H(a)$ ein B-Ausdruck, der das Individuensymbol a enthält und x eine Individuenvariable, die in $H(a)$ nicht vorkommt, so daß man $H(a)$ aus $H(x)$ durch vollfreie Termeinsetzung von a für x erhalten kann. Ist dann $X\,Bew^{B(\bigcirc)}H(a)$, so ist auch $X\,Bew^{B(\bigcirc)}H(x)$ und damit $X\,Bew^{B(\bigcirc)}\bigwedge x H(x)$.[1])*

Beweis. Es sei $(H_1, \ldots, H_n)$ Ableitung für $H(a)$ aus $axa^{B(\bigcirc)}(\bigcup axi^B)\bigcup X$ (vgl. S. 80). Ist dann x^* eine Variable, die in keinem der Ausdrücke $H_1, \ldots, H_n$ vorhanden ist, und bezeichnet H_i^* denjenigen B-Ausdruck, der aus H_i entsteht, indem man a an allen Stellen durch die Variable x^*

---

[1]) Der Leser mache sich klar, daß der analoge Satz natürlich auch für das Folgern gilt.

ersetzt $(i = 1, ..., n)$, so ist (Beweis!) $(H_1^*, ..., H_n^*)$ eine Ableitung für $H(x^*)$ aus $axa^{B(O)}$ $(\bigvee axi^B) \bigvee X$, und mithin gilt: $X\ Bew^{B(O)}H(x^*)$. Ist schließlich x eine beliebige Variable, die nicht in $H(a)$ vorkommt, so erhält man $H(x)$ aus $H(x^*)$ durch Termeinsetzung von x für x^*, so daß auch $X\ Bew^{B(O)}H(x)$ gilt.

Hilfssatz 2. *Es sei X eine Menge von (identitätsfreien) B-Ausdrücken und H ein (identitätsfreier) B-Ausdruck. Es sei ferner B^* eine Erweiterungsbasis von $B = [B_1, B_2, B_3]$, die aus B durch Adjunktion eines beliebigen Systems B_1^* von Individuensymbolen entsteht. Ist dann $X\ Bew^{B^*(O)}H$, so ist $X\ Bew^{B(O)}H$. Insbesondere folgt aus $Bw^{B(O)}(X) \neq ausd^{B(O)}$* (d.h. der syntaktischen Widerspruchsfreiheit von X als Menge von B-Ausdrücken), *daß auch $Bw^{B^*(O)}(X) \neq ausd^{B^*(O)}$* (d.h. die syntaktische Widerspruchsfreiheit von X als Menge von B^*-Ausdrücken).

Beweis. Es sei $(H_1, ..., H_n)$ eine B^*-Ableitung[1]) des B-Ausdrucks H aus $axa^{B^*(O)}$ $(\bigvee axi^B) \bigvee X$. Wir ordnen jedem in der Folge $(H_1, ..., H_n)$ auftretenden Symbol aus B_1^* umkehrbar eindeutig eine Individuenvariable zu, die in keinem der Ausdrücke $H_1, ..., H_n$ vorkommt, und bezeichnen mit H_i^* den B-Ausdruck, der aus H_i entsteht, wenn man jedes in H_i vorhandene Symbol aus B_1^* durch die zugeordnete Variable ersetzt $(i = 1, ..., n)$. Man zeigt leicht, daß dann die Folge $(H_1^*, ..., H_n^*)$ eine B-Ableitung für H aus $axa^{B(O)}$ $(\bigvee axi^B) \bigvee X$ ist.

Eine Menge X von (identitätsfreien) B-Ausdrücken heißt eine *maximale syntaktisch widerspruchsfreie Menge von (identitätsfreien) B-Ausdrücken*, wenn gilt: (i) X ist syntaktisch widerspruchsfrei, (ii) es gibt keine X echt umfassende Menge Y von (identitätsfreien) B-Ausdrücken, die syntaktisch widerspruchsfrei ist. Die Bedingung (ii) ist offenbar gleichwertig damit, daß X nach Hinzunahme eines beliebigen nicht aus X beweisbaren (identitätsfreien) B-Ausdrucks syntaktisch widerspruchsvoll wird, d.h., für jeden (identitätsfreien) B-Ausdruck H gilt: Wenn $H \notin Bw^{B(O)}(X)$, so $Bw^{B(O)} (X \bigvee \{H\}) = ausd^{B(O)}$. Eine Menge X, für die (ii) gilt, nennt man auch *syntaktisch vollständig* (vgl. I, S. 111).

Hilfssatz 3. *Zu jeder syntaktisch widerspruchsfreien Menge X von (identitätsfreien) B-Ausdrücken existiert eine maximale syntaktisch widerspruchsfreie Menge X^* von (identitätsfreien) B-Ausdrücken, die X umfaßt.*

---

[1]) Unter einer B^*-Ableitung werde dabei eine Ableitung verstanden, in der logische Axiome auftreten können, die Symbole aus B_1^* enthalten und auch Termeinsetzungen mit Termen der erweiterten Basis erlaubt sind, während bei einer B-Ableitung nur logische Axiome über der Basis B und Termeinsetzungen mit B-Termen Verwendung finden.

Falls die Menge $ausd^{B(O)}$ abzählbar unendlich ist, d.h., falls B höchstens abzählbar viele Individuen-, Attributen- und Operationssymbole enthält, kann man diesen Hilfssatz genau wie den LINDENBAUMschen Ergänzungssatz des Aussagenkalküls (vgl. I, S. 114) beweisen: Man numeriert die Menge $ausd^{B(O)}$ mit Hilfe der natürlichen Zahlen durch:

$$H_0, H_1, H_2, \ldots,$$

und konstruiert eine Folge von Ausdrucksmengen $X_0, X_1, X_2, \ldots$ auf folgende Weise:

$$X_0 = X$$

$$X_{n+1} = \begin{cases} X_n \cup \{H_n\}, \text{ falls } X_n \cup \{H_n\} \text{ syntaktisch widerspruchsfrei ist} \\ X_n, \text{ sonst.} \end{cases}$$

Die Menge $X^* = \bigcup_n X_n$ leistet dann das Verlangte. Ist die Menge $ausd^{B(O)}$ überabzählbar, so führt dieselbe Konstruktion zum Ziel, wenn man die Menge $ausd^{B(O)}$ mit Hilfe der Ordinalzahlen $\alpha < \omega_\nu$ durchnumeriert, wobei ω_ν die Anfangszahl der durch die Mächtigkeit $\aleph_\nu$ der Menge $ausd^{B(O)}$ bestimmten Zahlenklasse ist, und für eine Limeszahl $\lambda < \omega_\nu$ zusätzlich

$$X_\lambda = \bigcup_{\alpha < \lambda} X_\alpha$$

setzt.

Ein einfacherer Beweis ergibt sich unter Benutzung des sogenannten ZORNschen Lemmas. Dazu betrachten wir das System $\mathfrak{S}$ aller syntaktisch widerspruchsfreien Mengen von B-Ausdrücken, die die gegebene Menge X umfassen. Dieses System wird durch die Inklusion (teilweise) geordnet. Ist nun $\mathfrak{K}$ eine Kette in $\mathfrak{S}$, d.h. ein Teilsystem von $\mathfrak{S}$ mit $K_1 \leqq K_2$ oder $K_2 \leqq K_1$ für beliebiges $K_1, K_2 \in \mathfrak{S}$, so ist auch $\bigcup \mathfrak{K} \in \mathfrak{S}$. Dazu ist zu zeigen, daß $\bigcup \mathfrak{K}$ syntaktisch widerspruchsfrei ist, und hierzu genügt es zu zeigen, daß jede endliche Teilmenge von $\bigcup \mathfrak{K}$ syntaktisch widerspruchsfrei ist. Es sei also $\{H_1, \ldots, H_n\} \leqq \bigcup \mathfrak{K}$ (n eine beliebige natürliche Zahl). Dann existiert zu jedem H_ν ($\nu = 1, \ldots, n$) eine Menge $K_\nu \in \mathfrak{K}$ mit $H_\nu \in K_\nu$. Da nun $\mathfrak{K}$ eine Kette ist, existiert ein $\nu_0 \in \{1, \ldots, n\}$, so daß $K_\nu \leqq K_{\nu_0}$ für $\nu = 1, \ldots, n$, so daß also $H_\nu \in K_{\nu_0}$ für $\nu = 1, \ldots, n$. Wegen $K_{\nu_0} \in \mathfrak{K}$ und $\mathfrak{K} \leqq \mathfrak{S}$ ist K_{ν_0} syntaktisch widerspruchsfrei, und mithin ist es auch die in K_{ν_0} enthaltene Menge $\{H_1, \ldots, H_n\}$. Damit ist gezeigt, daß jede Kette $\mathfrak{K} \leqq \mathfrak{S}$ in $\mathfrak{S}$ „beschränkt" ist, d.h. zu jeder Kette $\mathfrak{K} \leqq \mathfrak{S}$ eine Menge $S_\mathfrak{K} \in \mathfrak{S}$ existiert, so daß $K \leqq S_\mathfrak{K}$ für alle $K \in \mathfrak{K}$. Folglich existiert nach dem ZORNschen Lemma (vgl. S. 178) in $\mathfrak{S}$ ein maximales Element, d.h., es existiert ein $X^* \in \mathfrak{S}$, so daß es kein $Y \in \mathfrak{S}$ mit $Y > X^*$ gibt. Offenbar ist diese Menge X^* eine X umfassende maximale syntaktisch widerspruchsfreie Menge von B-Ausdrücken.

Hilfssatz 4. *Jede maximale syntaktisch widerspruchsfreie Menge X^* von (identitätsfreien) B-Ausdrücken ist bezüglich $Bew^{B(O)}$ deduktiv abgeschlossen, d.h., es gilt für sie $Bw^{B(O)}(X^*) = X^*$.*

Beweis. Es sei dazu H ein beliebiger (identitätsfreier) Ausdruck mit $X^* Bew^{B(O)} H$. Dann ist auf Grund der Widerspruchsfreiheit von X^* auch die Menge $X^* \cup \{H\}$ syntaktisch widerspruchsfrei, und hieraus folgt wegen der Maximalität von X^*, daß $H \in X^*$.

Hilfssatz 5. *Es sei X eine maximale syntaktisch widerspruchsfreie Menge von (identitätsfreien) B-Ausdrücken. Dann gilt für beliebige (identitätsfreie) B-Aussagen H, H_1, H_2:*

(i) $\quad\quad \sim H \in X^*$ *genau dann, wenn $H \notin X^*$,*

(ii) $\quad (H_1 \wedge H_2) \in X^*$ *genau dann, wenn gilt: $H_1 \in X^*$ und $H_2 \in X^*$,*

(iii) $\quad (H_1 \vee H_2) \in X^*$ *genau dann, wenn gilt: $H_1 \in X^*$ oder $H_2 \in X^*$,*

(iv) $\quad (H_1 \rightarrow H_2) \in X^*$ *genau dann, wenn gilt: wenn $H_1 \in X^*$, so $H_2 \in X^*$,*

(v) $\quad (H_1 \leftrightarrow H_2) \in X^*$ *genau dann, wenn gilt: $H_1 \in X^*$ genau dann,*
$$\text{wenn } H_2 \in X^*.$$

Wir beweisen jeweils zunächst die Implikation von links nach rechts (a), dann die Umkehrung (b).

(ia) Es sei $\sim H \in X^*$. Angenommen, es wäre auch $H \in X^*$. Wegen $X^* Bew^{B(O)} H \rightarrow (\sim H \rightarrow H^*)$, wobei H^* ein beliebiger (identitätsfreier) B-Ausdruck ist, wäre dann $X^* Bew^{B(O)} H^*$, d.h., die Menge X^* wäre syntaktisch widerspruchsvoll, entgegen der Voraussetzung von Hilfssatz 5.

(ib) Es sei $H \notin X^*$. Dann ist $X^* \cup \{H\} \supset X^*$, also $X^* \cup \{H\}$ syntaktisch widerspruchsvoll, da X^* eine maximale syntaktisch widerspruchsfreie Menge ist. Folglich ist $X^* \cup \{H\} Bew^{B(O)} H^*$ für jeden (identitätsfreien) B-Ausdruck H^*. Hieraus folgt auf Grund des Deduktionstheorems (hier benutzen wir, daß H eine Aussage ist!) $X^* Bew^{B(O)} (H \rightarrow H^*)$ und mithin auch $X^* Bew^{B(O)} (\sim H^* \rightarrow \sim H)$. Denken wir uns nun H^* so gewählt, daß $X^* Bew^{B(O)} \sim H^*$, so erhalten wir $X^* Bew^{B(O)} \sim H$, und hieraus folgt nach Hilfssatz 4, daß $\sim H \in X^*$.

(iia) Es sei $(H_1 \wedge H_2) \in X^*$. Dann ist wegen $X^* Bew^{B(O)} (H_1 \wedge H_2 \rightarrow H_1)$ und $X^* Bew^{B(O)} (H_1 \wedge H_2 \rightarrow H_2)$ auch $X^* Bew^{B(O)} H_1$ und $X^* Bew^{B(O)} H_2$, und hieraus folgt nach Hilfssatz 4, daß $H_1 \in X^*$ und $H_2 \in X^*$.

(iib) Es sei $H_1 \in X^*$ und $H_2 \in X^*$. Dann ist wegen

$$X^* Bew^{B(O)} (H_1 \rightarrow (H_2 \rightarrow H_1 \wedge H_2))$$

auch $X^* Bew^{B(O)} (H_1 \wedge H_2)$, und Hilfssatz 4 liefert $(H_1 \wedge H_2) \in X^*$.

Die Behauptungen (iii) bis (v) werden analog bewiesen (vgl. I, S. 119).

Es sei nun X eine beliebige syntaktisch widerspruchsfreie Menge von (identitätsfreien) Ausdrücken über der Basis B, wobei wir zunächst annehmen wollen, daß die Menge $ausd^{B(O)}$ abzählbar unendlich ist, d.h. B höchstens abzählbar viele Individuen-, Attributen- und Operationssymbole enthält. Wir adjungieren zu B abzählbar unendlich viele neue Individuensymbole $b_0, b_1, b_2, \ldots$ und bezeichnen die dadurch entstehende Basis mit B^*.[1]) Auch die Menge $ausd^{B^*(O)}$ ist dann abzählbar unendlich. Es sei $E_0, E_1, E_2, \ldots$ eine Abzählung aller (identitätsfreien) Existenzaussagen über B^*, d.h. aller Aussagen der Form $\bigvee x_i H(x_i)$, wobei $H(x_i)$ ein (identitätsfreier) B^*-Ausdruck mit genau einer vollfreien Individuenvariablen x_i ist. Dabei sei E_ν allgemein die B^*-Aussage $\bigvee x_{i_\nu} H_\nu(x_{i_\nu})$ ($\nu = 0, 1, 2, \ldots$). Mit $\beta(\nu)$ bezeichnen wir den kleinsten Index, so daß $b_{\beta(\nu)}$ in keinem der Ausdrücke $H_0, \ldots, H_\nu$ vorkommt und verschieden von $b_{\beta(0)}, \ldots, b_{\beta(\nu-1)}$ ist ($\nu = 0, 1, 2, \ldots$). Mit E_ν^* bezeichnen wir die B^*-Aussage

$$(E_\nu \to H_\nu(b_{\beta(\nu)})) \qquad (\nu = 0, 1, 2, \ldots)$$

und mit Z die Menge aller Aussagen $E_0^*, E_1^*, E_2^*, \ldots$. Auf Grund unserer Konstruktion ist klar, daß bei beliebigem ν das Individuensymbol $b_{\beta(\nu)}$ in keiner der Aussagen $E_0^*, E_1^*, \ldots, E_{\nu-1}^*$ und auch nicht in der Prämisse E_ν von E_ν^* vorkommt. Die Individuensymbole $b_{\beta(0)}, b_{\beta(1)}, \ldots$ sind überdies paarweise verschieden.

Hilfssatz 6. *Die Menge $X \bigcup Z$ ist eine syntaktisch widerspruchsfreie Menge von (identitätsfreien) B^*-Ausdrücken.*

Beweis. Auf Grund des Endlichkeitssatzes für die syntaktische Widerspruchsfreiheit genügt es zu zeigen, daß bei beliebigem n die Menge $X_n = X \bigcup \{E_0^*, \ldots, E_{n-1}^*\}$ syntaktisch widerspruchsfrei ist, wobei sinngemäß $X_0 = X$ gesetzt sei. Für $n = 0$ ergibt sich das unter Anwendung von Hilfssatz 2. Wir nehmen daher an, die Menge X_n ist bereits als syntaktisch widerspruchsfrei nachgewiesen, und zeigen, daß dann auch die Menge X_{n+1} syntaktisch widerspruchsfrei ist. Angenommen, das wäre nicht der Fall. Es sei dann H^* eine beliebige (identitätsfreie) B-Aussage, in der also keines der Individuensymbole b_i vorkommt, so daß $X\ Bew^{B(O)} \sim H^*$. Wenn die Menge X_{n+1} syntaktisch widerspruchsvoll ist, so gilt $X_{n+1}\ Bew^{B^*(O)} H^*$, d.h.

$$X \bigcup \{E_0^*, \ldots, E_n^*\}\ Bew^{B^*(O)} H^*.$$

---

[1]) Die hier benutzte Methode der „symbolischen Auflösung" der Existenzaussagen geht auf G. HASENJAEGER zurück. Vgl. G. HASENJAEGER, Eine Bemerkung zu Henkin's Beweis für die Vollständigkeit des Prädikatenkalküls der ersten Stufe, Journal Symb. Log. 18 (1953), 42—48.

Anwendung des Deduktionstheorems liefert

$$X \cup \{E_0^*, \ldots, E_{n-1}^*\}\; Bew^{B^*(O)}\; (E_n^* \to H^*),$$

d. h.

$$X_n\; Bew^{B^*(O)}\; ((E_n \to H_n(b_{\beta(n)})) \to H^*).$$

Da nun nach Konstruktion das Individuensymbol $b_{\beta(n)}$ weder in X_n noch in E_n noch in H^* vorhanden ist, erhalten wir nach Hilfssatz 1 (angewendet auf die Basis B^* und das Individuensymbol $b_{\beta(n)}$):

$$X_n\; Bew^{B^*(O)}\; \wedge x((E_n \to H_n(x)) \to H^*),$$

wobei x eine beliebige Individuenvariable ist, die in $((E_n \to H_n(b_{\beta(n)})) \to H^*)$ nicht vorkommt. Wenden wir hierauf das Gesetz 18. der Quantorenverschiebung (vgl. S. 95) an, so erhalten wir

$$X_n\; Bew^{B^*(O)}\; (\bigvee x(E_n \to H_n(x)) \to H^*)$$

und Anwendung des Gesetzes 23. der Quantorenverschiebung liefert

$$X_n\; Bew^{B^*(O)}\; ((E_n \to \bigvee x H_n(x)) \to H^*).$$

Da nun E_n der Ausdruck $\bigvee x_{i_n} H_n(x_{i_n})$ ist, gilt

$$X_n\; Bew^{B^*(O)}\; (E_n \to \bigvee x H_n(x)),$$

also

$$X_n\; Bew^{B^*(O)}\; H^*.$$

Andererseits ist wegen $X\; Bew^{B(O)} \sim H^*$ auch

$$X_n\; Bew^{B^*(O)} \sim H^*.$$

Folglich ist (vgl. S. 116) die Menge X_n syntaktisch widerspruchsvoll, im Gegensatz zu unserer Induktionsvoraussetzung.

Da die Menge $X \cup Z$ syntaktisch widerspruchsfrei ist, existiert nach Hilfssatz 3 eine maximale syntaktisch widerspruchsfreie Menge X^* von (identitätsfreien) B^*-Ausdrücken, die $X \cup Z$ umfaßt. Wir konstruieren nun ein B^*-Modell für die Menge X^*, das dann natürlich — wenn man von der Interpretation der in X nicht vorkommenden Individuensymbole $b_0, b_1, b_2, \ldots$ absieht — auch ein B-Modell für X ist.

Zunächst betrachten wir den identitätsfreien Fall. Als Individuenbereich I der zu konstruierenden B^*-Algebra können wir hier die Menge aller variablenfreien B^*-Terme nehmen. Die Mächtigkeitsbehauptung aus (IV*) ist dann offenbar erfüllt: $|I| = |ausd^{BO}| = \aleph_0$. Für jedes Individuensymbol a_λ ($\lambda \in \Lambda$) bzw. b_i ($i = 0, 1, 2, \ldots$) setzen wir

$$\omega(a_\lambda) = a_\lambda, \quad \omega(b_i) = b_i; \tag{1}$$

für jedes Operationssymbol $F_{,\nu}^{n_\nu}$ ($\nu \in N$) aus B^* setzen wir $\omega\left(F_{,\nu}^{n_\nu}\right) = \varphi_{,\nu}^{n_\nu}$, wobei $\varphi_{\nu}^{n_\nu}$ definiert ist durch

$$\varphi_{\nu}^{n_\nu}(t_1, \ldots, t_{n_\nu}) = F_{\nu}^{n_\nu}(t_1, \ldots, t_{n_\nu}), \tag{2}$$

d.h., einem beliebigen n_ν-Tupel $[t_1, \ldots, t_{n_\nu}]$ von Individuen aus I (also variablenfreien B^*-Termen) wird als Wert bei der Abbildung $\varphi_{\nu}^{n_\nu}$ der variablenfreie B^*-Term $F_{\nu}^{n_\nu}(t_1, \ldots, t_{n_\nu})$ zugeordnet; schließlich wird für jedes Attributensymbol $A_{\mu}^{m_\mu}$ $(\mu \in M)$ aus B^*

$$\omega\left(A_{\mu}^{m_\mu}\right) = \alpha_{\mu}^{m_\mu}$$

gesetzt, wobei das Attribut $\alpha_{\mu}^{m_\mu}$ definiert ist durch

$$\alpha_{\mu}^{m_\mu}(t_1, \ldots, t_{m_\mu}) = W \quad \text{genau dann, wenn} \quad A_{\mu}^{m_\mu} t_1 \ldots t_{m_\mu} \in X^*. \tag{3}$$

Unsere Behauptung ist, daß die B^*-Algebra $\Sigma = [I, \omega]$ ein Modell für X^* ist, d.h. $ag_\Sigma H$ für alle $H \in X^*$ gilt. Dazu sei f eine beliebige Belegung der Individuenvariablen mit Individuen aus I, also mit variablenfreien B^*-Termen. Wir werden zeigen, daß für jeden identitätsfreien B^*-Ausdruck H gilt:

$$Wert_\Sigma(H, f) = W \text{ genau dann, wenn } H[f] \in X^*, \tag{4}$$

wobei $H[f]$ die B^*-Aussage ist, die man aus H erhält, wenn man (im Sinne einer simultanen freien Termeinsetzung) jede in H an einer gewissen Stelle frei vorkommende Individuenvariable x, durch den variablenfreien B^*-Term $f(x_i)$ ersetzt. Daraus erhalten wir sofort unsere Behauptung: Ist nämlich H ein beliebiger Ausdruck aus X^*, so ist auf Grund von $(Tefr^B)$ $X\,Bew^{B^*} \circ H[f]$, und nach Hilfssatz 4 folgt hieraus $H[f] \in X^*$, so daß wegen (4) $Wert_\Sigma(H, f) = W$ wird. Da das für jede Belegung f gilt, ist $ag_\Sigma H$, was zu beweisen war.

Zum Beweis der Gültigkeit von (4) für jeden identitätsfreien B^*-Ausdruck zeigt man zunächst, daß bei jeder Belegung f der Individuenvariablen mit Individuen aus I für jeden B^*-Term t

$$Wert_\Sigma(t, f) = t[f] \tag{5}$$

gilt, wobei $t[f]$ der variablenfreie B^*-Term ist, den man aus t durch Ersetzung sämtlicher Individuenvariablen x_i durch ihre Werte $f(x_i)$ erhält. Das ergibt sich mühelos durch vollständige Induktion über die Kompliziertheit des Terms t. Der Beweis von (4) erfolgt sodann durch vollständige Induktion über die Kompliziertheit des identitätsfreien Ausdrucks H. Ist

H ein prädikativer Ausdruck, so hat H die Form $A_\mu^{m_\mu} t_1 \dots t_{m_\mu}$, wobei $t_1, \dots, t_{m_\mu}$ B^*-Terme sind. Definitionsgemäß ist dann

$$Wert_\Sigma (H, f) = \alpha_\mu^{m_\mu} (Wert_\Sigma(t_1, f), \dots, Wert_\Sigma(t_{m_\mu}, f)).$$

Dabei ist nach (5) $Wert_\Sigma(t_i, f) = t_i[f]$ $(i = 1, \dots, m_\mu)$ und folglich nach (3)

$$Wert_\Sigma (H, f) = W \text{ genau dann, wenn } A_\mu^{m_\mu} t_1[f] \dots t_{m_\mu}[f] \in X^*,$$

und hierbei ist $A_\mu^{m_\mu} t_1[f] \dots t_{m_\mu}[f]$ offenbar der Ausdruck $H[f]$. Wir nehmen nun an, (5) sei bereits für den Ausdruck H bewiesen, und zeigen, daß (5) dann auch für den Ausdruck $\sim H$ gilt. Definitionsgemäß ist $Wert_\Sigma(\sim H, f) = W$ genau dann, wenn $Wert_\Sigma(H, f) = F$ ist. Nach Induktionsvoraussetzung ist aber $Wert_\Sigma (H, f) = F$ genau dann, wenn $H[f] \notin X^*$. Nach Hilfssatz 5 (i) ist jedoch $H[f] \notin X^*$ genau dann, wenn $\sim \ulcorner H[f]\urcorner \in X^*$, wobei die Aussage $\sim \ulcorner H[f]\urcorner$ offenbar (als Zeichenreihe) identisch mit $\ulcorner\sim H\urcorner[f]$ ist.[1]) Also gilt:

$$Wert_\Sigma (\sim H, f) = W \text{ genau dann, wenn } \ulcorner\sim H\urcorner[f] \in X^*,$$

und das ist gerade die Induktionsbehauptung. Der Beweis für die anderen aussagenlogischen Funktoren erfolgt analog unter Verwendung der Beziehungen (ii) bis (v) aus Hilfssatz 5. Wir nehmen schließlich an, (5) sei für den B^*-Ausdruck $H(x_i)$ bereits bewiesen, und zeigen, daß (5) dann auch für $\bigvee x_i H(x_i)$ und $\bigwedge x_i H(x_i)$ gilt. Es sei zunächst $Wert_\Sigma(\bigvee x_i H(x_i), f) = W$. Dann existiert eine Belegung f', die sich von f höchstens an der Stelle x_i unterscheidet, so daß $Wert_\Sigma (H(x_i), f') = W$. Nach Induktionsvoraussetzung ist $H[f'] \in X^*$. Ist $f'(x_i)$ der variablenfreie Term t^*, so ist $H[f']$ der Ausdruck $\ulcorner H(x_i'/t^*)\urcorner[f]$. Da X^* $Bew^{B^*(O)}$ $(H(x_i/t^*) \to \bigvee x_i H(x_i))$, ist auf Grund von $(Tefr^{B^*})$ auch X^* $Bew^{B^*(O)}(H(x_i/t^*) \to \bigvee x_i H(x_i))[f]$. Der Ausdruck $(H(x_i/t^*) \to \bigvee x_i H(x_i))[f]$ ist jedoch identisch mit dem Ausdruck $(H(x_i/t^*)[f] \to \ulcorner\bigvee x_i H(x_i)\urcorner[f])$, so daß wegen $H(x_i/t^*)[f] \in X^*$ auch X^* $Bew^{B^*(O)}$ $\ulcorner\bigvee x_i H(x_i)\urcorner[f]$, und mittels Hilfssatz 4 folgt hieraus $\ulcorner\bigvee x_i H(x_i)\urcorner[f] \in X^*$. Es sei nun umgekehrt $\ulcorner\bigvee x_i H(x_i)\urcorner[f] \in X^*$. Als Existenzaussage über der Basis B^* ist $\ulcorner\bigvee x_i H(x_i)\urcorner[f]$ eine bestimmte Aussage E_n in der obigen Abzählung aller Existenzaussagen über B^*. Dann kommt aber in Z und damit auch in X^* die Aussage $(E_n \to H(b_{\beta(n)})[f])$ vor. Folglich ist X^* $Bew^{B^*(O)}$ $H(b_{\beta(n)})[f]$. Gehen wir von der Belegung f zu der durch

$$f'(x_j) = \begin{cases} b_{\beta(n)} & \text{für} \quad j = i \\ f(x_j) & \text{für} \quad j \neq i \end{cases}$$

---

[1]) Mit $\sim \ulcorner H[f]\urcorner$ bezeichnen wir die Negation der Aussage $H[f]$, während unter $\ulcorner\sim H\urcorner[f]$ die Aussage verstanden wird, die aus dem Ausdruck $\sim H$ entsteht, wenn man dort jede irgendwo frei vorkommende Variable x_i durch den variablenfreien Term $f(x_i)$ ersetzt. Analog werden die Haken im weiteren Beweis benutzt.

gegebenen Belegung f' über, so wird $H(b_{\beta(n)})[f]$ gleich dem Ausdruck $H(x_i)[f']$, so daß $X^*\ Bew^{B^*(\mathrm{O})}\ H(x_i)[f']$ und nach Hilfssatz 4 $H(x_i)[f'] \in X^*$. Hieraus folgt nach Induktionsvoraussetzung, daß $Wert_\Sigma(H(x_i), f') = W$, und da sich die Belegung f' von der Belegung f höchstens an der Stelle x_i unterscheidet, ist damit auch $Wert_\Sigma(\bigvee x_i H(x_i), f) = W$. Also gilt in der Tat:

$$Wert_\Sigma(\bigvee x_i H(x_i), f) = W \text{ genau dann, wenn } \ulcorner \bigvee x_i H(x_i) \urcorner[f] \in X^*.$$

Die Gültigkeit von (5) für $\bigwedge x_i H(x_i)$ kann unter Benutzung der schon bewiesenen Fälle folgendermaßen erschlossen werden:

$$Wert_\Sigma(\bigwedge x_i H(x_i), f) = W \quad \text{genau dann, wenn} \quad Wert_\Sigma(\bigvee x_i \sim H(x_i), f) = F$$

$$\text{genau dann, wenn} \quad \ulcorner \bigvee x_i \sim H(x_i) \urcorner[f] \notin X^*$$

$$\text{genau dann, wenn} \quad \ulcorner \sim \bigvee x_i \sim H(x_i) \urcorner[f] \in X^*$$

$$\text{genau dann, wenn} \quad \ulcorner \bigwedge x_i H(x_i) \urcorner[f] \in X^*,$$

letzteres nach Hilfssatz 5 (v), weil

$$X^*\ Bew^{B^*(\mathrm{O})}\ (\ulcorner \sim \bigvee x_i \sim H(x_i) \urcorner[f] \leftrightarrow \ulcorner \bigwedge x_i H(x_i) \urcorner[f]),$$

also nach Hilfssatz 4

$$(\ulcorner \sim \bigvee x_i \sim H(x_i) \urcorner[f] \leftrightarrow \ulcorner \bigwedge x_i H(x_i) \urcorner[f]) \in X^*.$$

Falls das Gleichheitszeichen zugelassen ist, wird die Konstruktion eines B^*-Modells für X^* komplizierter. Auch hier betrachten wir zunächst die Menge aller variablenfreien B^*-Terme. Wir nennen beliebige variablenfreie B^*-Terme t, t' äquivalent (in Zeichen: $t \simeq t'$), wenn die B^*-Aussage $t = t'$ zu X^* gehört. Wir wollen zunächst zeigen, daß diese Relation eine Äquivalenzrelation in der Menge aller variablenfreien B^*-Terme ist. Wegen $x_0 = x_0 \in axi^B$ ist $X^*\ Bew^{B^*}\ t = t$ für jeden variablenfreien B^*-Term t, also $t = t \in X^*$ nach Hilfssatz 4 und mithin $t \simeq t$, d.h., die Relation $\simeq$ ist reflexiv. Analog erhält man, daß die Relation $\simeq$ symmetrisch und transitiv ist. Folglich erzeugt die Relation $\simeq$ eine Zerlegung der Menge aller variablenfreien B^*-Terme in paarweise disjunkte nichtleere Äquivalenzklassen, und die Menge aller Äquivalenzklassen wird jetzt als Individuenbereich I des zu konstruierenden B^*-Modells für X^* genommen. Ist t ein beliebiger variablenfreier B-Term, so bedeute $\overline{t}$ die Restklasse aus I, der t angehört, so daß für variablenfreie Terme t_1, t_2 dann und nur dann $\overline{t_1} = \overline{t_2}$ gilt, wenn

$t_1 \simeq t_2$ ist. Die Mächtigkeitsbehauptung aus (IV^*) ist auch jetzt erfüllt: $|I| \leqq |ausd^B| = \aleph_0$. Die Interpretation ω wird ähnlich wie im identitätsfreien Fall definiert:

$$\omega(a_\lambda) = \overline{a_\lambda} \quad (\lambda \in \Lambda), \quad \omega(b_i) = \overline{b_i} \quad (i = 0, 1, 2, \ldots); \tag{1'}$$

$$\omega\left(F_\nu^{n_\nu}\right) = \varphi_\nu^{n_\nu} \quad (\nu \in N), \quad \text{wobei} \quad \varphi_\nu^{n_\nu}(\overline{t_1}, \ldots, \overline{t_{n_\nu}}) = \overline{F_\nu^{n_\nu}(t_1, \ldots, t_{n_\nu})}; \tag{2'}$$

$$\omega\left(A_\mu^{m_\mu}\right) = \alpha_\mu^{m_\mu} \quad (\mu \in M), \quad \text{wobei} \tag{3'}$$

$$\alpha_\mu^{m_\mu}(\overline{t_1}, \ldots, \overline{t_{m_\mu}}) = W \quad \text{genau dann, wenn} \quad A_\mu^{m_\mu} t_1 \ldots t_{m_\mu} \in X^*.$$

Jetzt muß allerdings noch gezeigt werden, daß die Definitionen $(2')$ und $(3')$ unabhängig von der speziellen Wahl der Repräsentanten t_i $(i = 1, \ldots, n_\nu$ bzw. $i = 1, \ldots, m_\mu)$ aus den Restklassen $\overline{t_i}$ sind. Für $(2')$ ist also zu zeigen: Wenn $t_i \simeq t_i'$ für $i = 1, \ldots, n_\nu$, so $F_\nu^{n_\nu}(t_1, \ldots, t_{n_\nu}) \simeq F_\nu^{n_\nu}(t_1', \ldots, t_{n_\nu}')$. Nach Definition bedeutet $t_i \simeq t_i'$, daß die B^*-Aussage $t_i = t_i'$ zu X^* gehört. Nun ist (vgl. S. 105)

$$X^* \, Bew^{B^*} t_1 = t_1' \rightarrow (\cdots \rightarrow (t_{n_\nu} = t_{n_\nu}' \rightarrow F_\nu^{n_\nu}(t_1, \ldots, t_{n_\nu}) = F_\nu^{n_\nu}(t_1', \ldots, t_{n_\nu}'))\cdots).$$

Also ist auf Grund der Voraussetzung $t_i \simeq t_i'$ $(i = 1, \ldots, n_\nu)$

$$X^* \, Bew^{B^*} F_\nu^{n_\nu}(t_1, \ldots, t_{n_\nu}) = F_\nu^{n_\nu}(t_1', \ldots, t_{n_\nu}')$$

und nach Hilfssatz 4

$$F_\nu^{n_\nu}(t_1, \ldots, t_{n_\nu}) = F_\nu^{n_\nu}(t_1', \ldots, t_n') \in X^*$$

und mithin

$$F_\nu^{n_\nu}(t_1, \ldots, t_{n_\nu}) \simeq F_\nu^{n_\nu}(t_1', \ldots, t_{n_\nu}').$$

Analog ergibt sich die Unabhängigkeit der Definition $(3')$ von den Repräsentanten.

Der Beweis dafür, daß $\Sigma = [I, \omega]$ ein B^*-Modell für X^* ist, verläuft im Prinzip wie im identitätsfreien Fall, und seine genaue Durchführung sei dem Leser als Übungsaufgabe überlassen. Wir merken nur an, daß die zu (4) und (5) analogen Beziehungen folgendermaßen zu formulieren sind: Es sei $\overline{f}$ eine Belegung der Individuenvariablen mit Individuen aus I, d.h. mit Restklassen von variablenfreien B^*-Termen. Eine Belegung f der Individuenvariablen mit variablenfreien B^*-Termen heiße ein *Repräsentant von* $\overline{f}$, wenn für jede Individuenvariable x_i der B^*-Term $f(x_i)$ zur Restklasse

$\overline{f}(x_i)$ gehört (also $f(x_i) \in \overline{f}(x_i)$ oder auch $\overline{f(x_i)} = \overline{f}(x_i)$gilt). Dann ist für jeden B^*-Ausdruck H

$$Wert_{\Sigma}(H, \overline{f}) = W \text{ genau dann, wenn } H[f] \in X^* \qquad (4')$$

und für jeden B^*-Term t

$$Wert_{\Sigma}(t, \overline{f}) = \overline{t[f]}, \qquad (5')$$

wobei $H[f]$ und $t[f]$ dieselbe Bedeutung wie oben haben.

Ist die Basis B und damit die Ausdrucksmenge $ausd^B$ überabzählbar, etwa von der Mächtigkeit $\aleph_\alpha$, so ist der Beweis in folgenden Punkten abzuändern: Zur Basis B wird ein System von $\aleph_\alpha$ neuen Individuensymbolen $b_0, b_1, ..., b_\nu, ...$ ($\nu < \omega_\alpha$, ω_α Anfangszahl der Zahlenklasse $Z(\aleph_\alpha)$) adjungiert, und die entstehende Basis der Mächtigkeit $\aleph_\alpha$ wird mit B^* bezeichnet. Es wird dann eine Abzählung $E_0, E_1, ..., E_\nu, ...$ der Existenzaussagen über B^* mittels der Ordinalzahlen $\nu < \omega_\alpha$ vorgenommen. Dabei sei E_ν allgemein die Aussage $\bigvee x_{i_\nu} H_\nu(x_{i_\nu})$, wobei $H_\nu(x_{i_\nu})$ ein bestimmter B^*-Ausdruck mit der vollfreien Individuenvariablen x_{i_ν} ist. Für jede Ordinalzahl $\nu < \omega_\alpha$ sei $\beta(\nu)$ die kleinste Ordinalzahl kleiner als ω_α, so daß $b_{\beta(\nu)}$ nicht in $E_0, E_1, ..., E_\nu$ vorkommt und von allen $\beta(\mu)$ mit $0 \leq \mu < \nu$ verschieden ist. Da sowohl die Anzahl der in $E_0, ..., E_\nu$ vorkommenden Individuensymbole b_ϱ als auch die Anzahl der Indizes $\beta(\mu)$ mit $0 \leq \mu < \nu$ kleiner als $\aleph_\alpha$ sind, ist die Ordinalzahl $\beta(\nu)$ stets eindeutig bestimmt. Die B^*-Aussage $(E_\nu \to H_\nu(b_{\beta(\nu)}))$ wird mit E_ν^* bezeichnet $(0 \leq \nu < \omega_\alpha)$, und es wird $Z = \{E_\nu^* \mid \nu < \omega_\alpha\}$ gesetzt. Nach Konstruktion kommt bei beliebigem $\nu < \omega_\alpha$ das Individuensymbol $b_{\beta(\nu)}$ in keiner Aussage E_μ^* mit $0 \leq \mu < \nu$ und auch nicht in der Prämisse E_ν der Aussage E_ν^* vor. Da wir im abzählbaren Fall nur hiervon Gebrauch gemacht haben, läßt sich der weitere Beweis wörtlich übernehmen und führt dann zum Beweis des Satzes (IV*) für den allgemeinen Fall.

Wir kommen nun zur Formulierung und zum Beweis von Axiomatisierungstheoremen für die Mengen ag_k^{BO} ($k = 1, 2, ...$).[1] Dabei setzen wir voraus, daß in der betrachteten Basis B keine Operationssymbole vorhanden sind. Ob ähnliche Axiomatisierungstheoreme auch für Basen mit Operationssymbolen erhalten werden können, ist nicht bekannt. Grundsätzlich muß zum Axiomatisierungsproblem für die Mengen ag_k^{BO} folgendes bemerkt werden: Da offenbar (bei entscheidbarer Basis B) die Mengen $ag_k^{B(O)}$

---

[1] Zu den folgenden Ausführungen vgl. M. WAJSBERG, Untersuchungen über den Funktionenkalkül für endliche Individuenbereiche, Math. Ann. **108** (1933), 218—228.

entscheidbar sind, d.h. von jedem (identitätsfreien) B-Ausdruck stets in endlich vielen Schritten festgestellt werden kann, ob er k-zahlig allgemeingültig ist oder nicht, ist eine Axiomatisierung der Mengen $ag_k^{B\bigcirc}$, analog wie die der Identitäten des Aussagenkalküls, vorwiegend methodisch von Interesse (vgl. S. 79).[1])

Es sei also B eine Basis, in der keine Operationssymbole vorhanden sind. Mit $X_k^{B\bigcirc}$ bezeichnen wir die Menge aller identitätsfreien B-Ausdrücke der Form

$$\bigvee_{\varkappa=1}^{k} (H_\varkappa(x_\varkappa) \to H_\varkappa(x_0) \vee \cdots \vee H_\varkappa(x_{\varkappa-1})), \tag{6}$$

wobei $H_\varkappa(x_\varkappa)$ jeweils ein beliebiger identitätsfreier B-Ausdruck ist, in dem (wenigstens) die Variable $x_\varkappa$ vollfrei vorkommt und die Variablen $x_0, \ldots, x_{\varkappa-1}, x_{\varkappa+1}, \ldots, x_k$ nicht enthalten sind ($\varkappa = 1, \ldots, k$). Wir behaupten, daß folgendes gilt:

Axiomatisierungstheoreme für $ag_k^{B\bigcirc}$. *Bei beliebiger Basis B ohne Operationssymbole ist*

$$Bw^{B\bigcirc}(X_k^{B\bigcirc}) = ag_k^{B\bigcirc}. \tag{7}$$

Beweis. Da alle Ausdrücke der Menge $X_k^{B\bigcirc}$ k-zahlig allgemeingültig sind (vgl. S. 51), ist auf Grund der Deduktionserblichkeit der k-zahligen Allgemeingültigkeit bzgl. $Bew^{B\bigcirc}$ (vgl. S. 86) $Bw^{B\bigcirc}(X_k^{B\bigcirc}) \subseteqq ag_k^{B\bigcirc}$. Mithin genügt es zu zeigen, daß jeder k-zahlig allgemeingültige identitätsfreie B-Ausdruck H aus $X_k^{B\bigcirc}$ identitätsfrei beweisbar ist. Ohne Beschränkung der Allgemeinheit dürfen wir dabei zusätzlich voraussetzen, daß in H keine Individuensymbole vorhanden sind. Ist nämlich $H(a_1, \ldots, a_l)$ ein k-zahlig allgemeingültiger identitätsfreier B-Ausdruck mit genau den Individuensymbolen $a_1, \ldots, a_l$, so ist auch (vgl. S. 41) der Ausdruck $\bigwedge y_1 \cdots \bigwedge y_l H(y_1, \ldots, y_l)$ k-zahlig allgemeingültig ($y_1, \ldots, y_l$ sind dabei

---

[1]) Ein Ausdruck H ist nämlich genau dann k-zahlig allgemeingültig, wenn er allgemeingültig ist in jeder B_H-Algebra über z.B. dem Individuenbereich $I = \{1, \ldots, k\}$, d.h., wenn in jeder derartigen Algebra bei jeder Belegung f der Individuenvariablen mit Individuen aus I $Wert_\Sigma(H, f) = W$ gilt. Da nun in einer endlichen Algebra dieser Wert stets in einer begrenzten Anzahl von Schritten berechnet werden kann, es bei gegebenem H nur endlich viele B_H-Algebren über I und auch nur endlich viele verschiedene Möglichkeiten gibt, die endlich vielen in H frei vorkommenden Individuenvariablen mit Individuen aus I zu belegen, läßt sich in der Tat die Entscheidung über die k-zahlige Allgemeingültigkeit eines gegebenen B-Ausdrucks H in endlich vielen Schritten herbeiführen. Die Entscheidbarkeit der Basis B spielt insofern eine Rolle, als von der gegebenen Zeichenreihe zunächst in endlich vielen Schritten festzustellen ist, ob sie ein B-Ausdruck ist oder nicht.

paarweise verschiedene Individuenvariablen, die in $H(a_1, ..., a_l)$ nicht vorhanden sind) und mithin – nach dem zu beweisenden Satz für Ausdrücke ohne Individuensymbole – aus $X_k^{B\bigcirc}$ identitätsfrei beweisbar; dann ist aber offenbar auch $H(a_1, ..., a_l)$ identitätsfrei beweisbar. Ferner dürfen wir annehmen, daß H eine pränexe Aussage ist, d. h. die Form

$$\mathsf{Q}_1 x_{i_1} \ ... \ \mathsf{Q}_n x_{i_n} H^*(x_{i_1}, ..., x_{i_n}) \tag{8}$$

hat, wobei $\mathsf{Q}_1, ..., \mathsf{Q}_n$ beliebige Quantoren $\bigwedge$ oder $\bigvee$ sowie $x_{i_1}, ..., x_{i_n}$ paarweise und von $x_0, x_1, ..., x_k$ verschiedene Individuenvariablen sind und $H^*(x_{i_1}, ..., x_{i_n})$ ein quantorenfreier identitätsfreier Ausdruck ohne Operations- und Individuensymbole ist, in dem genau die Variablen $x_{i_1}, ..., x_{i_n}$ vollfrei vorkommen (vgl. S. 137).

Wir zeigen als erstes, daß die k-zahlige Allgemeingültigkeit von H äquivalent ist der Allgemeingültigkeit des quantorenfreien Ausdrucks

$$\mathsf{F}_1^{(k)} \ ... \ \mathsf{F}_n^{(k)} H^*(x_{\varkappa_1}, ..., x_{\varkappa_n}), \tag{9}$$

wobei $\mathsf{F}_\nu^{(k)}$ die Konjunktion $\overset{k-1}{\underset{\varkappa_\nu=0}{\bigwedge}}$ bedeutet, wenn Q_ν der Generalisator ist, und die Alternative $\overset{k-1}{\underset{\varkappa_\nu=0}{\bigvee}}$, wenn Q_ν der Partikularisator ist ($\nu = 1, ..., n$). Den Ausdruck (9) bezeichnen wir im folgenden mit $H^{(k)}$. Da der Ausdruck $H^{(k)}$ quantorenfrei ist, ist seine Allgemeingültigkeit äquivalent seiner aussagenlogischen Allgemeingültigkeit (vgl. S. 46) und übrigens auch seiner k-zahligen Allgemeingültigkeit (da in $H^{(k)}$ lediglich die k Terme $x_0, ..., x_{k-1}$ vorhanden sind, vgl. S. 67).

Wir nehmen zunächst an, der Ausdruck $H^{(k)}$ ist allgemeingültig. Es sei $\Sigma = [I, \omega]$ eine B_H-Algebra mit $|I| = k$ und f eine Belegung der Individuenvariablen mit Individuen aus I, so daß $f(x_0), ..., f(x_{k-1})$ den gesamten Bereich I ausschöpfen. Dann ist, wie man leicht sieht, für $\nu = n, \ n - 1, ..., 0$

$$Wert_\Sigma(H, f) =$$

$$Wert_\Sigma(\mathsf{Q}_1 x_{i_1} \ ... \ \mathsf{Q}_\nu x_{i_\nu} \mathsf{F}_{\nu+1}^{(k)} \ ... \ \mathsf{F}_n^{(k)} H^*(x_{i_1}, ..., x_{i_\nu}, x_{\varkappa_{\nu+1}}, ..., x_{\varkappa_n}), f)$$

also insbesondere ($\nu = 0$)

$$Wert_\Sigma(H, f) = Wert_\Sigma(H^{(k)}, f),$$

woraus wegen $Wert_\Sigma(H^{(k)}, f) = W$ auch $Wert_\Sigma(H, f) = W$ folgt. Da H eine Aussage ist, ist damit H in Σ allgemeingültig. Das gilt für jede B_H-Algebra Σ, deren Individuenbereich die Mächtigkeit k hat, d. h., H ist k-zahlig allgemeingültig.

Es sei nun umgekehrt vorausgesetzt, daß H k-zahlig allgemeingültig ist. Da H identitätsfrei ist, ist dann H auch l-zahlig allgemeingültig für jedes

$l \leq k$. Es sei dann $\Sigma = [I, \omega]$ eine beliebige B_H-Algebra und f eine beliebige Belegung der Individuenvariablen mit Individuen aus I. Wir setzen $\Sigma' = [I', \omega']$, wobei $I' = \{f(x_0), ..., f(x_{k-1})\}$ und ω' die Interpretation der Attributensymbole $A^m_{\mu\ \mu}$ aus B_H mit Attributen über I' ist, die gegeben wird durch

$$\omega'\left(A^m_{\mu\ \mu}\right)(\xi_1, ..., \xi_{m_\mu}) = \omega\left(A^m_{\rho\ \mu}\right)(\xi_1, ..., \xi_{m_\mu}) \quad (\xi_1, ..., \xi_{m_\mu} \in I').$$

Wie oben erkennt man, daß

$$Wert_{\Sigma'}(H^{(k)}, f) = Wert_{\Sigma'}(H, f).$$

Da nun H k-zahlig allgemeingültig und $|I'| \leq k$ ist, folgt hieraus, daß $Wert_{\Sigma'}(H^{(k)}, f) = W$. Außerdem ist (hier wird wesentlich benutzt, daß in H keine Operationssymbole auftreten) $Wert_{\Sigma'}(H^{(k)}, f) = Wert_{\Sigma}(H^{(k)}, f)$. Also ist $Wert_{\Sigma}(H^{(k)}, f) = W$ für jede B_H-Algebra Σ und jede Belegung f, d.h., $H^{(k)}$ ist allgemeingültig.

Damit haben wir folgendes bewiesen: Für eine beliebige identitätsfreie k-zahlig allgemeingültige B-Aussage der Form (8) sind alle Ausdrücke $H^{(l)}$ der Form (9) mit $1 \leq l \leq k$ allgemeingültig und mithin aus X_k^{BO} identitätsfrei beweisbar.

Als nächstes zeigen wir, daß für jeden k-zahlig allgemeingültigen Ausdruck H der Form (8) aus X_k^{BO} alle Ausdrücke der Form $H_l \vee H$ beweisbar sind, wobei H_l ein beliebiger Ausdruck der Menge X_l^{BO} ($l = 1, 2, ..., k$) ist, in dem die Variablen $x_{l+1}, ..., x_k$ nicht vorkommen. Die Menge aller jener Ausdrücke sei kurz mit Y_l bezeichnet. Da diese Behauptung im Fall $l = k$ trivial gilt, genügt es zu zeigen, daß aus der Beweisbarkeit aller Ausdrücke der Menge Y_l die Beweisbarkeit aller Ausdrücke der Menge Y_{l-1} folgt ($l = 2, ..., k$). Unter den Ausdrücken aus Y_l kommen speziell alle Ausdrücke der Form

$$(H^\star(x_{i_1}, ..., x_{i_{n-1}}, x_l) \rightarrow \bigvee_{\lambda=0}^{l-1} H^\star(x_{i_1}, ..., x_{i_{n-1}}, x_\lambda)) \vee H_{l-1} \vee H \qquad (10)$$

vor, wobei $H_{l-1} \vee H$ ein beliebiger Ausdruck aus Y_{l-1} ist. Folglich sind nach Voraussetzung alle diese Ausdrücke aus X_k^{BO} identitätsfrei beweisbar. Mittels einfacher logischer Ableitungen folgt hieraus, daß aus X_k^{BO}

$$(\bigvee x_{i_n} H^\star(x_{i_1}, ..., x_{i_n}) \leftrightarrow \bigvee_{\lambda=0}^{l-1} H^\star(x_{i_1}, ..., x_{i_{n-1}}, x_\lambda)) \vee H_{l-1} \vee H$$

beweisbar ist. Nehmen wir statt (10) den Ausdruck

$$(\sim H^\star(x_{i_1}, ..., x_{i_{n-1}}, x_l) \rightarrow \bigvee_{\lambda=0}^{l-1} \sim H^\star(x_{i_1}, ..., x_{i_{n-1}}, x_\lambda)) \vee H_{l-1} \vee H$$

aus Y_l, so erhalten wir, daß aus X_k^{BO} auch

$$(\bigwedge x_{i_n} H^*(x_{i_1}, \ldots, x_{i_n}) \leftrightarrow \bigwedge_{\lambda=0}^{l-1} H^*(x_{i_1}, \ldots, x_{i_{n-1}}, x_\lambda)) \vee H_{l-1} \vee H$$

beweisbar ist. Also ist aus X_k^{BO} beweisbar

$$(\mathsf{Q}_n x_{i_n} H^*(x_{i_1}, \ldots, x_{i_n}) \leftrightarrow \mathsf{F}_n^{(l)} H^*(x_{i_1}, \ldots, x_{i_{n-1}}, x_{\varkappa_n})) \vee H_{l-1} \vee H. \qquad (11)$$

Nehmen wir statt (10) den Ausdruck

$$(\mathsf{Q}_n x_{i_n} H^*(\ldots, x_l, x_{i_n}) \to \bigvee_{\lambda=0}^{l-1} \mathsf{Q}_n x_{i_n} H^*(\ldots, x_\lambda, x_{i_n})) \vee H_{l-1} \vee H,$$

so erhalten wir analog, daß aus X_k^{BO} beweisbar ist

$$(\mathsf{Q}_{n-1} x_{i_{n-1}} \mathsf{Q}_n x_{i_n} H^* \leftrightarrow \mathsf{F}_{n-1}^{(l)} \mathsf{Q}_n x_{i_n} H^*(\ldots, x_{\varkappa_{n-1}}, x_{i_n})) \vee H_{l-1} \vee H.$$

Ferner folgt aus der Beweisbarkeit von (11), daß aus X_k^{BO} beweisbar ist

$$(\mathsf{F}_{n-1}^{(l)} \mathsf{Q}_n x_{i_n} H^*(\ldots, x_{\varkappa_{n-1}}, x_{i_n}) \leftrightarrow \mathsf{F}_{n-1}^{(l)} \mathsf{F}_n^{(l)} H^*(\ldots, x_{\varkappa_{n-1}}, x_{\varkappa_n})) \vee H_{l-1} \vee H.$$

Folglich ist aus X_k^{BO} beweisbar

$$(\mathsf{Q}_{n-1} x_{i_{n-1}} \mathsf{Q}_n x_{i_n} H^*(\cdots) \leftrightarrow \mathsf{F}_{n-1}^{(l)} \mathsf{F}_n^{(l)} H^*(\cdots)) \vee H_{l-1} \vee H.$$

Setzen wir dieses Verfahren in der begonnenen Weise fort, so erhalten wir, daß aus X_k^{BO} beweisbar ist

$$(H \leftrightarrow H^{(l)}) \vee H_{l-1} \vee H,$$

und hieraus folgt auf Grund der Beweisbarkeit von $H^{(l)}$ (s. oben), daß aus X_k^{BO} der Ausdruck $H_{l-1} \vee H$ beweisbar ist, und hierbei war $H_{l-1} \vee H$ ein beliebiger Ausdruck aus Y_{l-1}.

Die vorangehenden Überlegungen bleiben offenbar auch im Fall $l = 1$ richtig, nur daß jetzt der Anteil H_{l-1} fehlt. Das liefert die Behauptung

$$X_k^{BO} \, Bew^{BO} \, H,$$

womit unser Axiomatisierungstheorem für ag_k^{BO} bewiesen ist.

Nehmen wir an, daß in der Basis B die k einstelligen Attributensymbole $A_1, \ldots, A_k$ vorkommen, so können wir die Ausdrücke (6) der Menge X_B^{kO}

sämtlich durch eine simultane A-Einsetzung aus dem k-zahlig und nicht $(k+1)$-zahlig allgemeingültigen B-Ausdruck

$$\bigvee_{\varkappa=1}^{k} (A_\varkappa x_\varkappa \to A_\varkappa x_0 \vee \cdots \vee A_\varkappa x_{\varkappa-1}) \tag{12}$$

gewinnen. Damit können wir in diesem Fall das Axiomatisierungstheorem für $ag_k^{B\bigcirc}$ auch folgendermaßen formulieren. *Für jede Basis B, in der keine Operationssymbole und wenigstens k einstellige Attributensymbole $A_1, ..., A_k$ vorkommen, ist*

$$ag_k^{B\bigcirc} = Ab_A^B(axa^{B\bigcirc} \bigvee W_k), \tag{13}$$

wobei W_k den k-zahlig und nicht $(k+1)$-zahlig allgemeingültigen B-Ausdruck (12) bedeutet. WAJSBERG hat überdies gezeigt, daß man bei derartigen Basen in (13) an die Stelle von W_k einen beliebigen anderen k-zahlig und nicht $(k+1)$-zahlig allgemeingültigen Ausdruck setzen kann.

Es verbleibt schließlich die naheliegende Frage, wie es mit einer Axiomatisierung der Menge $ag_{end}^{B(\bigcirc)}$ steht. Hier gilt ein interessantes Resultat, das im wesentlichen zuerst von B. A. TRACHTENBROT[1]) bewiesen wurde. *In allen den Fällen, in denen $ag_{end}^{B(\bigcirc)}$ mit keiner der Mengen $ag_k^{B(\bigcirc)}$ ($k = 1, 2, ...$) oder ag^B zusammenfällt* (für welche Basen das der Fall ist, wurde in § 4 erschöpfend geklärt), *ist die Menge $ag_{end}^{B(\bigcirc)}$ nachweisbar nicht axiomatisierbar.* Natürlich erfordert der Beweis dieses Satzes zunächst eine exakte Definition des Begriffs Axiomatisierbarkeit, die wir erst in Teil III dieser Einführung geben können, wo wir auch diesen Satz beweisen werden. Es handelt sich hierbei um einen typischen „Unmöglichkeitsbeweis", nämlich um den Beweis, daß es unmöglich ist, eine Axiomatisierung für $ag_{end}^{B(\bigcirc)}$ zu finden. Wie die bekannten klassischen Unmöglichkeitsbeweise (Transzendenzbeweise, Nichtauflösbarkeit einer algebraischen Gleichung durch Radikale usw.) ist er mit ganz bestimmten methodischen Schwierigkeiten verknüpft.

§ 9. PRÄDIKATENLOGISCHE NORMALFORMEN

Wir wollen zunächst noch einige einfache Begriffe einführen, die sich für das Folgende als zweckmäßig erweisen. Es seien H_1, H_2 Ausdrücke über einer gegebenen Basis B und es sei Σ eine beliebige B-Algebra. Die Ausdrücke H_1, H_2 heißen *allgemeingültigkeitsgleich in Σ ($H_1 Aggl_\Sigma H_2$)*, wenn gilt: $ag_\Sigma H_1$ genau dann, wenn $ag_\Sigma H_2$. Entsprechend heißen H_1, H_2 *erfüllbarkeitsgleich in Σ ($H_1 Efgl_\Sigma H_2$)*, wenn gilt: $ef_\Sigma H_1$ genau dann, wenn $ef_\Sigma H_2$.

---

[1]) Vgl. Б. А. Трахтенброт, Невозможностъ алгорифма для проблемы разрешимости на конечных классах, Доклады Акад. Наук СССР 70 (1950), 569–572.

Analog werden die Allgemeingültigkeits- und Erfüllbarkeitsgleichheit in einem Individuenbereich I ($H_1 Aggl_I H_2$, $H_1 Efgl_I H_2$), die $\mathfrak{m}$-zahlige Allgemeingültigkeits- und Erfüllbarkeitsgleichheit ($H_1 Aggl_\mathfrak{m} H_2$, $H_1 Efgl_\mathfrak{m} H_2$) und die Allgemeingültigkeits- und Erfüllbarkeitsgleichheit schlechthin ($H_1 Aggl\, H_2$, $H_1 Efgl\, H_2$) erklärt. Die (identitätsfreien) Ausdrücke H_1, H_2 heißen (*identitätsfrei*) *beweisbarkeitsgleich bezüglich der Menge X von* (*identitätsfreien*) *B-Ausdrücken* ($H_1 Bwgl_X^{B(\mathrm{O})} H_2$), wenn gilt: $X\, Bew^{B(\mathrm{O})} H_1$ genau dann, wenn $X\, Bew^{B(\mathrm{O})} H_2$; sie heißen (*identitätsfrei*) *widerlegbarkeitsgleich bzgl. X* ($H_1 Wdgl_X^{B(\mathrm{O})} H_2$), wenn gilt: $X\, Bew^{B(\mathrm{O})} \sim H_1$ genau dann, wenn $X\, Bew^{B(\mathrm{O})} \sim H_2$.[1]) Schließlich wollen wir die Ausdrücke H_1, H_2 schlechthin *beweisbarkeits-* bzw. *widerlegbarkeitsgleich* nennen ($H_1 Bwgl^{B(\mathrm{O})} H_2$, $H_1 Wdgl^{B(\mathrm{O})} H_2$), wenn sie bezüglich der leeren Menge beweisbarkeits- bzw. widerlegbarkeitsgleich sind. Man zeigt leicht, daß zwischen diesen Begriffen unter anderem die folgenden Beziehungen bestehen:

$$\text{Wenn } H_1 Äqsem_\Sigma H_2, \text{ so } H_1 Aggl_\Sigma H_2 \text{ und } H_1 Efgl_\Sigma H_2,$$

$$H_1 Aggl_\Sigma H_2 \text{ genau dann, wenn } \sim H_1 Efgl_\Sigma \sim H_2,$$

$$H_1 Efgl_\Sigma H_2 \text{ genau dann, wenn } \sim H_1 Aggl_\Sigma \sim H_2,$$

und analog für $Äqsem_I$, $Aggl_I$, $Efgl_I$; $Äqsem_\mathfrak{m}$, $Aggl_\mathfrak{m}$, $Efgl_\mathfrak{m}$; $Äqsem$, $Aggl$, $Efgl$.

$$\text{Wenn } H_1 Äqsyn_X^{B(\mathrm{O})} H_2, \text{ so } H_1 Bwgl_X^{B(\mathrm{O})} H_2 \text{ und } H_1 Wdgl_X^{B(\mathrm{O})} H_2,$$

und analog für $Äqsyn^{B(\mathrm{O})}$, $Bwgl^{B(\mathrm{O})}$, $Wdgl^{B(\mathrm{O})}$.

$$H_1 Bwgl^{B(\mathrm{O})} H_2 \text{ genau dann, wenn } \sim H_1 Wdgl^{B(\mathrm{O})} \sim H_2,$$

$$H_1 Wdgl_X^{B(\mathrm{O})} H_2 \text{ genau dann, wenn } \sim H_1 Bwgl_X^{B(\mathrm{O})} \sim H_2,$$

und analog für $Bwgl^{B(\mathrm{O})}$, $Wdgl^{B(\mathrm{O})}$.

In der **Normalformentheorie** geht es nun allgemein darum, jedem Ausdruck H über einer gegebenen Basis B einen Ausdruck H^* einer mehr oder minder speziellen Bauart zuzuordnen, der zu H in einem bestimmten Sinne „gleichwertig" (z. B. semantisch und syntaktisch äquivalent oder allgemeingültigkeits- und beweisbarkeitsgleich usw.) ist. Dabei kann H^*

---

[1]) Ein Ausdruck H heißt nämlich *widerlegbar aus X* ($X\, Wid^{B(\mathrm{O})} H$), wenn $X\, Bew^{B(\mathrm{O})} \sim H$.

ein Ausdruck über B oder über einer bestimmten anderen Basis B^* sein. Von der Vielzahl der heute bekannten Normalformen (man nennt sie auch *Reduktionstypen*) können wir hier nur die wichtigsten behandeln.[1])

Von besonderer Bedeutung sind die sogenannten *pränexen Normalformen*. Hierunter versteht man einen Ausdruck H^* der Form $\Psi H'$, wobei Ψ eine Folge von (paarweise verschiedenen) quantifizierten Variablen, d.h. eine Zeichenreihe der Form $Q_1 x_{i_1} \dots Q_n x_{i_n}$ mit $Q_\nu \in \{\wedge, \vee\}$ $(\nu = 1, \dots, n)$, und H' ein quantorenfreier Ausdruck ist. Die Zeichenreihe Ψ heißt *das Präfix von H^**, der Ausdruck H' *der Kern von H^**. Es gilt dann der folgende

Satz von der pränexen Normalform. *Zu jedem (identitätsfreien) B-Ausdruck H gibt es eine (identitätsfreie) pränexe Normalform H^* mit*

$$H \text{ Äqsem } H^* \quad \text{und} \quad H \text{ Äqsyn}^{B(O)} H^*. \tag{1}$$

Die Konstruktion eines derartigen Ausdrucks H^* erfolgt in mehreren Schritten. Zunächst werden aus H die Funktoren $\rightarrow$ und $\leftrightarrow$ semantisch und syntaktisch äquivalent eliminiert (vgl. I, S. 99f.).[2]) Sodann werden unter Anwendung der DE MORGANschen Regeln (vgl. I, S. 98), des Satzes über die doppelte Negation (vgl. I, S. 97) und der Äquivalenzen 14. und 15. aus § 7 (S. 94) die Negationszeichen sukzessive nach innen getrieben, so daß sie also schließlich nur noch höchstens unmittelbar vor prädikativen Ausdrücken auftreten. Im nächsten Schritt werden die Wirkungsbereiche der quantifiziert auftretenden Variablen getrennt, d.h., es werden die quantifiziert auftretenden Variablen so gebunden umbenannt, daß eine beliebige Variable x_i im entstehenden Ausdruck nur noch an höchstens einer Stelle quantifiziert vorkommt und zugleich alle freien Variablen sogar vollfrei vorkommen. Dazu merken wir an, daß jede gebundene Umbenennung eine semantisch und syntaktisch äquivalente Umformung ist; entsteht nämlich H' aus H durch eine gebundene Umbenennung, so kann man den Ausdruck $(H \leftrightarrow H')$ aus dem aussagenlogisch allgemeingültigen Ausdruck $(H \leftrightarrow H)$ durch Anwendung von $(Umgb)$ erhalten. Im letzten Schritt werden schließlich die Quantoren durch Anwendung der Äquivalenzen 16., 17., 20. und 21. aus § 7 (S. 95f.) semantisch und syntaktisch äquivalent sukzessive nach außen gebracht.

---

[1]) Einen umfassenden Überblick findet der Leser in J. SURÁNYI, Reduktionstheorie des Entscheidungsproblems im Prädikatenkalkül der ersten Stufe, Budapest und Berlin 1959.

[2]) Wir weisen darauf hin, daß hierbei und auch bei den folgenden Umformungen laufend die Ersetzbarkeitstheoreme für semantisch und syntaktisch äquivalente Ausdrücke (S. 44 und S. 99) angewandt werden.

Die Herstellung einer pränexen Normalform möge das folgende Beispiel näher erläutern (mit „$\ddot{A}q$" sei dabei angedeutet, daß es sich jeweils um eine semantisch und syntaktisch äquivalente Umformung handelt):

$$(\bigwedge_x (\bigvee_y Axy \to Bx) \to \bigwedge_x Axy) \quad \ddot{A}q \quad (\sim \bigwedge_x (\sim \bigvee_y Axy \vee Bx) \vee \bigwedge_x Axy)$$

$$\ddot{A}q \quad (\bigvee_x (\bigvee_y Axy \wedge \sim Bx) \vee \bigwedge_x Axy)$$

$$\ddot{A}q \quad (\bigvee_x (\bigvee_u Axu \wedge \sim Bx) \vee \bigwedge_v Avy)$$

$$\ddot{A}q \quad \bigvee_x \bigvee_u \bigwedge_v ((Axu \wedge \sim Bx) \vee Avy).$$

Aus (1) folgt, daß $H \, Aggl_\Sigma H^\star$, $H \, Efgl_\Sigma H^\star$, $H \, Bwgl_X^{B(O)} H^\star$, $H \, Wdgl_X^{B(O)} H^\star$ für jede B-Algebra Σ und jede Menge X von (identitätsfreien) B-Ausdrükken. Da jeder Ausdruck H zu seiner Generalisierten allgemeingültigkeits- und beweisbarkeitsgleich und zu seiner Partikularisierten erfüllbarkeits- und widerlegbarkeitsgleich ist, können wir auch folgendes behaupten:

Zu jedem (identitätsfreien) B-Ausdruck H gibt es eine (identitätsfreie) pränexe B-Aussage $H^\star$ bzw. $H^{\star\star}$, so daß bei beliebigem Σ und X gilt:

$$H \, Aggl_\Sigma H^\star \quad und \quad H \, Bwgl_X^{B(O)} H^\star, \tag{2}$$

$$H.Efgl_\Sigma H^{\star\star} \quad und \quad H \, Wdgl_X^{B(O)} H^{\star\star}. \tag{2'}$$

Wir merken an, daß man zusätzlich noch vorschreiben kann, daß in (1) und analog in (2) und (2′) das Präfix von $H^\star$ bzw. $H^{\star\star}$ mit einem vorgegebenen Quantor $\bigwedge$ oder $\bigvee$ beginnt und mit einem vorgegebenen Quantor endet. Es ist nämlich z. B.

$$\Psi H' \quad \ddot{A}q \quad (\Psi H' \wedge \mathbf{Q}xH'')$$

$$\ddot{A}q \quad \Psi \mathbf{Q}x(H' \wedge H'')$$

$$\ddot{A}q \quad \mathbf{Q}x\Psi(H' \wedge H''),$$

wenn x eine nicht in H' vorkommende Individuenvariable, H'' ein (identitätsfreier) Ausdruck aus $axa^{B(O)}$ allein in der Variablen x und $\mathbf{Q}$ einer der Quantoren $\bigwedge$ oder $\bigvee$ ist.

Ein wichtiger Spezialfall der pränexen Normalformen sind die sogenannten SKOLEMschen Normalformen. Dabei versteht man unter einer *allgemeingültigkeitstheoretischen* (bzw. *erfüllbarkeitstheoretischen*) SKOLEMschen *Normalform* (aSN bzw. eSN) eine pränexe Aussage der Form $\bigvee x_{i_1} \ldots \bigvee x_{i_m} \bigwedge x_{j_1} \ldots \bigwedge x_{j_n} H'$ (bzw. $\bigwedge x_{i_1} \ldots \bigwedge x_{i_m} \bigvee x_{j_1} \ldots \bigvee x_{j_n} H'$), wobei also H' ein quantorenfreier Ausdruck genau in den vollfreien Individuenvariablen $x_{i_1}, \ldots, x_{i_m}, x_{j_1}, \ldots, x_{j_n}$ ist.[1]

---

[1] Um Trivialfälle auszuschalten, lassen wir zu, daß m oder n gleich Null ist.

Wir behaupten, daß folgendes gilt:

Satz von der Skolemschen Normalform.[1]) *Zu jedem (identitäts-freien) Ausdruck H über einer gegebenen Basis B gibt es über einer geeigneten Erweiterung B^* der Basis B (identitätsfreie) Ausdrücke H^* und H^{**} mit folgenden Eigenschaften:*

a) H^* *ist eine aSN, H^{**} ist eine eSN;*

b) *Für jeden nichtleeren Individuenbereich I gilt:*

$$H \; Aggl_I H^*, \quad H \; Efgl_I H^{**};$$

c) *Für jede Menge X von (identitätsfreien) B-Ausdrücken gilt:*

$$H \; Bwgl_X^{B^*(O)} H^*, \quad H \; Wdgl_X^{B^*(O)} H^{**}.[2])$$

Beweis. Offenbar können wir uns auf den Nachweis der erfüllbarkeits-theoretischen Behauptung beschränken; denn erfüllt die Aussage

$$\bigwedge x_{i_1} \ldots \bigwedge x_{i_m} \bigvee x_{j_1} \ldots \bigvee x_{j_n} H'$$

die angegebenen Bedingungen für H^{**}, so erfüllt

$$\bigvee x_{i_1} \ldots \bigvee x_{i_m} \bigwedge x_{j_1} \ldots \bigwedge x_{j_n} \sim H'.$$

die Bedingungen für H^*. Auf Grund des Satzes von der pränexen Nor-malform können wir ohne Beschränkung der Allgemeinheit voraussetzen, daß der gegebene Ausdruck H eine B-Aussage der Form

$$\bigwedge \mathfrak{x}_1 \bigvee \mathfrak{y}_1 \bigwedge \mathfrak{x}_2 \bigvee \mathfrak{y}_2 \ldots \bigwedge \mathfrak{x}_r \bigvee \mathfrak{y}_r H'(\mathfrak{x}_1, \mathfrak{y}_1, \ldots, \mathfrak{x}_r, \mathfrak{y}_r) \tag{3}$$

ist, wobei jeweils $\mathfrak{x}_\varrho$ bzw. $\mathfrak{y}_\varrho$ ein m_ϱ- bzw. n_ϱ-Tupel von Variablen $x_{\varrho 1}, \ldots x_{\varrho m_\varrho}$ bzw. $y_{\varrho 1}, \ldots, y_{\varrho n_\varrho}$ ist und $\bigwedge \mathfrak{x}_\varrho$ bzw. $\bigvee \mathfrak{y}_\varrho$ als Abkürzung für $\bigwedge x_{\varrho 1} \ldots \bigwedge x_{\varrho m_\varrho}$ bzw. $\bigvee y_{\varrho 1} \ldots \bigvee y_{\varrho n_\varrho}$ steht ($\varrho = 1, \ldots, r$; $r \geqq 2$). Wir werden zeigen, daß sich die Anzahl der „$\bigwedge\bigvee$-Komplexe" in (3) erfüllbarkeits- und widerleg-barkeitsgleich auf $r - 1$ reduzieren läßt. Wendet man dieses Verfahren $(r - 1)$-mal an, so kommt man schließlich zu einer pränexen Aussage mit nur einem $\bigwedge\bigvee$-Komplex, und das ist dann die gesuchte eSN.

---

[1]) Vgl. Th. Skolem, Logisch-kombinatorische Untersuchungen über die Er-füllbarkeit oder Beweisbarkeit mathematischer Sätze nebst einem Theorem über dichte Mengen, Det Kongelige Norske Videnskapsselskapets Skrifter, Mat.-Nat. Kl. 1920, No. 4.

[2]) Da in X und H nur Symbole der Basis B vorhanden sind, können wir die Behauptung c) unmittelbar verschärfen (vgl. S. 87) zu:

$$X \; Bew^{B(O)} H \text{ genau dann, wenn } X \; Bew^{B^*(O)} H^*,$$

$$X \; Wid^{B(O)} H \text{ genau dann, wenn } X \; Wid^{B^*(O)} H^{**}.$$

Zum Beweis hierfür adjungieren wir zur Basis B ein Attributensymbol A_1^* der Stellenzahl $m_1 + n_1$, die erweiterte Basis werde mit $B^{(1)}$ bezeichnet, und bilden mit seiner Hilfe die $B^{(1)}$-Aussage

$$\bigwedge\mathfrak{x}_1\bigvee\mathfrak{y}_1 A_1^*\mathfrak{x}_1\mathfrak{y}_1 \wedge \bigwedge\mathfrak{x}_1\bigwedge\mathfrak{y}_1(A_1^*\mathfrak{x}_1\mathfrak{y}_1 \to \bigwedge\mathfrak{x}_2\bigvee\mathfrak{y}_2\Psi H'), \tag{4}$$

wobei Ψ das Präfix $\bigwedge\mathfrak{x}_3\bigvee\mathfrak{y}_3 \ldots \bigwedge\mathfrak{x}_r\bigvee\mathfrak{y}_r$ bezeichnet (im Fall $r = 2$ ist natürlich Ψ leer). Wir werden zeigen, daß die Ausdrücke (3) und (4) in jedem Individuenbereich I erfüllbarkeitsgleich und bezüglich jeder Menge X von (identitätsfreien) B-Ausdrücken widerlegbarkeitsgleich sind. Daraus folgt leicht unsere Behauptung über die Reduzierbarkeit der Anzahl der $\bigwedge\bigvee$-Komplexe auf $r - 1$. Die Aussage (4) ist nämlich semantisch und syntaktisch äquivalent zur Aussage

$$\bigwedge\mathfrak{x}_1'\bigvee\mathfrak{y}_1' A_1^*\mathfrak{x}_1'\mathfrak{y}_1' \wedge \bigwedge\mathfrak{x}_1\bigwedge\mathfrak{y}_1\bigwedge\mathfrak{x}_2\bigvee\mathfrak{y}_2\Psi(A_1^*\mathfrak{x}_1\mathfrak{y}_1 \to H')$$

(hierbei sind $\mathfrak{x}_1'$ bzw. $\mathfrak{y}_1'$ m_1-bzw. n_1-Tupel von neuen Variablen) – man erhält dies durch eine Kette von gebundenen Umbenennungen und hinreichend oftmalige Anwendung der Gesetze 19. und 23. aus § 7 –, und geeignete mehrfache Anwendung der Gesetze 16. und 21. aus § 7 ergibt, daß diese Aussage semantisch und syntaktisch äquivalent ist zu

$$\bigwedge\mathfrak{x}_1'\bigwedge\mathfrak{x}_1\bigwedge\mathfrak{y}_1\bigwedge\mathfrak{x}_2\bigvee\mathfrak{y}_1'\bigvee\mathfrak{y}_2\Psi(A_1^*\mathfrak{x}_1'\mathfrak{y}_1' \wedge (A_1^*\mathfrak{x}_1\mathfrak{y}_1 \to H')). \tag{5}$$

Mithin ist (5) auch erfüllbarkeits- und widerlegbarkeitsgleich zu (3); (5) hat aber einen $\bigwedge\bigvee$-Komplex weniger als (3).

Den Ausdruck (3) bezeichnen wir zur Abkürzung mit H_1, den Ausdruck (4) mit H_2. Wir zeigen als erstes, daß folgendes gilt:

$$\vdash^{B^{(1)}(O)} H_2 \to H_1. \tag{6}$$

Hierzu gehen wir aus von dem aussagenlogisch allgemeingültigen Ausdruck

$$A_1^*\mathfrak{x}_1\mathfrak{y}_1 \wedge (A_1^*\mathfrak{x}_1\mathfrak{y}_1 \to \bigwedge\mathfrak{x}_2\bigvee\mathfrak{y}_2\Psi H') \to \bigwedge\mathfrak{x}_2\bigvee\mathfrak{y}_2\Psi H'.$$

Anwendung der Regel (Ph) mit den Variablen aus $\mathfrak{y}_1$ ergibt

$$\vdash^{B^{(1)}(O)} A_1^*\mathfrak{x}_1\mathfrak{y}_1 \wedge (A_1^*\mathfrak{x}_1\mathfrak{y}_1 \to \bigwedge\mathfrak{x}_2\bigvee\mathfrak{y}_2\Psi H') \to \bigvee\mathfrak{y}_1\bigwedge\mathfrak{x}_2\bigvee\mathfrak{y}_2\Psi H'.$$

Prämissenzerlegung liefert

$$\vdash^{B^{(1)}(O)}(A_1^*\mathfrak{x}_1\mathfrak{y}_1 \to \bigwedge\mathfrak{x}_2\bigvee\mathfrak{y}_2\Psi H') \to (A_1^*\mathfrak{x}_1\mathfrak{y}_1 \to \bigvee\mathfrak{y}_1\bigwedge\mathfrak{x}_2\bigvee\mathfrak{y}_2\Psi H')$$

und Anwendung von (Gv) mit den Variablen aus $\mathfrak{x}_1$ und $\mathfrak{y}_2$ sowie anschließende Prämissenvertauschung ergibt

$$\vdash^{B^{(1)}(O)} A_1^*\mathfrak{x}_1\mathfrak{y}_1 \to (\bigwedge\mathfrak{x}_1\bigwedge\mathfrak{y}_1(A_1^*\mathfrak{x}_1\mathfrak{y}_1 \to \bigwedge\mathfrak{x}_2\bigvee\mathfrak{y}_2\Psi H')$$
$$\to \bigvee\mathfrak{y}_1\bigwedge\mathfrak{x}_2\bigvee\mathfrak{y}_2\Psi H').$$

Da hier in der Conclusio die Variablen aus $\mathfrak{y}_1$ nicht mehr frei vorkommen, kann mit diesen Variablen die Regel $(Pv^\star)$ und anschließend mit den Variablen aus $\mathfrak{x}_1$ die Regel (Gv) angewendet werden. Das führt zu

$$\vdash^{B^{(1)}(\mathrm{O})} \bigwedge\mathfrak{x}_1 \bigvee\mathfrak{y}_1 A_1^{\star}\mathfrak{x}_1\mathfrak{y}_1 \to (\bigwedge\mathfrak{x}_1\bigwedge\mathfrak{y}_1(A_1^{\star}\mathfrak{x}_1\mathfrak{y}_1 \to \bigwedge\mathfrak{x}_2\bigvee\mathfrak{y}_2\Psi H')$$
$$\to \bigvee\mathfrak{y}_1\bigwedge\mathfrak{x}_2\bigvee\mathfrak{y}_2\Psi H'),$$

und Prämissenverbindung sowie Anwendung der Regel $(Gh^\star)$ mit den Variablen aus $\mathfrak{x}_1$ liefert (6).

Aus (6) ergeben sich folgende Teilbehauptungen:
Für jeden Individuenbereich I gilt:

$$\text{Wenn } ef_I H_2, \text{ so } ef_I H_1; \tag{7}$$

Für jede Menge X von (identitätsfreien) B-Ausdrücken gilt:

$$\text{Wenn } X \, Wid^{B(\mathrm{O})}H_1, \text{ so } X \, Wid^{B^{(1)}(\mathrm{O})}H_2. \tag{8}$$

Zum Beweis der Umkehrung von (7) sei Σ eine B-Algebra über dem Individuenbereich I mit $ef_\Sigma H_1$, in der also die Aussage H_1 wahr ist. Wir erweitern Σ zu einer $B^{(1)}$-Algebra $\Sigma_1 = [I, \omega_1]$, indem wir zusätzlich setzen

$$\omega_1(A_1^{\star})(\xi_1, \ldots, \xi_{m_1}, \eta_1, \ldots, \eta_{n_1})$$
$$- Wert_\Sigma\left(\bigwedge\mathfrak{x}_2\bigvee\mathfrak{y}_2\Psi H', \left\langle \begin{matrix} x_{11}, \ldots, x_{1m_1}, y_{11}, \ldots, y_{1n_1} \\ \xi_1, \ldots, \xi_{m_1}, \eta_1, \ldots, \eta_{n_1} \end{matrix} \right\rangle\right)$$

(da in $\bigwedge\mathfrak{x}_2\bigvee\mathfrak{y}_2\Psi H'$ nur die Variablen $x_{11}, \ldots, x_{1m_1}, y_{11}, \ldots, y_{1n_1}$ frei vorkommen, hängen die Werte dieses Ausdrucks nur von den Werten für diese Variablen ab). Man überlegt sich leicht, daß aus der Wahrheit von H_1 in Σ die Wahrheit von H_2 in Σ_1 folgt, und daraus ergibt sich, daß H_2 in I erfüllbar ist.

Zum Beweis der Umkehrung von (8), bei dem wir ohne Beschränkung der Allgemeinheit X als eine Menge von Aussagen voraussetzen dürfen, nehmen wir an, die Aussage H_2 sei aus der Menge X von (identitätsfreien) B-Aussagen widerlegbar, d.h., es gelte

$$X \, Bew^{B^{(1)}(\mathrm{O})} \sim H_2.$$

Nach dem Satz über die Rückverlegbarkeit der A-Einsetzungen (S. 88) gilt dann auch $X\{A_1^{\star}/\bigwedge\mathfrak{x}_2\bigvee\mathfrak{y}_2\Psi H'\} \, Bew^{B^{(1)}(\mathrm{O})} \sim H_2\{A_1^{\star}/\bigwedge\mathfrak{x}_2\bigvee\mathfrak{y}_2\Psi H'\}$. Da X eine Menge von B-Aussagen sein sollte, kommt in keiner Aussage der Menge X das Attributensymbol $A_1^{\star}$ vor, d.h. $X\{A_1^{\star}/\bigwedge\mathfrak{x}_2\bigvee\mathfrak{y}_2\Psi H'\} = X$. Ferner ist $\sim H_2\{A_1^{\star}/\bigwedge\mathfrak{x}_2\bigvee\mathfrak{y}_2\Psi H'\}$ die Aussage

$$\sim (H_1 \wedge \bigwedge\mathfrak{x}_1\bigwedge\mathfrak{y}_1(\bigwedge\mathfrak{x}_2\bigvee\mathfrak{y}_2\Psi H' \to \bigwedge\mathfrak{x}_2\bigvee\mathfrak{y}_2\Psi H')),$$

die wegen der aussagenlogischen Allgemeingültigkeit von

$$\bigwedge\mathfrak{x}_2\bigvee\mathfrak{y}_2\Psi H' \to \bigwedge\mathfrak{x}_2\bigvee\mathfrak{y}_2\Psi H'$$

zu $\sim H_1$ semantisch und syntaktisch äquivalent ist. Folglich gilt:

$$X \, Bew^{B^{(1)}(\mathrm{O})} \sim H_1,$$

und da weder in X noch in $\sim H_1$ das Attributensymbol A_1^* vorkommt, folgt hieraus (vgl. S. 87)

$$X \, Bew^{B(\mathrm{O})} \sim H_1,$$

was noch zu zeigen war.[1])

Wir merken an, daß die in der Formulierung des Satzes von der SKOLEM-schen Normalform auftretende Basis B^* für einen Ausdruck H der Form (3) allgemein dadurch aus der Basis B erhalten werden kann, daß man zu B $r-1$ Attributensymbole $A_1^*, A_2^*, \ldots, A_{r-1}^*$ adjungiert, die der Reihe nach die Stellenzahlen $m_1 + n_1,\, 2\,(m_1 + n_1) +\, m_2 + n_2,\, \ldots,\, \sum\limits_{\varrho=2}^{r} 2^{r-\varrho}\,(m_{\varrho-1} + n_{\varrho-1})$ haben; die eSN H^{**} besitzt im betrachteten Fall ein Präfix mit $\sum\limits_{\varrho=1}^{r} (2^{r-\varrho} m_\varrho + (2^{r-\varrho} - 1)\, n_\varrho)$ generalisierten und $n_1 + \cdots + n_r$ partikulari-sierten Variablen.

Als eine Anwendung des Satzes von der SKOLEMschen Normalform wollen wir den Beweis skizzieren, den GÖDEL im Jahr 1930 für den nach ihm benannten Vollständigkeitssatz (vgl. S. 115) gegeben hat. Dabei wollen wir uns hier zunächst auf den identitätsfreien Fall beschränken. Wir behaupten also, daß für jeden identitätsfreien Ausdruck H folgendes gilt:

$$\textit{Wenn ag } H, \textit{ so } \varnothing\, Bew^{B\mathrm{O}} H \textit{ (d.h. } axa^{B\mathrm{O}} Abl^{B} H),$$

wobei $B = [B_1, B_2, B_3]$ die (endliche) Basis aus den in H effektiv vorkommenden Individuen-, Attributen- und Operationssymbolen bezeichnet. Ohne Beschränkung der Allgemeinheit dürfen wir annehmen, daß H eine Aussage ist. Man zeigt leicht (durch Übergang von H zu $\sim H$), daß die zu beweisende Behauptung dem folgenden S a t z gleichwertig ist:

$$\textit{Für jede identitätsfreie B-Aussage } H \textit{ gilt: } \varnothing\, Wid^{B\mathrm{O}} H \textit{ oder ef } H.$$

Da nun jede Aussage einer eSN erfüllbarkeits- und widerlegbarkeitsgleich ist, können wir annehmen, daß H eine eSN ist,[2]) also z. B. die Form

$$\bigwedge x_1 \ldots \bigwedge x_m \bigvee x_{m+1} \ldots \bigvee x_{m+n} H'(x_1, \ldots, x_{m+n})$$

---

[1]) Der letzte Schluß kann auch rein syntaktisch vollzogen werden. Das ist für die nachfolgende Anwendung des Satzes von der SKOLEMschen Normalform im Beweis des GÖDELschen Vollständigkeitssatzes wesentlich.

[2]) Die dabei notwendige Erweiterung von B beeinflußt die Gültigkeit unseres Satzes nicht (vgl. die Fußnote 2 auf S. 139).

hat, wobei H' ein identitäts- und quantorenfreier Ausdruck ist, in dem genau die Variablen $x_1, \ldots, x_{m+n}$ vollfrei vorkommen. Dabei kann angenommen werden, daß m und n größer als Null sind.

Mit $\mathfrak{x}_1, \mathfrak{x}_2, \ldots$ bezeichnen wir eine Abzählung sämtlicher m-Tupel von B-Termen und mit $\mathfrak{y}_1, \mathfrak{y}_2, \ldots$ eine Folge von n-Tupeln von Individuenvariablen, wobei folgende Bedingungen erfüllt seien:

a) die in einem beliebigen $\mathfrak{y}_i$ auftretenden Individuenvariablen sind paarweise verschieden;

b) die in einem beliebigen $\mathfrak{y}_i$ auftretenden Individuenvariablen sind verschieden von sämtlichen Individuenvariablen, die in den Termen aus $\mathfrak{x}_1, \ldots, \mathfrak{x}_i$ auftreten und von sämtlichen Individuenvariablen aus $\mathfrak{y}_1, \ldots, \mathfrak{y}_{i-1}$.

Man überlegt sich leicht, daß diese Bedingungen auf mannigfache Weise erfüllt werden können, wobei als Folge $\mathfrak{y}_1, \mathfrak{y}_2, \ldots$ ohne Beschränkung der Allgemeinheit die Folge $(x_1, \ldots, x_n)$, $(x_{n+1}, \ldots, x_{2n})$, $\ldots$ genommen werden kann (falls x_0 als Individuenvariable zugelassen ist). Mit H_k bezeichnen wir den Ausdruck

$$\bigwedge_{i=1}^{k} H'(\mathfrak{x}_i, \mathfrak{y}_i).$$

Dann gilt, wie man leicht zeigt:

$$\emptyset \; Bew^{BO} \left(H \to Prt(H_k) \right) \qquad (k = 1, 2, \ldots) \tag{$*$}$$

(man beachte, daß hierbei wesentlich die obigen Bedingungen a) und b) benötigt werden).

Es sind nun offenbar folgende beiden Fälle möglich:

1. Fall: $ef_a H_k$ für alle $k = 1, 2, \ldots$

2. Fall: Es existiert eine natürliche Zahl $k_0 \geq 1$, so daß nicht $ef_a H_{k_0}$.

Wir behandeln zunächst den zweiten Fall: Hier ist $ag_a \sim H_{k_0}$ und folglich (vgl. S. 48) $\sim H_{k_0}$ aus axa^{BO} allein mit Hilfe der Abtrennungsregel ableitbar. Dann ist aber $\emptyset \; Bew^{BO} \sim H_{k_0}$ und folglich $\emptyset \; Bew^{BO} \sim Prt(H_{k_0})$, also wegen $(*)$ auch $\emptyset \; Bew^{BO} \sim H$, d.h., H ist widerlegbar.

Wir werden nun zeigen, daß im ersten Fall der Ausdruck H erfüllbar ist. Damit ist dann offenbar der GÖDELsche Vollständigkeitssatz bewiesen. Da in jedem Ausdruck H_k alle Ausdrücke H_i mit $i \leq k$ „konjunktiv" enthalten sind, ist für jede Belegung g der aussagenlogisch einfachen Ausdrücke mit Wahrheitswerten mit $Wert_a(H_k, g) = W$ auch $Wert_a(H_i, g) = W$ für alle $i \leq k$. Daraus folgt, daß es im betrachteten Fall 1 zu jeder endlichen Teilmenge X^* von $\{H_1, H_2, \ldots\}$ eine aussagenlogische Belegung g^* gibt, so daß $Wert_a(H_i, g^*) = W$ für alle $H_i \in X^*$. Dann gibt es nach dem Endlichkeitssatz des Aussagenkalküls (vgl. I, S. 164) aber auch eine aussagenlogische Belegung g mit $Wert_a(H_k, g) = W$ für alle $k = 1, 2, \ldots$. Wir konstruieren dann auf folgende Weise eine B-Algebra $\Sigma = [I, \omega]$: Als Individuenbereich I nehmen wir die (abzählbar unendliche) Menge aller B-Terme. Des weiteren setzen wir (vgl. S. 125)

$$\omega(a_\lambda) = a_\lambda, \quad (a_\lambda \in B_1)$$

$$\omega\left(F_{\,\nu}^{n}\right)(t_1, \dots, t_{n_\nu}) = F_{\,\nu}^{n}(t_1, \dots, t_{n_\nu}), \quad \left(F_{\,\nu}^{n} \in B_3\right)$$

$$\omega\left(A_{\mu}^{m}{}_\mu\right)(t_1, \dots, t_{m_\mu}) = Wert_a\left(A_{\mu}^{m}{}_\mu\, t_1 \dots t_{m_\mu}, g\right) \quad \left(A_{\mu}^{m}{}_\mu \in B_2\right).$$

Für eine beliebige Belegung f der Individuenvariablen mit Individuen aus I, d.h. mit B-Termen, ist dann

$$Wert_\Sigma(H'(x_1, \dots, x_{m+n}), f) = Wert_a(H'(f(x_1), \dots, f(x_{m+n})), g).$$

Wir behaupten, daß die Aussage H in Σ wahr ist. Dazu haben wir zu zeigen, daß es bei beliebigem $\xi_1, \dots, \xi_m \in I$ Elemente $\eta_1, \dots, \eta_n \in I$ gibt, so daß

$$Wert_\Sigma\left(H'(x_1, \dots, x_{m+n}), \left\langle \begin{matrix} x_1, \dots, x_n, x_{n+1}, \dots, x_{m+n} \\ \xi_1, \dots, \xi_n, \ \eta_1, \dots, \eta_n \end{matrix} \right\rangle\right) = W.$$

Nun ist aber $\xi_1, \dots, \xi_m$ ein bestimmtes m-Tupel $\mathfrak{x}_k$ in der betrachteten Abzählung aller m-Tupel von B-Termen. Setzen wir also $\eta_i = x_{k\cdot n+i}$ $(i = 1, \dots, n)$, so wird $[\eta_1, \dots, \eta_n] = \mathfrak{y}_k$ und folglich

$$Wert_\Sigma\left(H'(x_1, \dots, x_{m+n}), \left\langle \begin{matrix} x_1, \dots, x_m, x_{m+1}, \dots, x_{m+n} \\ \xi_1, \dots, \xi_m, \ \ \eta_1, \dots, \eta_n \end{matrix} \right\rangle\right)$$

$$= Wert_a(H'(\mathfrak{x}_k, \mathfrak{y}_k), g).$$

Wegen $Wert_a(H_k, g) = W$ ist aber insbesondere $Wert_a(H'(\mathfrak{x}_k, \mathfrak{y}_k), g) = W$ und damit unsere Behauptung bewiesen.

Wir merken an, daß wir schärfer bewiesen haben, daß *für jeden B-Ausdruck H gilt:*

$$\varnothing\ Wid^{B\circ}H\ oder\ ef_{\aleph_0}H.$$

Hiermit erhalten wir einen neuen Beweis für den Satz von LÖWENHEIM-SKOLEM, daß jeder erfüllbare identitätsfreie Ausdruck $\aleph_0$-zahlig erfüllbar ist. Ist nämlich H erfüllbar, so ist H nicht widerlegbar und mithin $\aleph_0$-zahlig erfüllbar.

Die vorangehenden Überlegungen lassen sich leicht zu einem Beweis des folgenden S a t z e s von HERBRAND[1]) ausbauen. *Ein beliebiger identitätsfreier B-Ausdruck H ist genau dann erfüllbar, wenn die Menge* $axa_*^{B\ast}\circ \bigvee \{H_1, H_2, \dots\}$ *im Sinne*

---

[1]) Vgl. J. HERBRAND, Recherches sur la théorie de la démonstration, Travaux Soc. Sci. Lett. Varsovie, Cl. III, **33** (1930), 1—128.

des Aussagenkalküls (d. h. bzgl. der Ableitbarkeitsrelation *Abla*) *syntaktisch widerspruchsfrei ist.* Dabei bezeichnet $axa_*^{B^*\bigcirc}$ die Menge aller quantorenfreien Ausdrücke aus $axa^{B^*\bigcirc}$ und $H_1, H_2, \ldots$ sind die oben definierten quantorenfreien Ausdrücke zu einer eSN für H über der Erweiterung B^* von B.

Eine pränexe Aussage der Form $\bigvee x_{i_1} \ldots \bigvee x_{i_m} H'$ (bzw. $\bigwedge x_{i_1} \ldots \bigwedge x_{i_m} H'$), wobei also H' ein quantorenfreier Ausdruck genau in den vollfreien Variablen $x_{i_1}, \ldots, x_{i_m}$ ist, wollen wir kurz eine *verschärfte aSN* (bzw. *eSN*) nennen. Der Satz von der SKOLEMschen Normalform kann dann verschärft werden zum

Satz von der verschärften Skolemschen Normalform. *Zu jedem (identitätsfreien) Ausdruck H über einer gegebenen Basis B gibt es über einer geeigneten Erweiterung B^* von B (identitätsfreie) Ausdrücke H^* und H^{**} mit folgenden Eigenschaften:*

a) *H^* ist eine verschärfte aSN, H^{**} ist eine verschärfte eSN;*

b) *Für jeden nichtleeren Individuenbereich I gilt:*

$$H \; Aggl_I H^*, \qquad H \; Efgl_I H^{**};$$

c) *Für jede Menge X von (identitätsfreien) B-Ausdrücken gilt:*

$$H \; Bwgl_X^{B^*(\bigcirc)} H^*, \qquad H \; Wdgl_X^{B^*(\bigcirc)} II^{**}.\text{[1]}$$

Beweis. Offenbar können wir uns auch hier auf den Beweis der erfüllbarkeitstheoretischen Behauptung beschränken. Dabei können wir annehmen (was natürlich i. a. eine erste Erweiterung von B erforderlich macht, wobei wir jedoch die erweiterte Basis ebenfalls mit B bezeichnen wollen), daß H eine eSN ist. Die Aussage H habe also die Form $\bigwedge \mathfrak{x} \bigvee \mathfrak{y} H'(\mathfrak{x}, \mathfrak{y})$, wobei $\mathfrak{x}$ das m-Tupel der Variablen $x_{i_1}, \ldots, x_{i_m}$ und $\mathfrak{y}$ das n-Tupel der Variablen $x_{j_1}, \ldots, x_{j_n}$ bezeichnen möge.[2] Im Falle $m = 0$ adjungiert man zu B n neue Individuensymbole $b_1, \ldots, b_n$ und beweist (vgl. S. 41 und S. 120), daß die B^*-Aussage $H'(b_1, \ldots, b_n)$ zu $\bigvee \mathfrak{y} H'(\mathfrak{y})$ erfüllbarkeits- und widerlegbarkeitsgleich ist. Im Fall $m > 0$ adjungieren wir zu B n neue Operationssymbole $F_1^*, \ldots, F_n^*$ der Stellenzahl m. Wir behaupten, daß die B^*-Aussage

$$\bigwedge \mathfrak{x} H'(\mathfrak{x}, F_1^*(\mathfrak{x}), \ldots, F_n^*(\mathfrak{x}))$$

das Verlangte leistet; sie werde im folgenden mit H^{**} bezeichnet.

Zunächst erkennt man leicht, daß $\vdash^{B^*(\bigcirc)}(H^{**} \to H)$.

---

[1] Da in X und H nur Symbole aus B vorhanden sind, kann die Behauptung c) analog wie im Satz von der SKOLEMschen Normalform verschärft werden.

[2] Auch hier sei wieder zugelassen, daß m oder n gleich Null ist, wobei im Fall $n = 0$ natürlich nichts zu beweisen ist.

Hieraus ergeben sich sofort die folgenden Teilbehauptungen:
Für jeden Individuenbereich I gilt:

$$\text{Wenn } ef_I H^{**}, \text{ so } ef_I H; \tag{9}$$

Für jede Menge X von (identitätsfreien) B-Ausdrücken gilt:

$$\text{Wenn } X \, Wid^{B(O)} H, \text{ so } X \, Wid^{B^*(O)} H^{**}. \tag{10}$$

Zum Beweis der Umkehrung von (9) sei Σ eine B-Algebra über dem Individuenbereich I, in der die B-Aussage H wahr ist. Dann existieren zu beliebigem $\xi_1, \ldots, \xi_m$ aus I Elemente $\eta_1, \ldots, \eta_n$ aus I, so daß

$$Wert_\Sigma\left(H'(\mathfrak{x}, \mathfrak{y}), \left\langle \begin{matrix} x_{i_1}, \ldots, x_{i_m}, x_{j_1}, \ldots, x_{j_n} \\ \xi_1, \ldots, \xi_m, \eta_1, \ldots, \eta_n \end{matrix} \right\rangle \right) = W. \tag{11}$$

Wir ordnen nun jedem m-Tupel $[\xi_1, \ldots, \xi_m]$ ein bestimmtes n-Tupel $[\eta_1, \ldots, \eta_n]$ zu, für das (11) gilt, und definieren m-stellige Operationen $\varphi_1, \ldots, \varphi_n$ in I durch

$$\varphi_i(\xi_1, \ldots, \xi_m) = \eta_i \qquad (i = 1, \ldots, n).$$

Bezeichnen wir mit Σ^* die B^*-Algebra über I, die aus Σ entsteht, wenn wir zusätzlich $F_1^*, \ldots, F_n^*$ durch $\varphi_1, \ldots, \varphi_n$ interpretieren, so wird offensichtlich

$$Wert_{\Sigma^*}\left((H'(\mathfrak{x}, F_1^*(\mathfrak{x}), \ldots, F_n^*(\mathfrak{x})), \left\langle \begin{matrix} x_{i_1}, \ldots, x_{i_m} \\ \xi_1, \ldots, \xi_m \end{matrix} \right\rangle \right) = W, \tag{12}$$

und mithin ist die Aussage H^{**} in Σ^* wahr. Da Σ^* eine B^*-Algebra über I ist, ist folglich H^{**} in I erfüllbar.

Beim Beweis der Umkehrung von (10) machen wir vom Hauptsatz des Prädikatenkalküls der ersten Stufe Gebrauch (ein direkter Beweis ist mit erheblichen Schwierigkeiten verbunden). Es sei also $X \, Wid^{B^*(O)} H^{**}$, d.h.

$$X \, Bew^{B^*(O)} \bigvee \mathfrak{x} \sim H'(\mathfrak{x}, F_1^*(\mathfrak{x}), \ldots, F_n^*(\mathfrak{x})). \tag{13}$$

Zu zeigen ist, daß $X \, Wid^{B(O)} H$, d.h.

$$X \, Bew^{B(O)} \bigvee \mathfrak{x} \bigwedge \mathfrak{y} \sim H'(\mathfrak{x}, \mathfrak{y}). \tag{14}$$

Angenommen, (14) würde nicht gelten. Dann gäbe es eine B-Algebra $\Sigma = [I, \omega]$, die Modell für X ist, so daß die B-Aussage $\bigvee \mathfrak{x} \bigwedge \mathfrak{y} \sim H'(\mathfrak{x}, \mathfrak{y})$ in Σ falsch wird, also zu beliebigem $\xi_1, \ldots, \xi_m$ aus I Elemente $\eta_1, \ldots, \eta_n$ aus I existieren, für die (11) gilt. Wie oben könnte man dann eine B^*-Algebra Σ^* konstruieren, so daß bei beliebigem $\xi_1, \ldots, \xi_m$ aus I die Beziehung (12) gilt. Da nun in X die Symbole $F_1^*, \ldots, F_n^*$ nicht auftreten und sich Σ^* von

Σ nur in der zusätzlichen Interpretation dieser Symbole unterscheidet, wäre dann Σ^* ebenfalls Modell für X. Folglich müßte wegen (13) die Aussage $\bigvee \mathfrak{x} \sim H'(\mathfrak{x}, F_1^*(\mathfrak{x}), \ldots, F_n^*(\mathfrak{x}))$ in Σ^* wahr sein, d.h., es müßte eine Belegung f geben, so daß

$$Wert_{\Sigma^*}(H'(\mathfrak{x}, F_1^*(\mathfrak{x}), \ldots, F_n^*(\mathfrak{x})), f) = F,$$

im Widerspruch zu (12). Also ist unsere Aufnahme falsch, d.h., es gilt (14).

Während bei den pränexen Normalformen die Quantoren ganz „außen" stehen, geht es bei den nun zu behandelnden kontrapränexen Normalformen darum, die Wirkungsbereiche der Quantoren möglichst kurz zu machen. Systematisch gelingt das allerdings nur bei einigen speziellen Basen.

Es sei zunächst $B = [B_1, B_2, B_3]$ eine Basis, bei der B_2 nur einstellige Attributsymbole und B_3 nur einstellige Operationssymbole enthält. Es sei ferner H eine identitätsfreie B-Aussage. Dabei mögen in H genau die einstelligen Attributsymbole $A_1, \ldots, A_m$ und die einstelligen Operationssymbole $F_1, \ldots, F_n$ vorkommen. Auf Grund des Satzes von der pränexen Normalform ist H semantisch und syntaktisch äquivalent einer pränexen Normalform

$$Q_1 x_{i_1} \ldots Q_k x_{i_k} H'(x_{i_1}, \ldots, x_{i_k}), \tag{15}$$

wobei $H'(x_{i_1}, \ldots, x_{i_k})$ ein identitätsfreier und quantorenfreier Ausdruck in genau den vollfreien Individuenvariablen $x_{i_1}, \ldots, x_{i_k}$ ist, d.h., H' ist rein aussagenlogisch aufgebaut aus Ausdrücken der Form

$$A_i F_{j_1}(\cdots(F_{j_l}(x_{i_\varkappa}))\cdots), \quad A_i F_{j_1}(\cdots(F_{j_l}(a))\cdots) \tag{16}$$

mit $1 \leq i \leq m$, $l \geq 0$, $1 \leq j_1, \ldots, j_l \leq n$, $1 \leq \varkappa \leq k$, $a \in B_1$.

Wir unterwerfen H einer Folge von (semantisch und syntaktisch) äquivalenten Umformungen, mit dem Ziel, die Wirkungsbereiche der schließlich auftretenden Quantoren möglichst kurz zu machen. Dabei beginnen wir mit dem innersten Quantor Q_k. Durch evtl. Anwendung des Gesetzes 15. aus § 7 (vgl. S. 94) erreichen wir, daß der innerste Quantor ein Partikularisator wird. Im nächsten Schritt bringen wir den Wirkungsbereich dieses Quantors auf eine alternative Normalform. Durch Anwendung des Gesetzes 13. der Quantorenverteilung und der Gesetze 21. und 20. der Quantorenverschiebung (und z.B. des kommutativen und des assoziativen Gesetzes für Konjunktion und Alternative) sowie anschließender gebundener Umbenennung von x_{i_k} in eine Variable x, die von $x_{i_1}, \ldots, x_{i_k}$ verschieden ist, gelangen wir zu einem zu H äquivalenten Ausdruck der Form

$$Q_1 x_{i_1} \ldots Q_{k-1} x_{i_{k-1}} H''(x_{i_1}, \ldots, x_{i_{k-1}}). \tag{17}$$

Dabei ist jetzt der Ausdruck H''' rein aussagenlogisch aufgebaut aus Ausdrücken der Form (16) mit $\varkappa = 1, \ldots, k - 1$ und zusätzlich Ausdrücken der Form

$$\bigvee x(H_1(x) \wedge \cdots \wedge H_r(x)), \tag{18}$$

wobei die Ausdrücke $H_\varrho(x)$ $(\varrho = 1, \ldots, r)$ die Form $A_i F_{j_1}(\cdots(F_{j_l}(x))\cdots)$ oder $\sim A_i F_{j_1}(\cdots(F_{j_l}(x))\cdots)$ mit $1 \leqq i \leqq m$, $l \geqq 0$, $1 \leqq j_1, \ldots, j_l \leqq n$ haben. Setzen wir das Verfahren in der angegebenen Weise fort, so erhalten wir einen zu H äquivalenten Ausdruck H^*, der rein aussagenlogisch aus variablenfreien Ausdrücken der Form $A_i F_{j_1}(\cdots(F_{j_l}(a))\cdots)$ $(a \in B_1)$ und Ausdrücken der Form (18) aufgebaut ist. Einen solchen Ausdruck wollen wir eine *allgemeine identitätsfreie kontrapränexe Normalform* nennen. Diese Normalformen sind dadurch ausgezeichnet, daß in ihnen Quantoren nur noch in Verbindungen der Form (18) auftreten, also insbesondere keine eingeschachtelten Quantoren mehr vorhanden sind. Damit haben wir zunächst den folgenden Satz bewiesen:

Satz von der allgemeinen identitätsfreien kontrapränexen Normalform. *Zu jeder identitätsfreien Aussage über einer Basis B mit nur einstelligen Attributen- und Operationssymbolen gibt es eine semantisch und syntaktisch äquivalente allgemeine identitätsfreie kontrapränexe Normalform.*

Bei den weiteren Umformungen setzen wir der Einfachheit halber voraus, daß H eine identitätsfreie Aussage über der Basis $B = [\emptyset, \{A_1, \ldots, A_m\}, \emptyset]$ ist, wobei $A_1, \ldots, A_m$ einstellige Attributensymbole sind.[1]) In diesem Fall ist H^* rein aussagenlogisch aus Ausdrücken der Form (18) aufgebaut, in denen die Ausdrücke $H_\varrho(x)$ die Form $A_i x$ oder $\sim A_i x$ $(1 \leqq i \leqq m)$ haben. Ohne Beschränkung der Allgemeinheit dürfen wir dabei annehmen, daß H^* eine konjunktive Normalform in Ausdrücken (18) ist, d.h. die Gestalt

$$\bigwedge_{\sigma=1}^{s} ((\sim)H_{\sigma 1} \vee \cdots \vee (\sim)H_{\sigma t_\sigma}) \tag{19}$$

hat, wobei die $H_{\sigma\tau}$ $(1 \leqq \sigma \leqq s, 1 \leqq \tau \leqq t_\sigma)$ die Form (18)

$$\bigvee x((\sim)A_{\varrho_1}x \wedge \cdots \wedge (\sim)A_{\varrho_r}x) \tag{20}$$

haben.[2]) Offenbar können wir weiterhin annehmen, daß in jedem $H_{\sigma\tau}$ jedes der Attributensymbole $A_1, \ldots, A_m$ an höchstens einer Stelle auftritt.

---

[1]) Die nachfolgenden Überlegungen lassen sich im identitätsfreien Fall leicht auf Aussagen über Basen der zuvor betrachteten Art verallgemeinern. Beim Vorhandensein des Gleichheitszeichens ist dagegen die Beschränkung auf Aussagen ohne Individuen- und Operationssymbole wesentlich.

[2]) Hierbei können wir grundsätzlich annehmen, daß diese Konjunktion nicht leer ist, d.h. $s \geqq 1$ gilt, da die Alternative aus sämtlichen unnegierten partikularisierten Elementarkonjunktionen bzgl. $[A_1 x, \ldots, A_m x]$ allgemeingültig und beweisbar ist (s. unten) und notfalls stets äquivalent als Konjunktionsglied zu (19) hinzugefügt werden kann.

Kommt nämlich z. B. in $H_{\sigma\tau}$ sowohl $A_i x$ als auch $\sim A_i x$ vor, so ist $H_{\sigma\tau}$ falsch und widerlegbar; folglich kann $H_{\sigma\tau}$ — wenn es in (19) unnegiert auftritt — äquivalent fortgelassen werden, und wenn $H_{\sigma\tau}$ in (19) negiert auftritt, so kann das gesamte σ-te Konjunktionsglied in (19) äquivalent fortbleiben. Andererseits können wir leicht erreichen, daß in jedem Ausdruck $H_{\sigma\tau}$ sämtliche Attributensymbole $A_1, \ldots, A_m$ vorhanden sind, also $H_{\sigma\tau}$ eine partikularisierte Elementarkonjunktion bezüglich der prädikativen Ausdrücke $[A_1 x, \ldots, A_m x]$ ist. Fehlt nämlich z. B. in (20) das Attributensymbol A_m, so gehen wir zu dem zu (20) äquivalenten (Beweis!) Ausdruck

$$\bigvee x((\sim)A_{\varrho_1} x \wedge \cdot \wedge (\sim)A_{\varrho_r} x \wedge A_m x) \vee \bigvee x((\sim)A_{\varrho_1} x \wedge \cdot \wedge (\sim) A_{\varrho_r} x \wedge \sim A_m x)$$

über (die Negationszeichen bei $A_{\varrho_1}, \ldots, A_{\varrho_r}$ mögen hier in beiden Gliedern wie in (20) verteilt sein). Schließlich können wir noch leicht erreichen, daß in jedem Konjunktionsglied von (19) jede partikularisierte Elementarkonjunktion genau einmal negiert oder unnegiert auftritt, also dieses eine Normalalternative (vgl. S. 54) bzgl. der Attributensymbole $A_1, \ldots, A_m$ ist. Eine solche nichtleere Konjunktion aus Normalalternativen wollen wir eine *kanonische identitätsfreie kontrapränexe Normalform bzgl.* $A_1, \ldots, A_m$ nennen. Wir merken an, daß die Anzahl der kanonischen kontrapränexen Normalformen gleich $2^{2^{2^m}} - 1$ ist (wenn man noch eine spezielle Reihenfolge der Normalalternativen festlegt). Damit haben wir bewiesen:

Satz von der kanonischen identitätsfreien kontrapränexen Normalform. *Jede identitätsfreie Aussage H über der Basis $B = [\emptyset, \{A_1, \ldots, A_m\}, \emptyset]$, wobei $A_1, \ldots, A_m$ einstellige Attributensymbole sind, ist semantisch und syntaktisch äquivalent einer kanonischen identitätsfreien kontrapränexen Normalform bzgl. $A_1, \ldots, A_m$.*

Wendet man auf eine kanonische identitätsfreie kontrapränexe Normalform das Distributivgesetz für die Konjunktion bzgl. der Alternative an, so gelangt man zu einer Alternative aus Konjunktionen von negierten und unnegierten partikularisierten Elementarkonjunktionen. Dabei läßt sich wiederum leicht erreichen, daß in jedem Alternativglied jede partikularisierte Elementarkonjunktion genau einmal negiert oder unnegiert auftritt, dieses also eine sogenannte „Normalkonjunktion" bzgl. $A_1, \ldots, A_m$ ist. Daraus folgt, daß jede identitätsfreie Aussage über der Basis $B = [\emptyset, \{A_1, \ldots, A_m\}, \emptyset]$ auch semantisch und syntaktisch äquivalent einer (nichtleeren) Alternative aus Normalkonjunktionen ist. Eine solche Alternative nennt man gelegentlich eine *kontrapränexe Normalform zweiter Art.*

Der zuletzt bewiesene Satz soll nun noch auf den Fall verallgemeinert werden, daß in der betrachteten Aussage H das Gleichheitszeichen zugelassen ist. Es sei dazu $A_1, \ldots, A_m$ $(m \geq 0)$ ein beliebiges System von einstelligen Attributensymbolen. Wie oben bilden wir zunächst die 2^m Elementarkonjunktionen $K_1(x), \ldots, K_{2^m}(x)$ bzgl. der m prädikativen Ausdrücke $[A_1x, \ldots, A_mx]$. Unter einer *relativierten Mindestzahlaussage bzgl.* $A_1, \ldots, A_m$ verstehen wir eine Aussage der Form $\bigvee_k x K_\mu(x)$ $(k = 1, 2, \ldots;$ $\mu = 1, \ldots, 2^m).^1)$ Unter einer *Normalalternative bzgl.* $A_1, \ldots, A_m$ werde jetzt eine beliebige Alternative N aus negierten und unnegierten relativierten Mindestzahlaussagen bzgl. $A_1, \ldots, A_m$ verstanden, die zusätzlich folgende Eigenschaften erfüllt.

a) Für jedes $\mu = 1, \ldots, 2^m$ existiert höchstens ein k, so daß $\bigvee_k x K_\mu(x)$ in N als Alternativglied auftritt;

b) Für jedes $\mu = 1, \ldots, 2^m$ existiert höchstens ein k, so daß $\sim\bigvee_k x K_\mu(x)$ in N als Alternativglied auftritt;

c) Für jedes $\mu = 1, \ldots, 2^m$ gilt: Sind $\bigvee_{k_1} x K_\mu(x)$ und $\sim\bigvee_{k_2} x K_\mu(x)$ in N als Alternativglieder vorhanden, so ist $k_2 > k_1$.

Eine *kanonische kontrapränexe Normalform bzgl.* $A_1, \ldots, A_m$ ist schließlich eine beliebige nichtleere Konjunktion aus paarweise verschiedenen Normalalternativen bzgl. $A_1, \ldots, A_m.^2)$ Wir behaupten, daß der folgende Satz gilt:

Satz von der kanonischen kontrapränexen Normalform. *Zu jeder Aussage H, in der genau die einstelligen Attributensymbole $A_1, \ldots, A_m$ $(m \geqq 0)$ und weder Individuen- noch Operationssymbole auftreten, existiert eine kanonische kontrapränexe Normalform bzgl. $A_1, \ldots, A_m$, die zu H semantisch und syntaktisch äquivalent ist.*

Beweis. Die ersten Schritte zur Herstellung der kontrapränexen Normalform sind dieselben wie im identitätsfreien Fall: Wir bringen die Aussage H, von der wir annehmen, daß sie eine pränexe Normalform (15) ist, auf die Form (17), wobei jetzt H'' ein Ausdruck ist, der rein aussagenlogisch aus prädikativen Ausdrücken der Form $A_i x_{i_\varkappa}$ $(i = 1, \ldots, m;$ $\varkappa = 1, \ldots, k-1)$ und $x_{i_\varkappa} = x_{i_\lambda}$ $(1 \leqq \varkappa, \lambda \leqq k-1)$ sowie aus Ausdrücken der Form (18) aufgebaut sind, bei denen jetzt die Ausdrücke $H_\varrho(x)$ $(\varrho = 1, \ldots, r)$ von einer der folgenden Formen sind:

$$A_i x, \quad \sim A_i x, \quad x = x, \quad x \neq x, \quad x = x_{i_\varkappa}, \quad x \neq x_{i_\varkappa}$$

---

1) Im Fall $m = 0$, der ausdrücklich zugelassen ist, seien hierunter die Mindestzahlaussagen $\bigvee_k$ $(k = 1, 2, \ldots)$ verstanden.

2) Der Leser mache sich klar, daß die oben definierten identitätsfreien kontrapränexen Normalformen genau diejenigen kontrapränexen Normalformen sind, in denen das Gleichheitszeichen nicht auftritt.

$(i = 1, \ldots, m; \; \varkappa = 1, \ldots, k - 1)$.[1]) Ohne Beschränkung der Allgemeinheit dürfen wir' annehmen (s. oben), daß in jedem Ausdruck der Form (18) jedes der Attributensymbole $A_1, \ldots, A_m$ genau einmal auftritt. Der Ausdruck $x = x$ kann, wenn er vorhanden ist, in (18) äquivalent fortgelassen werden. Kommt $x \neq x$ als Konjunktionsglied vor, so ist (18) widerlegbar und mithin z. B. äquivalent zu $\bigvee x(A_1 x \wedge \cdots \wedge A_m x) \wedge \sim \bigvee x(A_1 x \wedge \cdots \wedge A_m x)$ (bzw. $\sim \bigvee_1$ im Fall $m = 0$). Kommt in (18) eine Gleichung der Form $x = x_{i_\varkappa}$ $(\varkappa = 1, \ldots, k - 1)$ vor, so hat (18) die Form $\bigvee x(x = x_{i_\varkappa} \wedge \tilde{H}(x))$ und ist mithin äquivalent dem Ausdruck $\tilde{H}(x_{i_\varkappa})$. Fehlen in (18) Ausdrücke der Formen $x = x, x \neq x, x = x_{i_\varkappa}, x \neq x_{i_\varkappa}$, so ist (18) eine partikularisierte Elementarkonjunktion bzgl. $A_1, \ldots, A_m$ und damit zugleich eine relativierte Mindestzahlaussage bzgl. $A_1, \ldots, A_m$. Es bleibt der Fall zu betrachten, daß (18) die Form

$$\bigvee x(x \neq x_{j_1} \wedge \cdots \wedge x \neq x_{j_l} \wedge H(x))$$

hat, wobei $j_1, \ldots, j_l \in \{i_1, \ldots, i_{k-1}\}$ und $H(x)$ eine Elementarkonjunktion bzgl. $[A_1 x, \ldots, A_m x]$ ist. In diesem Fall ist (vgl. S. 111) der Ausdruck (18) semantisch und syntaktisch äquivalent einem Ausdruck, der rein aussagenlogisch aufgebaut ist aus relativierten Mindestzahlaussagen bzgl. $A_1, \ldots, A_m$, Ausdrücken der Form $\tilde{H}(x_{j_\lambda})$ $(\lambda = 1, \ldots, l)$ und Ausdrücken der Form $x_{j_{\lambda_1}} \neq x_{j_{\lambda_2}}$ $(1 \leq \lambda_1 < \lambda_2 \leq l)$. Insgesamt ist also H'' äquivalent einem Ausdruck, der rein aussagenlogisch aufgebaut ist aus relativierten Mindestzahlaussagen und Ausdrücken einer der folgenden Formen: $A_i x_{i_\varkappa}$, $x_{i_\varkappa} = x_{i_\lambda}$ $(i = 1, \ldots, m; \; 1 \leq \varkappa, \lambda \leq k - 1)$. Setzen wir dieses Verfahren in der angegebenen Weise fort, so erhalten wir schließlich eine zu H äquivalente Aussage, die rein aussagenlogisch aus relativierten Mindestzahlaussagen bzgl. $A_1, \ldots, A_m$ aufgebaut ist. Der restliche Beweis verläuft wie im identitätsfreien Fall. Wir merken lediglich noch an, daß die obigen Bedingungen a) bis c) deshalb erfüllt werden können, weil im Fall $k_1 \leq k_2$

$$\bigvee_{k_1} x K_\mu(x) \vee \bigvee_{k_2} x K_\mu(x) \;\; \ddot{A}q \;\; \bigvee_{k_1} x K_\mu(x),$$

$$\sim \bigvee_{k_1} x K_\mu(x) \vee \sim \bigvee_{k_2} x K_\mu(x) \;\; \ddot{A}q \;\; \sim \bigvee_{k_2} x K_\mu(x),\text{[2])}$$

während $\bigvee_{k_1} x K_\mu(x) \vee \sim \bigvee_{k_2} x K_\mu(x)$ im Fall $k_1 \leq k_2$ wahr und beweisbar ist, so daß dies auch für alle „Normalalternativen" gilt, die einen solchen Anteil enthalten, und diese in einer Konjunktion von Normalalternativen äquivalent fortgelassen werden können.

---

[1]) Die zunächst theoretisch noch möglichen Ausdrücke der Form $x_{i_k} = x$ und $x_{i_k} \neq x$ sind äquivalent zu $x = x_{i_k}$ bzw. $x \neq x_{i_k}$.

[2]) Mit $\ddot{A}q$ wird hier die semantische und syntaktische Äquivalenz angedeutet.

Anwendung des Distributivgesetzes ergibt, daß jede Aussage über der Basis $B = [\emptyset, \{A_1, ..., A_m\}, \emptyset]$ auch äquivalent ist einer (nichtleeren) Alternative aus *Normalkonjunktionen bzgl.* $A_1, ..., A_m$, d.h. aus Konjunktionen von relativierten ·Mindestzahlaussagen bzgl. $A_1, ..., A_m$, für die folgende Bedingungen erfüllt sind:

a) Für jedes $\mu = 1, ..., 2^m$ existiert höchstens ein k, so daß $\bigvee_k x K_\mu(x)$ als Konjunktionsglied auftritt;

b) Für jedes $\mu = 1, ..., 2^m$ existiert höchstens ein k, so daß $\sim\bigvee_k x K_\mu(x)$ als Konjunktionsglied auftritt;

c) Für jedes $\mu = 1, ..., 2^m$ gilt: Sind $\bigvee_{k_1} x K_\mu(x)$ und $\sim\bigvee_{k_2} x K_\mu(x)$ als Konjunktionsglieder vorhanden, so ist $k_2 > k_1$

(vgl. S. 62).

Im Fall $m = 0$ lassen sich die kanonischen kontrapränexen Normalformen noch leicht semantisch und syntaktisch äquivalent auf (genau) eine der folgenden Formen bringen:

$$\bigvee_1, \quad \sim\bigvee_1, \quad \bigvee_{k_1}!! \vee \cdots \vee \bigvee_{k_r}!!, \quad \sim\bigvee_{k_1}!! \wedge \cdots \wedge \sim\bigvee_{k_r}!!$$

$(1 \leqq k_1 < \cdots < k_r; r \geqq 1)$. Die Aussagen dieser Form bezeichnet man auch als *numerische Normalformen*. Der Beweis hierfür sei dem Leser als Übungsaufgabe überlassen.

Zum Abschluß unserer Ausführungen über kontrapränexe Normalformen wollen wir noch den folgenden interessanten Satz beweisen:

Satz von der numerischen Normalform. *Zu jedem Ausdruck H über einer Basis $B = [B_1, B_2, \emptyset]$, bei der B_2 nur einstellige Attributensymbole enthält, existiert eine numerische Normalform H^*, für die gilt:*

$$H\,Bwgl^B H^*, \quad H\,Aggl_{\mathfrak{m}} H^* \text{ für jede Kardinalzahl } \mathfrak{m}.$$

Beweis. Es sei H eine B-Aussage, in der genau die einstelligen Attributensymbole $A_1, ..., A_m$ und ohne Beschränkung der Allgemeinheit keine Individuensymbole vorkommen mögen. Es genügt offenbar zu zeigen, daß H· beweisbarkeitsgleich und $\mathfrak{m}$-zahlig allgemeingültigkeitsgleich einer B-Aussage allein in den Attributensymbolen $A_1, ..., A_{m-1}$ ist. Ohne Beschränkung der Allgemeinheit können wir annehmen, daß H eine kanonische kontrapränexe Normalform ist. Nun gilt aber, wie man leicht zeigt, folgendes:

Wenn $H_1\,Bwgl^B H_1^*$ und $H_2\,Bwgl^B H_2^*$, so $H_1 \wedge H_2\,Bwgl^B H_1^* \wedge H_2^*$;

Wenn $H_1\,Aggl_{\mathfrak{m}} H_1^*$ und $H_2\,Aggl_{\mathfrak{m}} H_2^*$, so $H_1 \wedge H_2\,Aggl_{\mathfrak{m}} H_1^* \wedge H_2^*$.

Mithin genügt es, die angegebene Behauptung für Normalalternativen zu beweisen. Wir betrachten also eine beliebige Normalalternative

$$\bigvee_{k_1} x K_{\mu_1}(x) \vee \cdots \vee \bigvee_{k_r} x K_{\mu_r}(x) \vee \sim \bigvee_{l_1} x K_{\nu_1}(x) \vee \cdots \vee \sim \bigvee_{l_s} x K_{\nu_s}(x),$$

wobei $K_{\mu_1}(x), \ldots, K_{\mu_r}(x), K_{\nu_1}(x), \ldots, K_{\nu_s}(x)$ Elementarkonjunktionen bzgl. $[A_1 x, \ldots, A_m x]$ sind. Die negierten Glieder, die ja die Form

$$\sim \bigvee x_1 \ldots \bigvee x_l (x_1 \neq x_2 \wedge \cdots \wedge x_{l-1} \neq x_l \wedge K_\nu(x_1) \wedge \cdots \wedge K_\nu(x_l))$$

haben, formen wir äquivalent um zu

$$\bigwedge x_1 \ldots \bigwedge x_l (K_\nu(x_1) \wedge \cdots \wedge K_\nu(x_l) \to x_1 = x_2 \vee \cdots \vee x_{l-1} = x_l),$$

während wir die unnegierten Glieder auf die Form

$$\bigwedge x_1 \ldots \bigwedge x_{k-1} \bigvee x_k \, (x_k \neq x_1 \wedge \cdots \wedge x_k \neq x_{k-1} \wedge K_\mu(x_k))$$

bringen (vgl. S. 109). Es werden sodann alle generalisiert auftretenden Variablen fortlaufend in neue Variablen gebunden umbenannt und nach Verschiebung an den Anfang beweisbarkeitsgleich und $\mathfrak{m}$-zahlig allgemeingültigkeitsgleich fortgelassen. Die partikularisierten Variablen werden anschließend alle in dieselbe Variable x gebunden umbenannt. Alle Teilausdrücke der Form $A_m x_j$ bzw. $\sim A_m x_j$ werden durch die zu ihnen äquivalenten Ausdrücke $\bigvee x(x = x_j \wedge A_m x)$ bzw. $\bigvee x(x = x_j \wedge \sim A_m x)$ ersetzt. Sodann werden alle Partikularisatoren verschmolzen. Das Resultat ist ein Ausdruck der Form $H_1 \vee \bigvee x H_2(x)$, wobei in H_1 das Attributensymbol A_m nicht auftritt, während sich $H_2(x)$ äquivalent auf die Form $A_m x \wedge H_0(x) \vee \sim A_m x \wedge H_{00}(x)$ bringen läßt, wobei auch in H_0 und H_{00} das Symbol A_m nicht enthalten ist. Durch A-Einsetzung von $H_{00}(x)$ für $A_m x$ erhält man, daß mit $H_1 \vee \bigvee x H_2(x)$ auch $H_1 \vee \bigvee x(H_0(x) \wedge H_{00}(x))$ aus der leeren Menge beweisbar und $\mathfrak{m}$-zahlig allgemeingültig ist. Andererseits folgt aus

$$\vdash H_1 \vee \bigvee x(H_0(x) \wedge H_{00}(x)) \to H_1 \vee \bigvee x(A_m x \wedge H_0(x) \vee \sim A_m x \wedge H_{00}(x)),$$

daß mit $H_1 \vee \bigvee x(H_0 \wedge H_{00})$ auch $H_1 \vee \bigvee x H_2(x)$ beweisbar und $\mathfrak{m}$-zahlig allgemeingültig ist. Also sind $H_1 \vee \bigvee x H_2(x)$ und $H_1 \vee \bigvee x(H_0 \wedge H_{00})$ beweisbarkeitsgleich und $\mathfrak{m}$-zahlig allgemeingültigkeitsgleich. In $H_1 \vee \bigvee x(H_0 \wedge H_{00})$ ist aber A_m nicht mehr vorhanden.

Aus dem Satz von der numerischen Normalform erhält man leicht, daß für jeden Ausdruck H über einer Basis $B = [B_1, B_2, \emptyset]$, bei der B_2 nur einstellige Attributensymbole enthält, genau einer der folgenden Fälle eintritt: (i) H ist in jedem nichtleeren Individuenbereich allgemeingültig, (ii) H ist in keinem nichtleeren Individuenbereich allgemeingültig, (iii) es gibt endlich viele positive natürliche Zahlen $k_1, \ldots, k_r$, so daß H genau in den Individuenbereichen der Mächtigkeiten $k_1, \ldots, k_r$ allgemeingültig ist,

(iv) es gibt endlich viele positive natürliche Zahlen $k_1, ..., k_r$, so daß H genau in den Individuenbereichen allgemeingültig ist, deren Mächtigkeit verschieden von $k_1, ..., k_r$ ist.[1]) Daher ist für diese Basen insbesondere $ag^B_{end} = ag^B$ (vgl. S. 61).

Als nächstes wollen wir zeigen, daß jeder Ausdruck über einer beliebigen Basis B einem identitätsfreien Ausdruck allgemeingültigkeits- und beweisbarkeitsgleich ist. Dazu sei R ein zweistelliges Attributensymbol, das in B nicht vorkommt, und B^* die Basis, die aus B durch Adjunktion von R entsteht. Für einen beliebigen B-Ausdruck H bezeichnen wir mit H_R den identitätsfreien B^*-Ausdruck, der aus H entsteht, wenn man jeden Teilausdruck der Form $t_1 = t_2$ durch den entsprechenden Ausdruck Rt_1t_2 ersetzt. Entsprechend bedeute X_R für eine gegebene Menge X von B-Ausdrücken die Menge aller Ausdrücke H_R mit $H \in X$. Insbesondere sei also axi^B_R die Menge aller H_R mit $H \in axi^B$. Es gibt dann das folgende

Eliminationstheorem für das Gleichheitszeichen. *Für jede Menge X von B-Ausdrücken ist*

$$(Fl^B(X))_R = Fl^{B^*\bigcirc}(X_R \cup axi^B_R), \qquad (21\,\text{a})$$

$$(Bw^B(X))_R = Bw^{B^*\bigcirc}(X_R \cup axi^B_R), \qquad (21\,\text{b})$$

d.h., ein beliebiger B-Ausdruck H folgt genau dann aus der Menge X, wenn der identitätsfreie B-Ausdruck H_R aus $X_R \cup axi^B_R$ folgt, und H ist genau dann aus X beweisbar, wenn H_R aus $X_R \cup axi^B_R$ identitätsfrei beweisbar ist.

Beweis. Es sei zunächst H ein beliebiger Ausdruck aus $Bw^B(X)$, d.h., es gelte $axa^B \cup axi^B \cup X \; Abl^B H$. Durch vollständige Induktion über die Ableitungsstufe erhält man mühelos, daß dann auch gilt:

$$axa^{B^*\bigcirc} \cup axi^B_R \cup X_R \; Abl^B H_R.$$

Also ist $H_R \in Bw^{B^*\bigcirc}(X_R \cup axi^B_R)$. Folglich ist

$$(Bw^B(X))_R \subseteqq Bw^{B^*\bigcirc}(X_R \cup axi^B_R).$$

Zum Beweis der umgekehrten Inklusion sei H^* ein beliebiger B^*-Ausdruck mit $X_R \cup axi^B_R \; Bew^{B^*\bigcirc}H^*$. Es existiert dann ein eindeutig bestimmter

---

[1]) Das heißt, das allgemeingültigkeitstheoretische (wie auch das erfüllbarkeitstheoretische) Spektrum eines Ausdrucks über einer derartigen Basis ist entweder eine endliche Menge von positiven natürlichen Zahlen oder das Komplement einer endlichen Menge (vgl. S. 65).

B-Ausdruck H, so daß H^* gleich H_R ist, und durch vollständige Induktion über die Ableitungsstufe von H^* aus $axa^{B^*\bigcirc} \bigvee axi_R^B \bigvee X_R$ zeigt man, daß H aus $axa^B \bigvee axi^B \bigvee X$ ableitbar ist, d.h. $H^* \in (Bw^B(X))_R$ gilt.

Die Gleichung (21a) kann aus (21b) durch Anwendung des Hauptsatzes erschlossen werden. Es ist aber auch nicht schwer, sie direkt mittels Modellen zu beweisen (Übungsaufgabe!).

Nehmen wir nun an, daß H ein allgemeingültiger B-Ausdruck ist, so ist $H_R \in (Fl^{B_H}(\emptyset))_R$, wobei B_H die Basis aus den in H effektiv auftretenden Symbolen von B ist. Nach (21a) ist dies äquivalent zu $H_R \in Fl^{B_H^*\bigcirc}\left(axi_R^{\cdot B_H}\right)$, wobei $axi_R^{\cdot B_H}$ eine endliche Menge von identitätsfreien B^*-Ausdrücken ist. Auf Grund des Deduktions- und des Ableitbarkeitstheorems ist letzteres aber äquivalent damit, daß der identitätsfreie B^*-Ausdruck $\left(Kj\left(Gen(axi_R^{\cdot B_H})\right) \to H_R\right)$ allgemeingültig ist. Wir wollen diesen Ausdruck kurz mit H^* bezeichnen und eine *identitätsfreie Normalform zu H* nennen. Dann gilt also:

$$ag\ H\ \textit{genau dann, wenn}\ ag\ H^*. \tag{22a}$$

Aus (21b) erhalten wir analog

$$\emptyset\ Bew^{B_H}H\ \textit{genau dann, wenn}\ \emptyset\ Bew^{B_H^*\bigcirc}H^*. \tag{22b}$$

Unter Verwendung des zuletzt bewiesenen Sachverhaltes können wir den oben zunächst nur für identitätsfreie Ausdrücke bewiesenen GÖDELschen Vollständigkeitssatz mühelos auf Ausdrücke ausdehnen, in denen das Gleichheitszeichen auftritt. Ist nämlich H ein das Gleichheitszeichen enthaltender allgemeingültiger Ausdruck, den wir wieder als Ausdruck über der Basis $B = B_H$ der in H effektiv auftretenden Symbole auffassen, so ist nach (22a) $ag\ H^*$, wobei H^* identitätsfreie Normalform zu H über der aus B durch Adjunktion von R entstehenden Basis B^* ist. Nach dem GÖDELschen Vollständigkeitssatz für identitätsfreie Ausdrücke (vgl. S. 142) ist dann $\emptyset\ Bew^{B^*\bigcirc}H^*$, und nach (22b) folgt hieraus: $\emptyset\ Bew^B H$.

Zum Abschluß wollen wir zeigen, daß jeder Ausdruck H, in dem Operationssymbole auftreten, allgemeingültigkeits- und beweisbarkeitsgleich einem Ausdruck ohne Operationssymbole ist, den wir eine *operationsfreie Normalform zu H* nennen wollen. Dazu sei $B = [B_1, B_2, B_3]$ eine beliebige Basis, wobei $B_2 = \left\{A_\mu^{m_\mu}\middle|\mu \in M\right\}$, $B_3 = \left\{F_\nu^{n_\nu}\middle|\nu \in N\right\}$ sei. Wir ordnen jedem Operationssymbol $F_\nu^{n_\nu}$ $(\nu \in N)$ ein $(n_\nu + 1)$-stelliges Attributsymbol $B_\nu^{n_\nu+1}$ zu und bezeichnen mit B^* die Basis $[B_1, B_2^*, \emptyset]$ mit

$$B_2^* = \left\{A_\mu^{m_\mu}\middle|\mu \in M\right\} \bigcup \left\{B_\nu^{n_\nu+1}\middle|\nu \in N\right\}.$$

Zunächst zeigt man leicht, daß jeder B-Ausdruck H semantisch und syntaktisch äquivalent einem B-Ausdruck ist, der nur prädikative Ausdrücke der Form $A_{\mu}^{m}{}^{\mu} x_{i_1} \ldots x_{i_{m_\mu}}$ und $x_i = t$ enthält, wobei t eine Individuenvariable, ein Individuensymbol oder ein B-Term der Form $F_{\nu}^{n_\nu}(x_{j_1}, \ldots, x_{j_{n_\nu}})$ ist. Das erhält man unmittelbar (unter Verwendung des Ersetzbarkeitstheorems) auf Grund folgender Äquivalenzen:

$$\vdash^{B} A_{\mu}^{m}{}^{\mu} t_1 \ldots t_i \ldots t_{m_\mu} \leftrightarrow \bigvee y(A_{\mu}^{m}{}^{\mu} t_1 \ldots y \ldots t_{m_\mu} \wedge y = t_i),$$

$$\vdash^{B} t_1 = t_2 \leftrightarrow \bigvee y(y = t_1 \wedge y = t_2),$$

$$\vdash^{B} x = F_{\nu}^{n_\nu}(t_1, \ldots, t_i, \ldots, t_{n_\nu}) \leftrightarrow \bigvee y(x = F_{\nu}^{n_\nu}(t_1, \ldots, y, \ldots, t_{n_\nu}) \wedge y = t_i)$$

(für y ist dabei jeweils eine Variable zu setzen, die bisher noch nicht aufgetreten ist). Ersetzen wir in dem auf diese Weise äquivalent umgeformten B-Ausdruck H jeden Teilausdruck der Form $x_i = F_{\nu}^{n_\nu}(x_{j_1}, \ldots, x_{j_{n_\nu}})$ durch den entsprechenden B^*-Ausdruck $B_{\nu}^{n_\nu+1} x_i x_{j_1} \ldots x_{j_{n_\nu}}$, so entsteht ein B^*-Ausdruck, der mit H^* bezeichnet werde. Für eine gegebene Menge X von B-Ausdrücken sei X^* die Menge aller Ausdrücke H^* mit $H \in X$. Mit Z bezeichnen wir schließlich die Menge aus den folgenden B^*-Aussagen

$$\bigwedge_{x_1, \ldots, x_{n_\nu}} \bigvee !! x_0 \, B_{\nu}^{n_\nu+1} x_0 x_1 \ldots x_{n_\nu} \qquad (\nu \in N) \tag{23}$$

Man erhält dann das folgende

Eliminationstheorem für Operationssymbole. *Für jede Menge X von B-Ausdrücken und jeden B-Ausdruck H gilt:*

$$X \; Flg \; H \quad \textit{genau dann, wenn} \quad X^* \cup Z \; Flg \; H^*, \tag{24a}$$

$$X \; Bew^B \; H \quad \textit{genau dann, wenn} \quad X^* \cup Z \; Bew^{B^*} H^*. \tag{24b}$$

Zum Beweis von (24a) zeigt man, daß jeder B-Algebra Σ umkehrbar eindeutig eine B^*-Algebra Σ^* entspricht, die Modell für Z ist, wobei auch jede dieser B^*-Algebren einer bestimmten B-Algebra zugeordnet ist.[1] Dabei ist ein beliebiger B-Ausdruck genau dann in Σ allgemeingültig, wenn H^* in Σ^* allgemeingültig ist. Die Behauptung (24b) kann aus (24a) mittels des Hauptsatzes erschlossen werden. Es ist auch ein direkter Beweis möglich, der allerdings recht langwierig ist.

---

[1] Da hierbei Σ und Σ^* jeweils Algebren mit demselben Individuenbereich sind, läßt sich (24a) unmittelbar zu Flg_I verschärfen.

Setzt man in (24 a) bzw. (24 b) für X speziell die leere Menge, so erhält man

$$ag\ H \ \text{genau dann, wenn}\ ag\ (Kj(Z_H) \to H^*),$$

$$\emptyset\ Bew^{B_H}H \ \text{genau dann, wenn}\ \emptyset\ Bew^{B_H}\ (Kj(Z_H) \to H^*),$$

wobei Z_H die Menge aller derjenigen Ausdrücke (23) ist, die zu $F_{,\nu}^{n}$ gehören, die in H effektiv vorhanden sind.

Auf Grund des geschilderten Eliminationsverfahrens kann man auf die Verwendung von Operationssymbolen grundsätzlich verzichten, was auch viele Autoren tun. Allerdings ist die durchgängige Auffassung von n-stelligen Operationen als $(n + 1)$-stellige Attribute (Relationen), die z. B. in der ersten Stelle unbeschränkt ausführbar und eindeutig sind, worauf ja unser Eliminationsverfahren beruht, recht umständlich, da dann alle eingeschachtelten Terme in der oben beschriebenen Weise aufgelöst werden müssen.

Man kann natürlich auch die Attributensymbole durch Operationssymbole eliminieren. Es läuft das auf das bekannte Verfahren der Beschreibung eines Attributs durch seine charakteristische Funktion hinaus. Dazu wird jedem Attributensymbol $A_{\mu}^{m}{}^{\mu}$ der betrachteten Basis B ein m_{μ}-stelliges Operationssymbol $G_{\mu}^{m}{}^{\mu}$ zugeordnet und zur Basis $B^* = \left[B_1 \setminus \{o\},\ \emptyset,\ \left\{ F_{\nu}^{n}{}^{\nu} \middle| \nu \in N \right\} \cup \left\{ G_{\mu}^{m}{}^{\mu} \middle| \mu \in M \right\} \right]$ übergegangen, wobei o ein Individuensymbol ist, das in B_1 noch nicht vorkommt. Jedem B-Ausdruck H wird derjenige B^*-Ausdruck H^* zugeordnet, den man aus H durch Ersetzung jedes prädikativen Ausdrucks der Form $A_{\mu}^{m}{}^{\mu}t_1 \dots t_{m_{\mu}}$ durch den entsprechenden B^*-Ausdruck $G_{\mu}^{m}{}^{\mu}(t_1, \dots, t_{m_{\mu}}) = o$ gewinnt. Man zeigt leicht, daß für jeden Individuenbereich I mit $|I| \geqq 2$ gilt:

$$ag_I H \ \text{genau dann, wenn}\ ag_I H^* . \tag{25}$$

Ist $|I| = 1$, so kann man aus $ag_I H$ zwar auf $ag_I H^*$ schließen, während die Umkehrung im allgemeinen falsch wird. Grund hierfür ist, daß in einer einelementigen B^*-Algebra der Ausdruck $G_{\mu}^{m}{}^{\mu}(t_1, \dots, t_{m_{\mu}}) = o$ bei jeder Belegung f den Wert W annimmt, während natürlich einelementige B-Algebren existieren, in denen $A_{\mu}^{m}{}^{\mu}t_1 \dots t_{m_{\mu}}$ den Wert F hat. In diesen ist allerdings $\omega\!\left(A_{\mu}^{m}{}^{\mu}\right)$ das leere Attribut, das in einer einelementigen B^*-Algebra durch $G_{\mu}^{m}{}^{\mu}(t_1, \dots, t_{m_{\mu}}) \neq o$ repräsentiert werden kann. Damit also (25) für jeden nichtleeren Individuenbereich I gilt, muß man an Stelle des obigen Ausdrucks H^* eine Alternative $H_1^* \vee \dots \vee H_{2^k}^*$ nehmen, wobei k die Anzahl der in H auftretenden Attributensymbole ist und die H_i^* dadurch aus H entstehen, daß man für gewisse der k Attributensymbole aus H für $A_{\mu}^{m}{}^{\mu}t_1 \dots t_{m_{\mu}}$ jeweils den B^*-Ausdruck $G_{\mu}^{m}{}^{\mu}(t_1, \dots, t_{m_{\mu}}) = o$ und für die restlichen Attributensymbole für $A_{\mu}^{m}{}^{\mu}t_1 \dots t_{m_{\mu}}$ jeweils $G_{\mu}^{m}{}^{\mu}(t_1, \dots, t_{m_{\mu}}) \neq o$ einsetzt. Dabei sind in $H_1^* \vee \dots \vee H_{2^k}^*$ alle 2^k Möglichkeiten zu berücksichtigen. Die genaue Durchführung dieser Überlegungen sei dem Leser überlassen.

§ 10. DER BESTIMMTE ARTIKEL[1])

Bei der umgangssprachlichen Formulierung mathematischer Sachverhalte wird sehr häufig der bestimmte Artikel verwendet. Im folgenden soll eine Erweiterung der Ausdrucksmittel einer elementaren Sprache vollzogen werden, so daß in der erweiterten Sprache analoge Möglichkeiten gegeben sind. Zum besseren Verständnis der theoretischen Ausführungen beginnen wir mit einer kurzen Propädeutik.

Es sei $H(x)$ ein Ausdruck über einer gegebenen Basis $B = [B_1, B_2, B_3]$, in dem die Variable x vollfrei vorkommt. Es sei weiter $\Sigma = [I, \omega]$ eine beliebige B-Algebra und f eine Belegung der Individuenvariablen mit Individuen aus I. Ist dann

$$Wert_\Sigma(\bigvee !!xH(x), f) = W, \tag{1}$$

so existiert genau ein $\xi \in I$ mit

$$Wert_\Sigma\left(H(x), f\left\langle {x \atop \xi} \right\rangle\right) = W, \tag{2}$$

so daß wir also zunächst umgangssprachlich von demjenigen $\xi \in I$ sprechen können, für das (2) gilt. Die Erweiterung der durch B definierten elementaren Sprache besteht nun darin, daß wir mit Hilfe eines neuen Grundzeichens ι, genannt *Deskriptor*, den „ι-Term" $\iota x H(x)$ (gelesen: „dasjenige x mit $H(x)$") bilden und festsetzen, daß

$$Wert_\Sigma(\iota x H(x), f) = \xi, \tag{3}$$

sein soll, wobei also ξ dasjenige Individuum aus I ist, für das (2) gilt.[2]) Wie sollen wir aber verfahren, wenn (1) nicht gilt, wenn $Wert_\Sigma(\bigvee !!xH(x), f) = F$ ist? Hier sind nun mehrere Varianten möglich. Dem üblichen Sprachgebrauch würde es sicher am besten entsprechen, wenn wir die Definition der ι-Terme so fassen würden, daß die Zeichenreihe $\iota x H(x)$ überhaupt nur dann ein ι-Term wird, wenn (1) gilt. Das ist aber offensichtlich nicht möglich, da ja im allgemeinen der Ausdruck $\bigvee !!xH(x)$, wenn nämlich in $H(x)$ neben x noch andere Variablen frei vorkommen, bei manchen Belegungen den Wert W und bei anderen Belegungen den Wert F annehmen wird. Man muß daher, wenn man die eindeutige Interpretierbarkeit aller ι-Terme erreichen

---

[1]) Vgl. K. Schröter, Theorie des bestimmten Artikels, Zeitschr. Math. Logik und Grundl. d. Math. 2 (1956), 37—56.

[2]) Die Festsetzung, daß $Wert_\Sigma(\iota x H(x), f)$ ein Individuum ist, rechtfertigt die Bezeichnung *ι-Term*.

will, die Bildung des ι-Terms $\iota x H(x)$ z. B. von der stärkeren Voraussetzung abhängig machen, daß der Ausdruck $\bigvee !! x H(x)$ in Σ allgemeingültig ist. Dieser Weg wurde im wesentlichen von HILBERT-BERNAYS[1]) beschritten. Er hat allerdings den erheblichen Nachteil, daß erst die Interpretation darüber entscheidet, welche Zeichenreihen Ausdrücke werden. Bei der zweiten Variante, der wir folgen wollen, dürfen die ι-Terme $\iota x H(x)$ uneingeschränkt gebildet werden, es wird aber $Wert_\Sigma(\iota x H(x), f)$ im Fall $Wert_\Sigma(\bigvee !! x H(x), f) = F$ als nicht definiert angesehen. Eine dritte Möglichkeit wäre, im Fall $Wert_\Sigma(\bigvee !! x H(x), f) = F$ als $Wert_\Sigma(\iota x H(x), f)$ ein gewisses „Ersatzobjekt" zu nehmen.

Beim Aufbau der Ausdrücke der erweiterten Sprache spielen die ι-Terme dieselbe Rolle wie die B-Terme, so daß jetzt auch prädikative Ausdrücke z. B. der Form $Ax_i \iota x H(x)$ gebildet werden können, wobei im betrachteten Beispiel A ein zweistelliges Attributensymbol aus B ist. Die Frage ist, wie jetzt $Wert_\Sigma(Ax_i \iota x H(x), f)$ definiert werden soll. Falls (1) gilt, werden wir sicher

$$Wert_\Sigma(Ax_i \iota x H(x), f) = \omega(A) \, (f(x_i), \, Wert_\Sigma(\iota x H(x), f))$$

setzen. Wie verfahren wir aber, wenn $Wert_\Sigma(\bigvee !! x H(x), f) = F$ und mithin $Wert_\Sigma(\iota x H(x), f)$ nicht definiert ist? Hier wäre es zunächst naheliegend, auch $Wert_\Sigma(Ax_i \iota x H(x), f)$ als nicht definiert anzusehen. Dann müßte allerdings erklärt werden, wie sich das Nichtdefiniertsein bei logischen Zusammensetzungen vererben soll (welchen Wert soll z. B. ein Ausdruck der Form

$\bigvee x_i H^*(x_i)$ bei einer Belegung f erhalten, wenn $Wert_\Sigma\!\left(H^*(x_i), f \left\langle \begin{smallmatrix} x_i \\ \xi \end{smallmatrix} \right\rangle \right)$ für

einige $\xi \in I$ gleich W und für einige $\xi \in I$ nicht definiert ist?). Faktisch führt dies auf eine dreiwertige (Prädikaten-)Logik mit den drei Wahrheitswerten W, F und U ($=$ undefiniert). Wir wollen hier einen anderen Weg beschreiten und im Anschluß an B. RUSSELL[2]) vereinbaren, daß im Fall $Wert_\Sigma(\bigvee !! x H(x), f) = F$ auch $Wert_\Sigma(Ax_i \iota x H(x), f) = F$ sein soll (also in diesem Fall grundsätzlich $Wert_\Sigma(\sim Ax_i \iota x H(x), f) = W$ ist). Das hat zur Folge, daß bei beliebigem Σ und f stets

$$Wert_\Sigma(Ax_i \iota x H(x), f) = Wert_\Sigma(\bigvee !! x H(x) \wedge \bigvee x(H(x) \wedge Ax_i x), f)$$

---

[1]) Vgl. D. HILBERT und P. BERNAYS, Grundlagen der Mathematik, Bd. I, § 8, Berlin 1934. Allerdings wird hier nicht die Allgemeingültigkeit, sondern die Beweisbarkeit von $\bigvee !! x H(x)$ vorausgesetzt.

[2]) Vgl. B. RUSSELL, On denoting, Mind. n. s., 14 (1905), 479—493. Bei RUSSELL wird $Ax_i \iota x H(x)$ als Abkürzung für $\bigvee !! \, x H(x) \wedge \bigvee x(H(x) \wedge Ax_i x)$ angesehen. Bezüglich der Probleme einer derartigen „definitorischen" Einführung des bestimmten Artikels verweisen wir auf die oben zitierte Arbeit von K. SCHRÖTER.

gilt, d.h. die Ausdrücke $Ax_i\iota x H(x)$ und $\bigvee!!x H(x) \wedge \bigvee x (H(x) \wedge Ax_i x)$ semantisch äquivalent sind.

Wir kommen nun zur genauen Durchführung des skizzierten Ansatzes. Es wurde schon erwähnt, daß zu den auf Seite 11 aufgeführten Grundzeichen der Deskriptor ι als weiteres Zeichen hinzugenommen wird. Die Definition für „x_i vollfrei in Z" (vgl. S. 14) ist jetzt durch die Forderung zu ergänzen, daß auch die Zeichenreihe ιx_i nicht als Teilzeichenreihe in Z enthalten ist. Bei der Definition der Terme und Ausdrücke der erweiterten Sprache, die wir zur Unterscheidung von den B-Termen und B-Ausdrücken als $B\iota$-Terme und $B\iota$-Ausdrücke bezeichnen wollen, tritt allerdings eine gewisse Komplikation ein. Sie rührt daher, daß natürlich auch zugelassen sein soll, daß ι-Terme beliebig ineinander „eingelagert" sind, d.h. beispielsweise die Form $\iota x H_1(x, \iota y H_2(y))$ haben, oder sogar einander „übergeordnet" sind, d.h. beispielsweise die Form $\iota x H_1(x, \iota y H_2(x, y))$ oder dgl. haben. Am einfachsten erreicht man das durch eine simultane induktive Definition der $B\iota$-Terme und der $B\iota$-Ausdrücke. Diese besteht darin, daß man zunächst gleichzeitig (simultan) die $B\iota$-Terme und die $B\iota$-Ausdrücke „0-ter Stufe" definiert und ferner angibt, wie sich die $B\iota$-Terme und die $B\iota$-Ausdrücke „$(k + 1)$-ter Stufe" aus $B\iota$-Termen und $B\iota$-Ausdrücken „k-ter Stufe" aufbauen. Der Leser mache sich klar, daß durch die folgende induktive Definition das gewünschte Ziel erreicht wird.

(1) Jeder B-Term ist ein $B\iota$-Term 0-ter Stufe. Jeder B-Ausdruck ist ein $B\iota$-Ausdruck 0-ter Stufe.

(2) Jeder $B\iota$-Term bzw. $B\iota$-Ausdruck k-ter Stufe ist auch ein $B\iota$-Term bzw. $B\iota$-Ausdruck $(k + 1)$-ter Stufe.

Ist $H(x)$ ein $B\iota$-Ausdruck k-ter Stufe, in dem die Variable x vollfrei vorkommt, so ist $\iota x H(x)$ ein $B\iota$-Term $(k + 1)$-ter Stufe. Sind $t_1, \ldots, t_{n_\nu}$ $B\iota$-Terme k-ter Stufe, so ist $F_\nu^{n_\nu}(t_1, \ldots, t_{n_\nu})$ ein $B\iota$-Term $(k + 1)$-ter Stufe (für $F_\nu^{n_\nu} \in B_3$).

Sind t_1 und t_2 $B\iota$-Terme k-ter Stufe, so ist $t_1 = t_2$ ein $B\iota$-Ausdruck $(k + 1)$-ter Stufe. Sind $t_1, \ldots, t_{m_\mu}$ $B\iota$-Terme k-ter Stufe, so ist $A_\mu^{m_\mu} t_1 \ldots t_{m_\mu}$ ein $B\iota$-Ausdruck $(k + 1)$-ter Stufe $\left(\text{für } A_\mu^{m_\mu} \in B_2\right)$. Sind $H, H_1, H_2, H(x)$ $B\iota$-Ausdrücke k-ter Stufe, so sind $\sim H, (H_1 \wedge H_2)$, $(H_1 \vee H_2), (H_1 \to H_2), (H_1 \leftrightarrow H_2), \bigwedge x H(x)$ und $\bigvee x H(x)$ $B\iota$-Ausdrücke $(k + 1)$-ter Stufe.

(3) Eine Zeichenreihe ist nur dann $B\iota$-Term bzw. $B\iota$-Ausdruck, wenn das auf Grund von (1) und (2) der Fall ist.

Die Begriffe „Wirkungsbereich", „frei", „gebunden", „Aussage", „gebundene Umbenennung" usw. werden sinngemäß auf $B\iota$-Terme und $B\iota$-Ausdrücke übertragen, wobei jetzt der Deskriptor gleichberechtigt neben die Quantoren tritt.

Grundlage für die Interpretation sind die Begriffe Wert eines $B\iota$-Terms t bzw. eines $B\iota$-Ausdrucks H in einer B-Algebra $\Sigma = [I, \omega]$ bei einer Belegung f der Individuenvariablen mit Individuen aus I, die induktiv über die Kompliziertheit von t bzw. H definiert werden. Wir geben hier nur noch einmal die Punkte dieser Definitionen an, in denen sie sich von der Wertdefinition für B-Terme und B-Ausdrücke unterscheiden:

(1) $Wert_\Sigma(t, f)$ und $Wert_\Sigma(H, f)$ stimmen für B-Terme t und B-Ausdrücke H mit den früher definierten Werten überein.

(2) $Wert_\Sigma(\iota x H(x), f)$ ist dasjenige $\xi \in I$ mit $Wert_\Sigma\left(H(x), f\left\langle {x \atop \xi} \right\rangle\right) = W$, falls genau ein solches ξ existiert, und nicht definiert sonst.

$$Wert_\Sigma\left(F^{n_\nu}_\nu(t_1, \ldots, t_{n_\nu}), f\right) = \omega\left(F^{n_\nu}_\nu\right)(Wert_\Sigma(t_1, f), \ldots, Wert_\Sigma(t_{n_\nu}, f)),$$
falls $Wert_\Sigma(t_i, f)$ für $i = 1, \ldots, n_\nu$ definiert sind, und nicht definiert sonst.

$$Wert_\Sigma(t_1 = t_2, f) = \iota_I(Wert_\Sigma(t_1, f), Wert_\Sigma(t_2, f)), \quad \text{falls } Wert_\Sigma(t_1, f) \text{ und}$$
$Wert_\Sigma(t_2, f)$ definiert sind, und gleich F sonst.

$$Wert_\Sigma\left(A^{m_\mu}_\mu t_1 \ldots t_{m_\mu}, f\right) = \omega\left(A^{m_\mu}_\mu\right)(Wert_\Sigma(t_1, f), \ldots, Wert_\Sigma(t_{m_\mu}, f)),$$
falls $Wert_\Sigma(t_i, f)$ für $i = 1, \ldots, m_\mu$ definiert sind, und gleich F sonst.

Wörtlich wie früher zeigt man, daß $Wert_\Sigma(t, f)$ und $Wert_\Sigma(H, f)$ auch für $B\iota$-Terme t und $B\iota$-Ausdrücke H nur von den Werten der Belegung f abhängen, die zu Variablen x_i gehören, welche in t bzw. H frei vorkommen, und daß sich diese Werte bei gebundenen Umbenennungen (einschließlich gebundener ι-Umbenennung) nicht ändern (wobei natürlich auch hier wieder das Verbot von Konfusionen und Kollisionen zu beachten ist).

Die verschiedenen Begriffe von Allgemeingültigkeit und Erfüllbarkeit werden wörtlich wie in § 3 definiert. Mit $ag^{B\iota}_\Sigma$ (usw.) bezeichnen wir die Menge der in Σ (usw.) allgemeingültigen $B\iota$-Ausdrücke. Man zeigt leicht, daß für die Allgemeingültigkeit in Σ und damit auch für alle anderen Arten von Allgemeingültigkeit die Abtrennungsregel, die vier Quantifizierungsregeln, die Regel der gebundenen Umbenennung (einschließlich gebundener ι-Umbenennung) und die Regel der Termeinsetzung für B-Terme (nicht aber eine analoge Regel für $B\iota$-Terme!) gelten. Die verschiedenen Arten von semantischer Äquivalenz werden wörtlich wie in § 3 definiert, und es wird gezeigt, daß auch die Ersetzbarkeitstheoreme für semantisch äquivalente $B\iota$-Ausdrücke gelten.

Wichtig ist nun, daß man bei der von uns gewählten Interpretation der ι-Terme (im Gegensatz zu der Interpretation von HILBERT-BERNAYS) leicht das folgende **Eliminationstheorem für den bestimmten Artikel** beweisen kann:

Zu jedem $B\iota$-Ausdruck H gibt es einen B-Ausdruck H^* mit $H^*\,\ddot{A}qsem\,H$, d.h. für den bei beliebigem Σ und f gilt: $Wert_\Sigma(H, f) = Wert_\Sigma(H^*, f)$.

Zum Beweis des Eliminationstheorems merken wir zunächst an, daß man jeden prädikativen $B\iota$-Ausdruck P, d.h. jeden $B\iota$-Ausdruck der Form $A_\mu^{m_\mu}\,t_1\dots t_{m_\mu}$ bzw. $t_1 = t_2$ $(t_1, t_2, \dots, t_{m_\mu}\;B\iota$-Terme), dadurch aus einem prädikativen B-Ausdruck P' der Form $A_\mu^{m_\mu}\,t_1'\dots t_{m_\mu}'$ bzw. $t_1' = t_2'$ $(t_1', t_2', \dots, t_{m_\mu}'$ B-Terme) gewinnen kann, daß man gewisse in P' auftretende Individuenvariablen $x_{i_1}, \dots, x_{i_k}$ durch ι-Terme $\iota x_{j_1} H_1(x_{j_1}), \dots, \iota x_{j_k} H_k(x_{j_k})$ ersetzt $(H_1(x_{j_1}), \dots, H_k(x_{j_k})$ sind dabei im allgemeinen $B\iota$-Ausdrücke).[1] Ohne Beschränkung der Allgemeinheit kann dabei angenommen werden, daß die Variablen $x_{i_1}, \dots, x_{i_k}$ paarweise verschieden sind und sämtlich in P nicht vorkommen. Dann gilt, wie man leicht zeigt:

$$P\,\ddot{A}qsem\,\bigwedge_{\varkappa=1}^{k}\,\bigvee!!x_{i_\varkappa}H_\varkappa(x_{i_\varkappa}) \wedge \bigvee x_{i_1}\dots\bigvee x_{i_k}\Big(\bigwedge_{\varkappa=1}^{k}H_\varkappa(x_{i_\varkappa})\wedge P'\Big). \qquad (4)$$

Durch hinreichend häufige Anwendung von (4) (wobei zur Vermeidung von Konfusionen und Kollisionen stets geeignete gebundene Variablen zu wählen sind) erhält man mittels des Ersetzbarkeitstheorems für $\ddot{A}qsem$ schließlich einen B-Ausdruck H^* mit der behaupteten Eigenschaft.

Ist z.B. P der $B\iota$-Ausdruck $A_1^2 F_1^2(x_1, \iota x_1 H_1(x_1))\,\iota x_1 H_2(x_1)$, so leistet der B-Ausdruck $A_1^2 F_1^2(x_1, x_i)\,x_j$ das oben Verlangte,[2] wenn i und j so gewählt sind, daß x_i und x_j nicht in P vorkommen. In diesem Fall gilt:

$$P\,\ddot{A}qsem\,\bigvee!!\,x_i H_1(x_i) \wedge \bigvee!!\,x_j H_2(x_j)$$
$$\wedge\,\bigvee x_i \bigvee x_j\big(H_1(x_i) \wedge H_2(x_j) \wedge A_1^2 F_1^2(x_1, x_i)\,x_j\big).$$

Wir wenden uns nun der Frage nach einer Axiomatisierung der Menge $ag^{B\iota}$ der in jeder B-Algebra Σ allgemeingültigen $B\iota$-Ausdrücke zu. Dazu bezeichnen wir mit $axb^{B\iota}$ die Menge aller $B\iota$-Ausdrücke der Form

$$P \leftrightarrow \bigwedge_{\varkappa=1}^{k}\,\bigvee!!x_{i_\varkappa}H_\varkappa(x_{i_\varkappa}) \wedge \bigvee x_{i_1}\dots\bigvee x_{i_k}\Big(\bigwedge_{\varkappa=1}^{k}H_\varkappa(x_{i_\varkappa}) \wedge P'\Big), \qquad (5)$$

---

[1] Ist P ein B-Ausdruck, so ist als P' natürlich P selbst zu nehmen und keine Ersetzung erforderlich.

[2] Sind H_1 und H_2 voneinander verschieden, so ist $i \neq j$ zu wählen; stimmen H_1 und H_2 überein, so kann als P' bereits der B-Ausdruck $A_1^2 F_1^2(x_1, x_i)\,x_i$ dienen.

wobei P ein beliebiger prädikativer $B\iota$-Ausdruck ist und P', H_1, ..., H_k die oben angegebene Bedeutung haben. Die ι-Terme $\iota x_{j_1} H_1(x_{j_1})$, ..., $\iota x_{j_k} H_k(x_{j_k})$, die in P auftreten, wollen wir kurz die *äußersten ι-Terme von P* nennen; es sind das offenbar genau diejenigen ι-Terme in P, die dort wenigstens einmal nicht im Wirkungsbereich eines Deskriptors in P liegen. Wir behaupten, daß folgendes Axiomatisierungstheorem gilt:

$$ ag^{B\iota} = Ab^B(axa^{B\iota} \bigvee axi^B \bigvee axb^{B\iota}). $$

Da alle Axiome aus $axa^{B\iota} \bigvee axi^B \bigvee axb^{B\iota}$ in jeder B-Algebra Σ allgemeingültig sind und sich die Allgemeingültigkeit bei Anwendung der Schlußregeln der Ableitbarkeitsrelation Abl^B vererbt (wir merken an, daß bei Abl^B lediglich die Einsetzung von B-Termen zugelassen ist), genügt es, das entsprechende Vollständigkeitstheorem zu beweisen, d. h. die Inklusion

$$ ag^{B\iota} \subseteqq Ab^B(axa^{B\iota} \bigvee axi^B \bigvee axb^{B\iota}). $$

Dazu merken wir zunächst an (Beweis!), daß für die Ableitbarkeit aus $axa^{B\iota} \bigvee axi^B \bigvee axb^{B\iota}$ das syntaktische Ersetzbarkeitstheorem gilt. Folglich können wir auf Grund der Axiome aus $axb^{B\iota}$ behaupten, daß für jeden $B\iota$-Ausdruck H gilt:

$$ axa^{B\iota} \bigvee axi^B \bigvee axb^{B\iota} \; Abl^B \; (H \leftrightarrow H^*), \tag{6} $$

wobei H^* der im Beweis des Eliminationstheorems konstruierte B-Ausdruck ist, der zu H semantisch äquivalent ist. Wenn nun der Ausdruck H allgemeingültig ist, so ist auch H^* allgemeingültig und folglich nach dem Axiomatisierungstheorem für ag^B aus $axa^B \bigvee axi^B$ ableitbar. Dann ist aber H^* erst recht aus $axa^{B\iota} \bigvee axi^B \bigvee axb^{B\iota}$ ableitbar, und es folgt aus (6), daß auch H aus dieser Menge ableitbar ist.

Wir merken an, daß die Axiome aus $axb^{B\iota}$ noch in verschiedenster Weise abgeschwächt werden können. Wir wollen hier eine Abschwächung angeben, die besonderes Interesse verdient. Dazu bezeichnen wir mit $axc^{B\iota}$ die Menge aus allen $B\iota$-Ausdrücken einer der folgenden Formen:

$$ P \rightarrow \bigvee !! x_0 H(x_0), \tag{7} $$

$$ \bigvee !! x_0 H(x_0) \rightarrow H(\iota x_0 H^*(x_0)), \tag{8} $$

$$ \bigvee !! x_0 H(x_0) \,.\rightarrow.\, \bigwedge x_0 H_1(x_0) \rightarrow H_1(\iota x_0 H(x_0)). \tag{9} $$

Dabei ist in (7) P ein beliebiger prädikativer $B\iota$-Ausdruck, der den ι-Term $\iota x_0 H(x_0)$ als einen äußersten ι-Term enthält und $H(x_0)$ ein beliebiger $B\iota$-Ausdruck, in dem die Variable x_0 vollfrei vorkommt; in (8) ist $H(x_0)$ ein beliebiger $B\iota$-Ausdruck, in dem die Variable x_0 vollfrei vorkommt und $H^*(x_0)$ ein Ausdruck, der durch passende gebundene Umbenennungen aus $H(x_0)$ entsteht;[1]) in (9) sind $H(x_0)$ und $H_1(x_0)$ beliebige $B\iota$-Ausdrücke, wobei $H_1(x_0)$ so gewählt ist, daß bei der Einsetzung von $\iota x_0 H(x_0)$ für x_0 keine Variablenkonfusionen und -kollisionen eintreten. Man kann beweisen, daß folgendes gilt:

$$Ab^B(axa^{B\iota} \bigvee axi^B \bigvee axb^{B\iota}) = Ab^B(axa^{B\iota} \bigvee axi^B \bigvee axc^{B\iota}).{}^2)$$

Interessant ist, daß man hierbei das Axiomenschema (9) gleichwertig durch eine Einsetzungsregel für ι-Terme ersetzen kann. Dazu bezeichnen wir mit $Abl^{B\iota}$ die Ableitbarkeitsrelation, die neben den Schlußregeln der Ableitbarkeitsrelation Abl^B auf der folgenden Schlußregel beruht:

Wenn $X\ Abl^{B\iota}H_1(x_i)$, *so* $X\ Abl^{B\iota}\ (\bigvee !!xH(x) \to H_1(\iota xH(x)))$;

dabei ist $H_1(x_i)$ ein beliebiger $B\iota$-Ausdruck, in dem die Variable x_i vollfrei vorkommt, und $\iota xH(x)$ ein beliebiger ι-Term, bei dessen Einsetzung in $H_1(x_i)$ weder Variablenkonfusion noch -kollision eintritt. Dann gilt:

$$Ab^B(axa^{B\iota} \bigvee axi^B \bigvee axc^{B\iota}) = Ab^{B\iota}(axa^{B\iota} \bigvee axi^B \bigvee axd^{B\iota}),$$

wobei $axd^{B\iota}$ aus den obigen Axiomenschemata (7) und (8) besteht. Das Schema (8) wird meistens das S c h e m a d e r S e l b s t b e z e i c h n u n g genannt.

Schließlich läßt sich auch der Begriff des Folgerns wörtlich auf den Prädikatenkalkül mit bestimmtem Artikel übertragen und mit Hilfe des Eliminationstheorems das Analogon zum Hauptsatz beweisen. Die genaue Durchführung hiervon sei dem Leser überlassen.

§ 11. ELEMENTARE THEORIEN

Im folgenden soll der Begriff der (formalisierten) elementaren Theorie behandelt werden, wie er heute allgemein in der mathematischen Grundlagenforschung verwendet wird. Eine *elementare Theorie* ist dabei ein spezieller Kalkül im Sinne der Ausführungen des § 12 aus Band I. Die Spezialisierung besteht vor allem darin, daß die Ausdrucksmenge A einer elementaren Theorie grundsätzlich die Menge aller Ausdrücke einer elementaren Sprache, d.h. die Menge $ausd^B$ aller Ausdrücke über einer gegebenen Basis B ist. Das zugehörige semiotische Quadrupel besteht demgemäß aus

---

[1]) Diese gebundenen Umbenennungen sind erforderlich, damit bei der Einsetzung keine Konfusionen und Kollisionen eintreten.

[2]) Vgl. K. Schröter, a.a.O.

der Menge M aller Zeichenreihen[1]) dieser Sprache, der Menge E aller Grundzeichen der Sprache, der leeren Zeichenreihe und der durch das Hintereinanderschreiben von Zeichenreihen repräsentierten Verkettungsrelation. Als Ableitbarkeitsoperator F einer elementaren Theorie wird in der Regel der Operator Bw^B bzw. der zu ihm umfangsgleiche Operator Fl^B genommen. Hinsichtlich der Satzmenge S ist (vgl. I, S. 177) zwischen elementaren Theorien mit semantisch definierter Satzmenge und Theorien mit syntaktisch definierter Satzmenge zu unterscheiden.[2]) Eine *Theorie mit semantisch definierter Satzmenge* liegt vor, wenn die Menge S als Menge ag_Σ^B der in einer gegebenen B-Algebra Σ allgemeingültigen B-Ausdrücke charakterisiert ist. Bei einer *Theorie mit syntaktisch definierter Satzmenge* ist ein „Axiomensystem" X (also eine Menge X von B-Ausdrücken) vorgegeben, und S als Ableitungsmenge $F(X)$ charakterisiert; dabei wird in der Regel vorausgesetzt, daß die Menge X entscheidbar ist. Es sind dann sämtliche an einen Kalkül gestellten Bedingungen (vgl. I, S. 177) erfüllt. Insbesondere ist die Satzmenge S in beiden Fällen deduktiv abgeschlossen, d.h. $F(S) \leqq S$.

Bei einer Theorie mit semantisch definierter Satzmenge $S = ag_\Sigma^B$ besteht das Hauptproblem in der Frage nach der *Axiomatisierbarkeit von S*, d.h. in der Frage, ob es ein entscheidbares Axiomensystem X gibt, so daß $S = F(X)$ (läßt man die Forderung der Entscheidbarkeit von X fallen, so ist stets S ein triviales „Axiomensystem" für S). Eine Verschärfung ist die Frage nach der *endlichen Axiomatisierbarkeit von S*, d.h., ob es eine endliche Menge X mit $S = F(X)$ gibt. Bei einer Theorie mit syntaktisch definierter Satzmenge $S = F(X)$ besteht demgegenüber das Hauptproblem darin, einen *Überblick über sämtliche Modelle von S* zu gewinnen, d.h. alle B-Algebren Σ zu bestimmen, für die $S \leqq ag_\Sigma^B$ gilt; wegen der deduktiven Abgeschlossenheit von ag_Σ^B ist letzteres natürlich äquivalent zu $X \leqq ag_\Sigma^B$. Dabei ist selbstverständlich vordringlich zu klären, ob X überhaupt ein Modell besitzt, d.h., ob X semantisch widerspruchsfrei ist (vgl. S. 116).

Als Beispiel für eine Theorie mit semantisch definierter Satzmenge nennen wir die elementare Arithmetik der natürlichen Zahlen. Als Basis B wird hier im allgemeinen eine Basis der Form $[\{o\}, \emptyset, \{F_1^1, F_2^2, F_3^2\}]$ verwendet. Sätze der elementaren Arithmetik der natürlichen Zahlen sind die in der B-Algebra $\Sigma = [N, \omega]$ allgemeingültigen B-Ausdrücke, wobei N die Menge aller natürlichen Zahlen, $\omega(o)$ die Zahl 0, $\omega(F_1^1)$ die Nachfolgerfunktion und $\omega(F_2^2)$ bzw. $\omega(F_3^2)$ die Addition bzw. Multiplikation von natürlichen Zahlen bedeutet.

---

[1]) Genauer sind es natürlich nicht die Zeichenreihen, sondern die zugehörigen „Zeichengestalten" (vgl. I, S. 172).

[2]) In der Literatur wird häufig eine elementare Theorie mit ihrer Satzmenge identifiziert.

Beispiel für eine Theorie mit syntaktisch definierter Satzmenge ist die sogenannte Peano-Arithmetik. Sätze dieser Theorie sind diejenigen Ausdrücke über der oben betrachteten Basis B, die aus dem „PEANOschen Axiomensystem" beweisbar sind (bzw. aus ihm gefolgert werden können), das aus den Ausdrücken

$$F_1^1(x) \neq o, \quad F_1^1(x) = F_1^1(y) \to x = y,$$

$$F_2^2(x, o) = x, \quad F_2^2(x, F_1^1(y)) = F_1^1(F_2^2(x, y)),$$

$$F_3^2(x, o) = o, \quad F_3^2(x, F_1^1(y)) = F_2^?(F_3^2(x, y), x),$$

sowie allen Ausdrücken der Form (Schema der vollständigen Induktion)

$$H(o) \wedge \bigwedge_x (H(x) \to H(F_1^1(x))) \to \bigwedge_x H(x)$$

besteht. Bezeichnet S_1 die Sätze der elementaren Arithmetik der natürlichen Zahlen und S_2 die Sätze der Peano-Arithmetik, so ist natürlich $S_2 \subseteqq S_1$. Bemerkenswert ist nun, daß hier die echte Inklusion gilt. Man könnte zunächst meinen, daß das vielleicht deshalb der Fall ist, weil noch einige einfache Axiome fehlen. Dem ist jedoch nicht so; es zeigt sich nämlich, daß diejenigen Sätze der elementaren Zahlentheorie, die man z. B. in einer Vorlesung über elementare Zahlentheorie kennenlernt, zu S_2 gehören. Diese echte Inklusion ist daher keineswegs leicht zu erschließen und trägt grundsätzlichen Charakter. Nach dem berühmten GÖDELschen Unvollständigkeitssatz[1]) ist es nämlich überhaupt unmöglich, ein übersehbares (= entscheidbares) Axiomensystem anzugeben, aus dem genau die Sätze aus S_1 beweisbar sind, und nur mit den Methoden für den Beweis dieses wesentlich allgemeineren Resultates ist bislang der Nachweis der Inklusion $S_2 < S_1$ gelungen.

Ganz anders liegen demgegenüber die Dinge in der elementaren Arithmetik der reellen Zahlen. Als Basis wird hier meistens eine solche der Form $B = [\{o, e\}, \{A_1^2\}, \{F_1^2, F_2^2\}]$ genommen. Die Satzmenge S der elementaren Arithmetik der reellen Zahlen besteht aus denjenigen B-Ausdrücken, die allgemeingültig sind in der B-Algebra $\Sigma = [R, \omega]$, wobei R die Menge aller reellen Zahlen, $\omega(o)$ die Zahl 0, $\omega(e)$ die Zahl 1, $\omega(A_1^2)$ die $\leqq$-Relation und $\omega(F_1^2)$ bzw. $\omega(F_2^2)$ die Addition bzw. Multiplikation von reellen Zahlen bedeutet. Die Menge S ist, wie zuerst von TARSKI[2]) bewiesen wurde, durchaus axiomatisierbar, und zwar erhält man ein Axiomensystem für S, wenn man zu den Axiomen aus $Gk(o, e, F_1^2, F_2^2, A_1^2)$ für einen geordneten Körper (vgl. S. 70) noch das folgende Schema vom DEDEKINDschen Schnitt hinzufügt:

$$\bigwedge_x (H_1(x) \vee H_2(x)) \wedge \bigwedge_{x, y} (H_1(x) \wedge H_2(y) \to A_1^2 xy \wedge x \neq y) \wedge \bigvee_x H_1(x) \wedge \bigvee_x H_2(x)$$

$$\to \bigvee_z \bigwedge_{x, y} (H_1(x) \wedge H_2(y) \to A_1^2 xz \wedge A_1^2 zy)$$

($H_1(x)$, $H_2(x)$ sind dabei beliebige B-Ausdrücke).

---

[1]) Vgl. K. GÖDEL, Über formal unentscheidbare Sätze der Principia Mathematica und verwandter Systeme, Monatsh. Math. Phys. **38** (1931), 173—198.

[2]) Vgl. A. TARSKI, A Decision Method for Elementary Algebra and Geometry, 2. Aufl., Berkeley u. Los Angeles 1951.

Wir merken schließlich an, daß natürlich auch die elementare Gruppentheorie, die elementare Ringtheorie, die elementare Körpertheorie usw. Theorien mit syntaktisch definierten Satzmengen sind (vgl. S. 68 f.).

Wir wollen zum Abschluß noch die wesentlichsten wissenschaftstheoretischen Begriffsbildungen zusammenstellen und die allgemein geltenden Beziehungen zwischen ihnen studieren. Zum Teil haben diese Begriffe schon früher eine wesentliche Rolle gespielt.

Es sei X eine beliebige Menge von Ausdrücken einer elementaren Sprache, d.h. von Ausdrücken über einer gegebenen Basis B. Die Menge X heißt *semantisch widerspruchsfrei*, wenn es eine B-Algebra Σ mit $\mathsf{F}(X) \subseteqq ag_\Sigma^B$ gibt, wenn also X ein Modell Σ besitzt. Die Menge X heißt *syntaktisch widerspruchsfrei*, wenn $\mathsf{F}(X) \neq ausd^B$.[1]) Es ist bekannt (vgl. S. 116), daß eine Menge X genau dann syntaktisch widerspruchsfrei ist, wenn es keinen B-Ausdruck H gibt, so daß $H \in \mathsf{F}(X)$ und $\sim H \in \mathsf{F}(X)$ (in I, S. 106, hatten wir diese Eigenschaft als *klassische Widerspruchsfreiheit* bezeichnet). Es ist ferner bekannt, daß im elementaren Fall die semantische und die syntaktische Widerspruchsfreiheit äquivalent sind (vgl. S. 116); wir werden daher im folgenden kurz von *Widerspruchsfreiheit* sprechen. Wir nennen die Menge X *semantisch vollständig*, wenn es eine B-Algebra Σ gibt, so daß $ag_\Sigma^B \subseteqq \mathsf{F}(X)$. Die Menge X heißt *syntaktisch vollständig*, wenn für jeden B-Ausdruck H gilt: wenn $H \notin \mathsf{F}(X)$, so $\mathsf{F}(X \cup \{H\}) = ausd^B$. Es gilt dann der folgende wichtige Satz:

Eine Menge X ist genau dann syntaktisch vollständig, wenn für jede B-Aussage H gilt: $H \in \mathsf{F}(X)$ oder $\sim H \in \mathsf{F}(X)$.

Zum Beweis dieser Behauptung setzen wir zunächst voraus, daß X syntaktisch vollständig ist. Es sei dann H eine beliebige B-Aussage, so daß $H \notin \mathsf{F}(X)$. Auf Grund der syntaktischen Vollständigkeit gilt dann $X \cup \{H\}\ Bew^B H^*$ für jeden B-Ausdruck H^*. Mit dem Deduktionstheorem (hier wird benutzt, daß H eine Aussage ist!) folgt, daß $X\ Bew^B (H \to H^*)$, und Anwendung einer Kontraposition liefert $X\ Bew^B (\sim H^* \to \sim H)$. Wird nun H^* so gewählt, daß $X\ Bew^B \sim H^*$, so folgt $X\ Bew^B \sim H$. Also gilt in der Tat für jede B-Aussage H: $H \in \mathsf{F}(X)$ oder $\sim H \in \mathsf{F}(X)$. Wir setzen nun umgekehrt voraus, daß X diese Eigenschaft hat. Es sei H ein beliebiger B-Ausdruck mit $H \notin \mathsf{F}(X)$. Dann ist auch $Gen(H) \notin \mathsf{F}(X)$ und mithin $\sim Gen(H) \in \mathsf{F}(X)$. Also ist $X \cup \{H\}\ Bew^B \sim Gen(H)$ und natürlich auch $X \cup \{H\}\ Bew^B Gen(H)$, woraus wegen $\emptyset\ Bew^B (Gen(H) \to (\sim Gen(H) \to H^*))$ folgt, daß aus $X \cup \{H\}$ jeder Ausdruck H^* beweisbar ist. Also ist in der Tat die Menge X syntaktisch vollständig.

---

[1]) Mit F wird im folgenden grundsätzlich der Operator Bw^B oder der zu ihm umfangsgleiche Operator Fl^B bezeichnet.

Weiterhin ergibt sich leicht, daß *die semantische und die syntaktische Vollständigkeit ebenfalls äquivalent sind*, so daß wir im folgenden kurz von *Vollständigkeit* sprechen werden. Ist nämlich X semantisch vollständig und dabei $ag_\Sigma^B \subseteqq \mathsf{F}(X)$ und ist H eine beliebige B-Aussage, so ist bekanntlich (vgl. S. 30) $ag_\Sigma H$ oder $ag_\Sigma \sim H$, also $H \in \mathsf{F}(X)$ oder $\sim H \in \mathsf{F}(X)$, d.h., X ist syntaktisch vollständig. Zum Beweis der Umkehrung nehmen wir an, daß X syntaktisch vollständig und $\mathsf{F}(X) \neq ausd^B$ ist (im Fall $\mathsf{F}(X) = ausd^B$ ist X trivialerweise semantisch vollständig, denn in diesem Fall ist $ag_\Sigma^B \subseteqq \mathsf{F}(X)$ für jede B-Algebra Σ). Dann existiert zunächst eine B-Algebra Σ mit $\mathsf{F}(X) \subseteqq ag_\Sigma^B$. Wäre nun hierbei $\mathsf{F}(X) < ag_\Sigma^B$, so gäbe es einen Ausdruck H mit $H \in ag_\Sigma^B$ und $H \notin \mathsf{F}(X)$. Wegen der syntaktischen Vollständigkeit von X wäre dann $\mathsf{F}(X \cup \{H\}) = ausd^B$. Andererseits wäre wegen $X \subseteqq ag_\Sigma^B$ und $H \in ag_\Sigma^B$ offenbar $\mathsf{F}(X \cup \{H\}) \subseteqq ag_\Sigma^B$. Also müßte $ag_\Sigma^B = ausd^B$ sein, und das ist ein Widerspruch. Folglich ist $\mathsf{F}(X) = ag_\Sigma^B$ und mithin X semantisch vollständig.

Eine Menge X von B-Ausdrücken heißt *gabelbar an der B-Aussage H*, falls sowohl $X \cup \{H\}$ als auch $X \cup \{\sim H\}$ widerspruchsfrei ist; die Menge X heißt *gabelbar*, falls sie an wenigstens einer B-Aussage H gabelbar ist, und *nichtgabelbar*, falls sie an keiner B-Aussage gabelbar ist. Dann gilt: *Eine Menge X ist genau dann nichtgabelbar, wenn sie vollständig ist.* Es sei zunächst X eine vollständige Menge von B-Ausdrücken und H eine beliebige B-Aussage. Dann gilt: $H \in \mathsf{F}(X)$ oder $\sim H \in \mathsf{F}(X)$. Ist $H \in \mathsf{F}(X)$, so ist $H \in \mathsf{F}(X \cup \{\sim H\})$ und $\sim H \in \mathsf{F}(X \cup \{\sim H\})$, also die Menge $X \cup \{\sim H\}$ widerspruchsvoll; ist $\sim H \in \mathsf{F}(X)$, so ist $\sim H \in \mathsf{F}(X \cup \{H\})$ und auch $H \in \mathsf{F}(X \cup \{H\})$, also $X \cup \{H\}$ widerspruchsvoll. Folglich können die Mengen $X \cup \{H\}$ und $X \cup \{\sim H\}$ nicht beide widerspruchsfrei sein, d.h., X ist nicht an H gabelbar, und da hierbei H eine beliebige B-Aussage war, ist damit die Nichtgabelbarkeit von X bewiesen. Es sei nun X nichtgabelbar und H eine beliebige B-Aussage. Dann ist $X \cup \{H\}$ oder $X \cup \{\sim H\}$ widerspruchsvoll. Im ersten Fall gilt $X \cup \{H\}\ Bew^B \sim H$, also auch $X\ Bew^B\ (H \to \sim H)$ und damit $X\ Bew^B \sim H$, d.h. $\sim H \in \mathsf{F}(X)$, während im zweiten Fall $H \in \mathsf{F}(X)$ gilt.

Auf Grund unserer Definitionen ist klar, daß die maximalen widerspruchsfreien Mengen genau die Mengen sind, die sich als F-Bilder von widerspruchsfreien und vollständigen Mengen erhalten lassen. Andererseits sind es genau die Mengen ag_Σ^B, wobei Σ eine beliebige B-Algebra ist, d.h. die Satzmengen von Theorien mit semantisch definierter Satzmenge. Nennen wir eine B-Algebra Σ ein *adäquates Modell für X*, falls $\mathsf{F}(X) = ag_\Sigma^B$ ist, so können wir also behaupten, daß *eine Menge X genau dann ein adäquates Modell besitzt, wenn sie widerspruchsfrei und vollständig ist.*

Eine andere Art von Vollständigkeit ist die sogenannte Kategorizität. Dabei heißt eine Menge X von B-Ausdrücken *kategorisch* oder *monomorph*, wenn je zwei Modelle von X isomorph sind (vgl. S. 23). Es ist klar, daß jede kategorische Menge vollständig ist. Da eine Menge X, die ein Modell Σ transfiniter Mächtigkeit $\mathfrak{m}_0$ besitzt, auch zu jedem hinreichend großen $\mathfrak{m} \geqq \mathfrak{m}_0$ Modelle der Mächtigkeit $\mathfrak{m}$ hat (vgl. S. 119), können allerdings höchstens solche Mengen X kategorisch sein, deren sämtliche Modelle eine gegebene endliche Mächtigkeit k besitzen. Daher ist der Begriff der Kategorizität für elementare Theorien relativ uninteressant. Er ist aber wichtig zum Verständnis des folgenden Begriffes. Sind zunächst Σ_1 und Σ_2 isomorphe B-Algebren, so ist (vgl. S. 32) $ag^B_{\Sigma_1} = ag^B_{\Sigma_2}$. Allgemein nennt man Algebren Σ_1, Σ_2 mit dieser Eigenschaft *elementar ununterscheidbar* oder *elementar äquivalent*. Damit können wir feststellen, daß *eine Menge X genau dann vollständig ist, wenn je zwei Modelle von X elementar ununterscheidbar sind*. Daraus folgt, daß eine widerspruchsfreie und vollständige Menge X mit dem adäquaten Modell Σ genau dann kategorisch ist, wenn jede von Σ elementar ununterscheidbare Algebra Σ' zu Σ isomorph ist.

Eine Menge X von B-Ausdrücken heißt *unabhängig*, wenn kein $H \in X$ existiert, so daß $H \in \mathsf{F}(X \setminus \{H\})$. Offenbar ist eine Menge X genau dann unabhängig, wenn zu jedem $H \in X$ eine B-Algebra Σ_H existiert, so daß Σ_H Modell für $X \setminus \{H\}$ aber nicht für X ist, d. h. $H \notin ag^B_{\Sigma_H}$. Man erkennt leicht (vgl. I, S. 125), daß *eine Menge X genau dann unabhängig ist, wenn jede endliche Teilmenge X^* von X unabhängig ist*.

Ferner kann man beweisen (vgl. I, S. 126), daß *jede endlich axiomatisierbare Satzmenge S ein endliches unabhängiges Axiomensystem besitzt*.

ANHANG

EINIGES AUS DER ALLGEMEINEN MENGENLEHRE

In den Ausführungen des vorliegenden Bandes werden eine Reihe von Begriffen und Sätzen aus der allgemeinen Mengenlehre, insbesondere über Kardinal- und Ordinalzahlen benötigt, die über das hinausgehen, was üblicherweise z.B. in Anfängervorlesungen der Mathematik vermittelt wird. Diese Dinge sollen hier, weitgehend ohne Beweise, systematisch zusammengestellt werden. Dabei kann es nicht unsere Aufgabe sein, eine axiomatische Begründung der allgemeinen Mengenlehre zu geben. Wir stellen uns vielmehr auf einen sogenannten naiven Standpunkt, d.h., wir verwenden die Begriffe „Menge", „Abbildung" usw. in einem inhaltlichen Sinne, wie man das in der Regel auch in anderen mathematischen Theorien (Analysis, Algebra usw.) tut. Wir merken an, daß die Präzisierung der hier zu behandelnden Begriffe aus der allgemeinen Mengenlehre in den verschiedenen axiomatischen Systemen der Mengenlehre zum Teil recht unterschiedlich ist, aber die entscheidenden Sätze im wesentlichen dieselben sind.

Als erstes heben wir hervor, daß wir in unseren Ausführungen, ohne es jeweils ausdrücklich zu erwähnen — wie man das in der Regel auch sonst in der klassischen Mathematik tut —, mannigfach das sogenannte Auswahlaxiom verwendet haben. In seiner einfachsten auf E. Zermelo zurückgehenden Form lautet es folgendermaßen: *Es sei $\mathfrak{M}$ ein nichtleeres System aus paarweise disjunkten nichtleeren Mengen. Dann gibt es eine Menge A (eine sogenannte Auswahlmenge für $\mathfrak{M}$), die mit jeder Menge M aus $\mathfrak{M}$ jeweils genau ein Element gemeinsam hat, also zu jedem $M \in \mathfrak{M}$ ein $a_M \in A$ existiert, so daß $M \cap A = \{a_M\}$ gilt.* Die Besonderheit des Auswahlaxioms besteht darin, daß die Elemente der als existent behaupteten Auswahlmenge nicht durch eine genau ihnen zukommende Eigenschaft charakterisiert sind, wie das bei vielen anderen Mengenbildungen der Fall ist. Auf die grundsätzliche Problematik des Auswahlaxioms können wir hier nicht eingehen. Die Frage, welche Sätze der Logik für ihren Beweis wesentlich das Auswahlaxiom benötigen, ist in der Literatur eingehend studiert.

Einige typische Beispiele mögen die Verwendung des Auswahlaxioms erläutern. Beim Beweis des Reduktionstheorems für identitätsfreie Ausdrücke (S. 50) betrachteten wir eine eindeutige Abbildung Φ des Individuenbereiches I_2 auf den

Individuenbereich I_1 und ordneten jedem Individuensymbol a_λ aus der zugrunde-liegenden Basis $B = [B_1, B_2, B_3]$ als $\omega_2(a_\lambda)$ jeweils ein Urbild von $\omega_1(a_\lambda)$ bzgl. Φ zu, wobei $\Sigma_1 = [I_1, \omega_1]$ eine gegebene B-Algebra über I_1 war. Zur Rechtfertigung dieser Zuordnung mittels des Auswahlaxioms sei $M_\lambda = \{\eta \mid \eta \in I_2$ und $\Phi(\eta) = \omega_1(a_\lambda)\}$ und $\mathfrak{M} = \{M_\lambda \mid \lambda \in \Lambda\}$ (Λ ist dabei die Indexmenge von B_1). Dann erfüllt $\mathfrak{M}$ (sofern Λ nicht leer ist) die Voraussetzungen des Auswahlaxioms (Beweis!) und besitzt folglich eine Auswahlmenge A. Ist dann $M_\lambda \cap A = \{\eta_\lambda\}$, so leistet die durch $\omega_2(a_\lambda) = \eta_\lambda$ ($\lambda \in \Lambda$) definierte Abbildung das Verlangte, d.h., ω_2 ist eine Interpretation der Individuensymbole mit Individuen aus I_2, so daß $\Phi(\omega_2(a_\lambda)) = \omega_1(a_\lambda)$ für alle $\lambda \in \Lambda$. Ein analoger Auswahlschluß wurde im gleichen Beweis bei der Konstruktion von $\omega_2\!\left(F_\nu^{n_\nu}\right)$ ($\nu \in N$) angewandt. Im Beweis der Behauptung (2) von S. 56 zeigten wir, daß zu jedem $\xi \in I$ wenigstens ein n-Tupel $[\eta_1, \ldots, \eta_n]$ von Elementen aus I mit $\mathrm{Wert}_\Sigma \cdot \left([\ldots], f\left\langle \begin{matrix} x, y_1, \ldots, y_n \\ \xi, \eta_1, \ldots, \eta_n \end{matrix} \right\rangle\right) = W$ gehört, wählten aus der Menge aller dieser n-Tupel jeweils ein bestimmtes aus und bezeichneten es mit $[\eta_1(\xi), \ldots, \eta_n(\xi)]$. Hierbei handelt es sich um folgende Anwendung des Auswahlaxioms: Für ein gegebenes $\xi \in I$ sei M_ξ die Menge aller $(n+1)$-Tupel $[\xi, \eta_1, \ldots, \eta_n]$, für die obige Gleichung gilt, und $\mathfrak{M} = \{M_\xi \mid \xi \in I\}$. Dann erfüllt $\mathfrak{M}$ die Voraussetzungen des Auswahlaxioms und besitzt folglich eine Auswahlmenge A. Ist $M_\xi \cap A = \{[\xi, \eta_1(\xi), \ldots, \eta_n(\xi)]\}$, so leistet $[\eta_1(\xi), \ldots, \eta_n(\xi)]$ das Verlangte. Ein analoger Schluß findet sich auch im Beweis des Satzes von der verschärften SKOLEMschen Normalform (S. 145). Beispiele für verstecktere Anwendungen des Auswahlaxioms werden im folgenden erwähnt.

Wir kommen nun zu den wichtigsten Begriffen und Sätzen über Kardinalzahlen. Es seien dazu M_1, M_2 beliebige Mengen. Die Mengen M_1, M_2 heißen *gleichmächtig* oder *äquivalent* (in Zeichen $M_1 \sim M_2$), wenn es eine eineindeutige Abbildung von der Menge M_1 auf die Menge M_2 gibt. Man erkennt leicht, daß die Gleichmächtigkeit eine Äquivalenzrelation ist. Jeder Menge M sei in eindeutiger Weise ihre *Kardinalzahl* oder *Mächtigkeit* $|M|$ so zugeordnet, daß Mengen M_1 und M_2 dann und nur dann dieselbe Kardinalzahl besitzen (d.h. $|M_1| = |M_2|$ gilt), wenn M_1 und M_2 gleichmächtig sind.[1]) Allein diese Eigenschaft der Kardinalzahlen ist für den gesamten Aufbau der Kardinalzahltheorie von Bedeutung, worauf insbesondere F. HAUSDORFF hingewiesen hat.[2])

---

[1]) In der Literatur wird die Mächtigkeit einer Menge M häufig auch mit $\overline{\overline{M}}$ bezeichnet.

[2]) Vgl. F. HAUSDORFF, Mengenlehre, 3. Aufl., Berlin 1935, S. 25: „wir ordnen jeder Menge A ein Ding a zu derart, daß äquivalenten Mengen und nur solchen dasselbe Ding entspricht ... Diese formale Erklärung sagt, was die Kardinalzahlen sollen, nicht was sie sind. Prägnantere Bestimmungen sind versucht worden, aber sie befriedigen nicht und sind auch entbehrlich. Relationen zwischen Kardinalzahlen sind nur ein bequemer Ausdruck für Relationen zwischen Mengen: das „Wesen" der Kardinalzahlen zu ergründen, müssen wir den Philosophen überlassen."

Aus algebraischer Sicht wäre es zweifellos naheliegend, die Kardinalzahlen als die *Äquivalenzklassen der Gleichmächtigkeit* zu definieren. Die geforderte Grundeigenschaft der Kardinalzahlen wäre dann trivial erfüllt. Indessen setzt die mengentheoretisch einwandfreie Anwendung des Hauptsatzes über Äquivalenzrelationen voraus, daß es sich bei der betrachteten Äquivalenzrelation um eine Relation in einer bestimmten Grundmenge E handelt, die durch die Äquivalenzklassen erschöpfend in paarweise disjunkte nichtleere Mengen zerlegt wird. Im vorliegenden Fall müßte E die Menge aller Mengen sein, die jedoch antinomischen Charakter hat. Diese Schwierigkeit kann man bei vielen Anwendungen der Kardinalzahlen in der Mathematik einfach dadurch beseitigen, daß man nach B. RUSSELL die Relation der Gleichmächtigkeit und damit die Klasseneinteilung auf solche Mengen relativiert, die Teilmengen einer gegebenen Menge E (also Elemente der Potenzmenge $\mathfrak{P}(E)$, d.h. der Menge aller Teilmengen von E) sind. Allerdings erhält man auf diese Weise nur Kardinalzahlen die im Sinne des unten einzuführenden Größenvergleichs von Kardinalzahlen kleiner oder gleich der Kardinalzahl von $\mathfrak{P}(E)$ sind, also keine „beliebig großen" Kardinalzahlen.

Bei einer Reihe von axiomatischen Begründungen der Mengenlehre, die im wesentlichen an V. NEUMANN, BERNAYS und GÖDEL anknüpfen, wird der Begriff der Menge dem allgemeinen Begriff der Klasse untergeordnet. Die Besonderheit dieser Auffassungsweise besteht darin, daß Mengen (aber nicht Klassen!) beliebig zu Klassen zusammengefaßt werden können, aber keineswegs alle Klassen (wie z. B. die Klasse aller Mengen) Mengen sind. Wir werden im folgenden ebenfalls die Bezeichnungen „Menge" und „Klasse" benutzen, wobei wir das Wort „Klasse" insbesondere für alle diejenigen Gesamtheiten von Mengen (!) verwenden, die bei naiver Auffassung als Mengen zu Antinomien führen.

In Systemen der Mengenlehre mit Klassen kann man die Kardinalzahlen als Äquivalenzklassen der Gleichmächtigkeit in der Klasse aller Mengen definieren. Allerdings ergibt sich hierbei die Schwierigkeit, daß dann die Kardinalzahlen Klassen werden, die keine Mengen sind (sogenannte *Unmengen*), und mithin nicht als Elemente zur Bildung von Mengen oder Klassen von Kardinalzahlen verwendet werden können. Aus diesem Grunde geht man in der axiomatischen Mengenlehre meistens einen anderen Weg und nimmt als Kardinalzahl einer Menge M einen speziellen Repräsentanten aus der Klasse aller zu M gleichmächtigen Mengen. Dieser Weg wurde zuerst von J. v. NEUMANN[1]) beschritten, und zwar ordnete er

---

[1]) J. v. NEUMANN, Über die Definition durch transfinite Induktion und verwandte Fragen der allgemeinen Mengenlehre, Math. Ann. **99** (1928), 373 bis 391.

zunächst jeder wohlgeordneten Menge (s. unten) einen ausgezeichneten Repräsentanten aus der Klasse der zur betrachteten wohlgeordneten Menge ähnlichen wohlgeordneten Mengen als Ordinalzahl zu und definierte dann als Kardinalzahlen die Anfangszahlen der jeweiligen Zahlenklassen (s. unten).

Kardinalzahlen werden im folgenden mit kleinen Frakturbuchstaben $\mathfrak{m}$, $\mathfrak{n}$, ... (evtl. mit Index) bezeichnet. Ist $\mathfrak{m} = |M|$, so nennen wir M einen *Repräsentanten von* $\mathfrak{m}$. Da endliche Mengen M_1, M_2 dann und nur dann gleichmächtig sind, wenn sie (im inhaltlichen Sinne) die gleiche Anzahl von Elementen enthalten — man beweist das leicht durch vollständige Induktion über die Anzahl der Elemente z.B. von M_1 — können wir bei unserer „pragmatischen" Auffassung die Kardinalzahlen der endlichen Mengen mit den natürlichen Zahlen identifizieren. Die Zahl 0 ist dann Kardinalzahl der leeren Menge $\emptyset$, die Zahl 1 ist Kardinalzahl aller Einermengen $\{a\}$, die Zahl 2 ist Kardinalzahl aller Zweiermengen $\{a, b\}$ mit $a \neq b$ usw., allgemein ist die natürliche Zahl k die Kardinalzahl aller Mengen aus genau k Elementen.[1])

Es seien nun wieder M_1 und M_2 beliebige Mengen. Wir sagen, die Menge M_1 sei *ihrer Mächtigkeit nach kleiner oder gleich der Menge* M_2 (in Zeichen $M_1 \precsim M_2$), wenn M_1 gleichmächtig einer Teilmenge von M_2 ist. Unter Anwendung des Auswahlaxioms zeigt man leicht, daß $M_1 \precsim M_2$ genau dann gilt, wenn es eine eindeutige Abbildung von M_2 auf M_1 gibt. Auf Grund unserer Definition zeigt man leicht, daß die $\precsim$-Beziehung für Mengen reflexiv und transitiv ist. Keineswegs ganz elementar ist dagegen der Beweis des sogenannten Bernsteinschen Äquivalenzsatzes. *Ist* $M_1 \precsim M_2$ *und* $M_2 \precsim M_1$, *so ist* $M_1 \sim M_2$. Hierzu ist zu zeigen, daß aus der Existenz einer eineindeutigen Abbildung von M_1 auf eine Teilmenge von M_2 und einer eineindeutigen Abbildung von M_2 auf eine Teilmenge von M_1 die Existenz einer eineindeutigen Abbildung von M_1 auf M_2 folgt. Wir merken an, daß sich das ohne Benutzung des Auswahlaxioms beweisen läßt.

Da die Beziehung $M_1 \precsim M_2$ invariant ist beim Übergang zu Mengen M_1' bzw. M_2', die zu M_1 bzw. M_2 gleichmächtig sind, können wir die $\precsim$-Beziehung sofort repräsentantenweise von den Mengen auf ihre Kardinalzahlen übertragen, d.h., wir definieren: $\mathfrak{m}_1 \precsim \mathfrak{m}_2$ genau dann, wenn $M_1 \precsim M_2$ für beliebige Mengen M_1, M_2 mit $\mathfrak{m}_1 = |M_1|$ und $\mathfrak{m}_2 = |M_2|$. Auf Grund der obigen Sätze für die $\precsim$-Beziehung ergibt sich sofort, daß die so

---

[1]) Stellt man sich die Aufgabe, die (natürlichen) Zahlen in der allgemeinen Mengenlehre zu begründen, so geht man genau umgekehrt vor, indem man die natürlichen Zahlen als Kardinalzahlen der endlichen Mengen definiert. Das setzt selbstverständlich eine Definition der Endlichkeit von Mengen voraus, die nicht den Begriff der natürlichen Zahl verwendet.

definierte $\leq$-Beziehung für Kardinalzahlen eine *teilweise Ordnung* in der Klasse[1]) aller Kardinalzahlen ist, d. h. folgendes gilt:

a) *Es ist* $\mathfrak{m} \leq \mathfrak{m}$ *für jede Kardinalzahl* $\mathfrak{m}$;

b) *wenn* $\mathfrak{m}_1 \leq \mathfrak{m}_2$ *und* $\mathfrak{m}_2 \leq \mathfrak{m}_3$, *so* $\mathfrak{m}_1 \leq \mathfrak{m}_3$;

c) *wenn* $\mathfrak{m}_1 \leq \mathfrak{m}_2$ *und* $\mathfrak{m}_2 \leq \mathfrak{m}_1$, *so* $\mathfrak{m}_1 = \mathfrak{m}_2$.

Die Behauptung c) ist offenbar gerade die Aussage des BERNSTEINschen Äquivalenzsatzes.

Unter Benutzung des Auswahlaxioms kann man ferner den folgenden **Vergleichbarkeitssatz für Mengen** beweisen: *Für beliebige Mengen* M_1, M_2 *gilt stets* $M_1 \leq M_2$ *oder* $M_2 \leq M_1$. Durch Übergang zu den Kardinalzahlen erhält man hieraus sofort den **Vergleichbarkeitssatz für Kardinalzahlen:**

d) *Für beliebige Kardinalzahlen* $\mathfrak{m}_1$, $\mathfrak{m}_2$ *gilt:* $\mathfrak{m}_1 \leq \mathfrak{m}_2$ *oder* $\mathfrak{m}_2 \leq \mathfrak{m}_1$.

Dieser Satz besagt, daß es in jeder Zweiermenge $\{\mathfrak{m}_1, \mathfrak{m}_2\}$ von Kardinalzahlen eine kleinste Zahl gibt, wobei aus c) folgt, daß die kleinste Zahl in einer beliebigen Menge von Kardinalzahlen – falls sie existiert – eindeutig bestimmt ist. Durch vollständige Induktion über die Anzahl der Elemente beweist man leicht, daß *es dann auch in jeder nichtleeren endlichen Menge von Kardinalzahlen eine eindeutig bestimmte kleinste Zahl gibt.* Für a) bis d) sagt man auch, daß die $\leq$-Beziehung eine *totale Ordnung* in der Klasse aller Kardinalzahlen ist. – Die Aussage d) läßt sich weiter verschärfen zu:

e) *In jeder nichtleeren Klasse von Kardinalzahlen gibt es eine (eindeutig bestimmte) kleinste Zahl.*

Für a), b), c), e) sagt man auch, daß die $\leq$-Beziehung eine *Wohlordnung* in der Klasse aller Kardinalzahlen ist.

Sind $\mathfrak{m}_1$, $\mathfrak{m}_2$ natürliche Zahlen, d. h. Kardinalzahlen endlicher Mengen, so stimmt die hier definierte Beziehung $\mathfrak{m}_1 \leq \mathfrak{m}_2$ mit der üblichen $\leq$-Beziehung für natürliche Zahlen überein. Mithin ist in e) das Prinzip der kleinsten Zahl für natürliche Zahlen enthalten, das bekanntlich dem Prinzip der vollständigen Induktion gleichwertig ist.

Sind $\mathfrak{m}_1$, $\mathfrak{m}_2$ beliebige Kardinalzahlen, so bedeutet $\mathfrak{m}_1 < \mathfrak{m}_2$, daß $\mathfrak{m}_1 \leq \mathfrak{m}_2$ und $\mathfrak{m}_1 \neq \mathfrak{m}_2$ gilt. Wir merken an, daß die Beziehung $\mathfrak{m}_1 < \mathfrak{m}_2$ im allgemeinen keineswegs damit gleichwertig ist, daß jeder Repräsentant M_1 von $\mathfrak{m}_1$ einer echten Teilmenge eines beliebigen Repräsentanten M_2 von $\mathfrak{m}_2$ gleichmächtig ist. Das gilt lediglich bei endlichen Kardinalzahlen,

---

[1]) Ebenso wie die Menge aller Mengen trägt auch der Begriff der Menge aller Kardinalzahlen antinomischen Charakter (s. unten). Dagegen kann in axiomatischen Systemen der Mengenlehre mit Klassen die Klasse aller Kardinalzahlen gebildet werden, die dann eine Unmenge ist.

während – wie zuerst R. DEDEKIND erkannt hat – die unendlichen Mengen gerade dadurch charakterisiert sind, daß sie einer echten Teilmenge gleichmächtig sind.

Bereits auf G. CANTOR, den Begründer der allgemeinen Mengenlehre und der Kardinalzahltheorie, geht der bemerkenswerte Satz zurück, daß *für jede Menge M die Ungleichung $|M| < |\mathfrak{P}(M)|$ gilt*, wobei $\mathfrak{P}(M)$ die Menge aller Teilmengen von M bezeichnet. Hieraus folgt leicht, daß es zu jeder Menge K von Kardinalzahlen eine Kardinalzahl gibt, die größer als alle Kardinalzahlen aus K ist. Damit erkennt man sofort, daß die Klasse aller Kardinalzahlen keine Menge sein kann.

Ist $\mathfrak{m}$ eine beliebige Kardinalzahl, so ist die Klasse aller Kardinalzahlen $\mathfrak{n}$, die größer als $\mathfrak{m}$ sind, nicht leer, und folglich gibt es nach e) in dieser Klasse eine kleinste Zahl $\mathfrak{m}_0$. Diese Zahl heißt *der unmittelbare Nachfolger von* $\mathfrak{m}$ und werde mit $\mathfrak{m}'$ bezeichnet. Ist $\mathfrak{m}$ eine natürliche Zahl k, so ist $\mathfrak{m}'$ die Zahl $k + 1$. Daraus folgt, daß die Menge der natürlichen Zahlen die kleinste Klasse von Kardinalzahlen ist, die die Zahl 0 (d.h. die Kardinalzahl der leeren Menge) enthält und in der mit einer Zahl $\mathfrak{m}$ stets auch die Zahl $\mathfrak{m}'$ enthalten ist.

Falls es überhaupt eine transfinite Kardinalzahl gibt, und das ist genau dann der Fall, wenn es eine unendliche Menge gibt,[1]) so ist die Klasse aller transfiniten Kardinalzahlen nicht leer. Folglich gibt es dann nach e) eine kleinste transfinite Kardinalzahl, die man mit $\aleph_0$ bezeichnet.[2]) Man kann beweisen, daß $\aleph_0$ gerade die Kardinalzahl der Menge N aller natürlichen Zahlen (d.h. aller endlichen Kardinalzahlen) ist. Dazu wird bewiesen, daß jede unendliche Menge eine zur Menge N gleichmächtige Teilmenge enthält. Eine Menge M hat also genau dann die Mächtigkeit $\aleph_0$, wenn sie gleichmächtig der Menge aller natürlichen Zahlen ist, d.h., wenn sie *abzählbar unendlich* ist.

Nach dem Satz von CANTOR ist $|N| < |\mathfrak{P}(N)|$, wobei übrigens die Menge $\mathfrak{P}(N)$ gleichmächtig der Menge aller reellen Zahlen ist. Ob die Kardinalzahl der Menge $\mathfrak{P}(N)$, die man auch mit $2^{\aleph_0}$ bezeichnet,[3]) der unmittelbare Nachfolger von $\aleph_0$ ist, den man auch mit $\aleph_1$ bezeichnet, ist die Frage des sogenannten speziellen Kontinuumproblems. Als allgemeines

---

1) In den axiomatischen Systemen der Mengenlehre ist die Forderung der Existenz einer unendlichen Menge der Inhalt eines sogenannten Unendlichkeitsaxioms.

2) $\aleph$ (gelesen: Aleph) ist der erste Buchstabe des hebräischen Alphabets.

3) Auf den Grund für diese Bezeichnungsweise, der mit der Arithmetik der Kardinalzahlen zusammenhängt, können wir hier nicht eingehen.

Kontinuumproblem bezeichnet man die Frage, ob für jede transfinite Mächtigkeit $\mathfrak{m}$ die Kardinalzahl $2^{\mathfrak{m}} = |\mathfrak{P}(X)|$ der unmittelbare Nachfolger von $\mathfrak{m} = |X|$ ist, und die (allgemeine) Kontinuumhypothese behauptet, daß dies der Fall ist.

Das Kontinuumproblem gehörte noch vor wenigen Jahren zu den großen ungelösten Problemen der Mathematik. Im Jahre 1940 zeigte GÖDEL[1]), daß die Kontinuumhypothese widerspruchsfrei zu den üblichen Axiomen der Mengenlehre adjungiert werden kann (genauer: Ist die axiomatische Mengenlehre ohne Kontinuumhypothese widerspruchsfrei, so auch mit Kontinuumhypothese), und im Jahre 1963 bewies P. J. COHEN[2]), daß dies auch für die Negation der Kontinuumhypothese gilt. Damit ist erkannt, daß die üblichen Axiome der Mengenlehre an der Kontinuumhypothese gabelbar sind (vgl. S. 170), analog wie z.B. die Axiome der absoluten Geometrie am Parallelenaxiom. Damit ist die Absolutheit z.B. des Begriffs der reellen Zahl ernsthaft in Frage gestellt,[3]) wenn es nämlich nicht gelingt, überzeugende Argumente dafür zu finden, ob für die „richtigen" reellen Zahlen eine Zwischenmächtigkeit zwischen den natürlichen und den reellen Zahlen existiert oder nicht. Das ist aber im Grunde das alte spezielle Kontinuumproblem, durch das schon CANTOR im wahrsten Sinne des Wortes in die Verzweiflung getrieben wurde.[4])

Zum Abschluß unserer Erörterungen über Kardinalzahlen vermerken wir noch einen tiefliegenden Satz der Kardinalzahltheorie und einige seiner Folgerungen, die ihrem Wesen nach Sätze der Kardinalzahlarithmetik sind. Für den Beweis des allgemeinen Satzes (und übrigens auch der als Spezialfälle gewonnenen Folgerungen) wird wesentlich das Auswahlaxiom benötigt. In den Lehrbüchern der allgemeinen Mengenlehre erfolgt der Beweis dieser Sätze meistens über die Arithmetik der Ordinalzahlen.

Satz. *Es sei $\mathfrak{M}$ ein beliebiges System von paarweise disjunkten Mengen, das wenigstens eine unendliche Menge enthält, und es bezeichne $\mathfrak{s}$ das Supremum der Kardinalzahlen $|M|$ für $M \in \mathfrak{M}$, d.h., es sei $\mathfrak{s}$ die kleinste Kardinalzahl mit $\mathfrak{s} \geqq |M|$ für alle $M \in \mathfrak{M}$. Dann gilt $|\bigcup_{M \in \mathfrak{M}} M| = \max\{\mathfrak{s}, |\mathfrak{M}|\}$.*

---

[1]) K. GÖDEL, The consistency of the axiom of choice and of the generalized continuum-hypothesis with the axioms of set theory, Princeton 1940 (rev. Ed. 1951).

[2]) P. J. COHEN, The independence of the continuum hypothesis, Proc. Nat. Acad. Sci. 50 (1963), 1143—1148, 51 (1964), 105—110.

[3]) In der Geometrie hat man sich, insbesondere auf Grund physikalischer Erkenntnisse, inzwischen hinlänglich an den analogen Sachverhalt gewöhnt, und es gibt kaum noch Mathematiker, die z.B. der euklidischen Geometrie eine a priori Bedeutung zuerkennen.

[4]) Es ist vielleicht interessant zu bemerken, daß z.B. die Entdeckung des bekannten CANTORschen Diskontinuums dem Bemühen entsprang, eine solche Zwischenmächtigkeit zu finden.

Ist speziell $\mathfrak{M} = \{M_1, M_2\}$, wobei wenigstens eine der beiden Mengen M_1, M_2 unendlich ist und $M_1 \wedge M_2 = \emptyset$ gilt, so wird offenbar $|\mathfrak{M}| = 2$, $\mathfrak{z} = \max\{|M_1|, |M_2|\}$ und mithin $|M_1 \vee M_2| = \max\{|M_1|, |M_2|\}$. Mit Hilfe des BERNSTEINschen Äquivalenzsatzes zeigt man leicht, daß diese Beziehung auch dann gilt, wenn M_1, M_2 nicht disjunkt sind.

Ist $\mathfrak{M} = \{M_0, M_1, \ldots\}$ ein abzählbar unendliches System von paarweise disjunkten Mengen, von denen wenigstens eine unendlich ist, so wird $|\mathfrak{M}| = \aleph_0$ und $\max\{\mathfrak{z}, |\mathfrak{M}|\} = \mathfrak{z}$ und mithin $\left| \bigvee_{\nu=0}^{\infty} M_\nu \right| = \mathfrak{z}$. (Ist $\mathfrak{M}$ ein abzählbar unendliches System von paarweise disjunkten endlichen Mengen, so gilt: $\left| \bigvee_{\nu=0}^{\infty} M_\nu \right| = \aleph_0$.)

Ist M eine beliebige unendliche Menge und bezeichnet M_x bei beliebigem $x \in M$ die Menge aller geordneten Paare $[x, y]$ mit $y \in M$ und $\mathfrak{M}$ das System aller M_x mit $x \in M$, so wird $\mathfrak{M}$ ein System von paarweise disjunkten unendlichen Mengen, wobei $|\mathfrak{M}| = |M|$ und $|M_x| = |M|$ für alle $M_x \in \mathfrak{M}$; also wird im betrachteten Fall $\max\{\mathfrak{z}, |\mathfrak{M}|\} = |M|$. Überdies wird im vorliegenden Fall $\bigvee_{M_x \in \mathfrak{M}} M_x = M \times M$ $(= \{[x, y] \mid x, y \in M\})$. Folglich gilt: *Für jede unendliche Menge M ist die Produktmenge $M \times M$ der Menge M gleichmächtig.* Analog zeigt man, daß $|M_1 \times M_2| = \max\{|M_1|, |M_2|\}$, falls wenigstens eine der Mengen M_1, M_2 unendlich ist. Durch vollständige Induktion über n beweist man hiermit leicht, daß für jede unendliche Menge M auch die Menge M^n aller n-Tupel $[x_1, \ldots, x_n]$ von Elementen aus M gleichmächtig der Menge M ist (denn es ist $M^n \sim M^{n-1} \times M$).

Mit Hilfe dieser Sätze erhält man leicht die auf den Seiten 12, 13 und 16 ohne Beweis mitgeteilten Sätze über die Mächtigkeit der Menge aller Zeichenreihen, Terme und Ausdrücke über einer beliebigen Basis $B = [B_1, B_2, B_3]$: Ist $\max\{|B_1|, |B_2|, |B_3|, \aleph_0\} = \mathfrak{m}$, so ist offenbar auch $|\mathfrak{G}| = \mathfrak{m}$, wobei $\mathfrak{G}$ die Menge aller Grundzeichen über der Basis B bezeichnet. Dann ist aber bei beliebigem $n \geq 1$ auch $|\mathfrak{G}^n| = \mathfrak{m}$, und $\mathfrak{G}^n$ kann aufgefaßt werden als Menge aller Zeichenreihen der Länge n aus Zeichen der Menge $\mathfrak{G}$. Damit hat aber auch die Menge $\mathfrak{Z}$ aller Zeichenreihen über B die Mächtigkeit $\mathfrak{m}$, denn es ist $\mathfrak{Z} = \bigvee_{n=0}^{\infty} \mathfrak{G}^n$, wobei $\mathfrak{G}^0 = \{\varphi\}$ (φ = leere Zeichenreihe) und $|\mathfrak{G}^n| = \mathfrak{m}$ für $n \geq 1$. Bezeichnet $\mathfrak{T}$ die Menge aller B-Terme und ist $\mathfrak{n} = \max\{|B_1|, |B_3|, \aleph_0\}$, so ist einerseits $\mathfrak{n} \leq |\mathfrak{T}|$, denn unter den Elementen von $\mathfrak{T}$ kommen alle Zeichenreihen aus den Mengen $B_1, \left\{ F_\nu^{n_\nu}(x_0, \ldots, x_0) \mid F_\nu^{n_\nu} \in B_3 \right\}$ und $\{x_0, x_1, \ldots\}$ vor und wenigstens eine dieser Mengen hat die Mächtigkeit $\mathfrak{n}$; andererseits ist $|\mathfrak{T}| \leq \mathfrak{n}$, denn jedes Element von $\mathfrak{T}$ ist Zeichenreihe aus einer Menge $\mathfrak{G}_0$ von Grundzeichen der Mächtigkeit $\mathfrak{n}$ und die Menge aller dieser Zeichenreihen hat die Mächtigkeit $\mathfrak{n}$. Durch einen analogen Schluß erhält man schließlich, daß die Mengen $ausd^B$ und $ausd^{BO}$ (falls $ausd^{BO}$ nicht leer ist) die Mächtigkeit $\mathfrak{m} = \max\{|B_1|, |B_2|, |B_3|, \aleph_0\}$ haben.

Wir kommen nun zu den Ordinalzahlen. Es sei M eine beliebige Menge und $\preceq$ eine binäre Relation in M. Die Relation heißt eine *teilweise Ordnung in M*, wenn sie folgende Eigenschaften besitzt:

a) Es ist $x \preceq x$ für alle $x \in M$;

b) wenn $x_1 \preceq x_2$ und $x_2 \preceq x_3$, so $x_1 \preceq x_3$;

c) wenn $x_1 \preceq x_2$ und $x_2 \preceq x_1$, so $x_1 = x_2$.

Sind überdies je zwei Elemente aus M bzgl. $\preceq$ miteinander vergleichbar, d.h. gilt

d) für beliebiges $x_1, x_2 \in M$ ist $x_1 \preceq x_2$ oder $x_2 \preceq x_1$,

so heißt die Relation $\preceq$ eine *totale Ordnung in M*. Schließlich heißt die Relation $\preceq$ eine *Wohlordnung in M*, wenn statt d) die folgende schärfere Bedingung erfüllt ist:

e) Ist $X \subseteq M$ und $X \neq \emptyset$, so existiert ein Element $p \in X$ mit $p \preceq x$ für alle $x \in X$.

Das auf Grund von c) eindeutig bestimmte Element p mit der in e) angegebenen Eigenschaft heißt das *kleinste* oder *erste Element von X bzgl.* $\preceq$. Unter einer *teilweise geordneten* bzw. *total geordneten* bzw. *wohlgeordneten Menge* versteht man ein geordnetes Paar $[M, \preceq]$ aus einer Menge M und einer teilweisen Ordnung bzw. totalen Ordnung bzw. Wohlordnung $\preceq$ in M. Demgemäß sind geordnete Mengen $[M_1, \preceq_1]$ und $[M_2, \preceq_2]$ genau dann *gleich*, wenn $M_1 = M_2$ ist und die Ordnungen $\preceq_1$ und $\preceq_2$ identisch sind, d.h. für beliebiges $x, y \in M_1 (= M_2)$ gilt:

$$x \preceq_1 y \text{ genau dann, wenn } x \preceq_2 y.$$

Wir merken zunächst an, daß nach einem berühmten Satz von ZERMELO[1]) *zu jeder Menge M wenigstens eine Relation existiert, die eine Wohlordnung in M ist* (Wohlordnungssatz). Es zeigt sich, daß dieser Wohlordnungssatz dem Auswahlaxiom äquivalent ist. Ebenfalls dem Auswahlaxiom äquivalent ist das ähnlich dem Wohlordnungssatz beweisbare ZORNsche Lemma,[2]) das man z. B. folgendermaßen formulieren kann: *Es sei $[M, \preceq]$ eine teilweise geordnete Menge, so daß zu jeder Teilmenge $K \subseteq M$, die durch die Einschränkung von $\preceq$ auf K total geordnet ist (die eine sogenannte Kette in $[M, \preceq]$ ist), ein Element $a \in M$ mit $x \preceq a$ für alle*

---

[1]) E. ZERMELO, Beweis, daß jede Menge wohlgeordnet werden kann, Math. Ann. **59** (1904), 514—516; Neuer Beweis für die Möglichkeit einer Wohlordnung, Math. Ann. **65** (1908), 107—128.

[2]) M. ZORN, A remark on method in transfinite algebra, Bull. Am. Math. Soc. **41** (1935), 667—670.

$x \in K$ *existiert. Dann existiert zu jedem* $x_0 \in M$ *ein Element* $m \in M$ *mit* $x_0 \preceq m$, *so daß es kein* $x \in M$ *mit* $x \neq m$ *und* $m \preceq x$ *gibt (*m *ein maximales Element in* $[M, \preceq]$ *ist).*

Wir weisen darauf hin, daß z. B. der auf S. 122 gegebene Beweis für die Existenz einer maximalen widerspruchsfreien Menge bei abzählbarer Ausdrucksmenge $ausd^B$ (im Fall einer entscheidbaren Basis) nicht vom Auswahlaxiom Gebrauch macht, da man die dort verwendete Aufzählung (= Wohlordnung) von $ausd^B$ nach dem GÖDELschen Verfahren (S. 12) effektiv herstellen kann. Dagegen verwendet der Beweis des analogen Satzes bei überabzählbarer Ausdrucksmenge $ausd^B$ wesentlich den zum Auswahlaxiom äquivalenten Wohlordnungssatz oder das ZORNsche Lemma (S. 122), wenn man die Basis nicht ausdrücklich als wohlgeordnet voraussetzt.

Wohlgeordnete Mengen $[M_1, \preceq_1]$, $[M_2, \preceq_2]$ heißen *ähnlich* (in Zeichen: $[M_1, \preceq_1] \approx [M_2, \preceq_2]$), wenn es eine eineindeutige Abbildung Φ von M_1 auf M_2 gibt, bei der für beliebiges $x, y \in M_1$ gilt: $x \preceq_1 y$ genau dann, wenn $\Phi(x) \preceq_2 \Phi(y)$. Man zeigt leicht, daß die Ähnlichkeit wohlgeordneter Mengen eine Äquivalenzrelation in der Klasse aller wohlgeordneten Mengen ist. Analog wie bei den Kardinalzahlen wird jeder wohlgeordneten Menge $[M, \preceq]$ in eindeutiger Weise ihre *Ordinalzahl* $|[M, \preceq]|$ zugeordnet,[1]) wobei von dieser Zuordnung lediglich verlangt wird, daß wohlgeordnete Mengen $[M_1, \preceq_1]$, $[M_2, \preceq_2]$ genau dann dieselbe Ordinalzahl besitzen, wenn sie ähnlich sind. Bezüglich der Möglichkeiten einer strengen mengentheoretischen Definition der Ordinalzahlen gilt analoges wie bei den Kardinalzahlen.

Ordinalzahlen werden im folgenden durch kleine griechische Buchstaben bezeichnet; ist $\mu = |[M, \preceq]|$, so nennen wir die wohlgeordnete Menge $[M, \preceq]$ einen *Repräsentanten* der Ordinalzahl μ.

Sind $[M_1, \preceq_1]$, $[M_2, \preceq_2]$ wohlgeordnete Mengen mit $[M_1, \preceq_1] \approx [M_2, \preceq_2]$, so ist offenbar erst recht $M_1 \sim M_2$. Man kann zeigen, daß die Umkehrung hiervon genau dann gilt, wenn M_1 und M_2 endliche Mengen sind. Diese Behauptung ist im wesentlichen gleichwertig damit, daß für je zwei Wohlordnungen $\preceq_1, \preceq_2$ einer endlichen Menge M die Beziehung $[M, \preceq_1] \approx [M, \preceq_2]$ gilt, d. h., daß man eine endliche Menge bis auf Ähnlichkeit nur auf eine Weise wohlordnen kann. Demgegenüber gibt es in einer unendlichen Menge M stets Wohlordnungen $\preceq_1$ und $\preceq_2$, so daß $[M, \preceq_1]$ und $[M, \preceq_2]$ nicht ähnlich sind (s. unten).

Aus den vorangehenden Bemerkungen folgt, daß zwei endliche wohlgeordnete Mengen $[M_1, \preceq_1]$, $[M_2, \preceq_2]$ genau dann dieselbe Ordinalzahl haben, wenn M_1, M_2 dieselbe Kardinalzahl besitzen. Also können wir die

---

[1]) Die Ordinalzahl einer wohlgeordneten Menge $[M, \preceq]$ wird in der Literatur auch häufig mit $\overline{[M, \preceq]}$ bezeichnet.

Ordinalzahlen der endlichen wohlgeordneten Mengen ebenfalls mit den natürlichen Zahlen identifizieren. Dieser Sachverhalt ist aus dem täglichen Leben bekannt, wo man ja die natürlichen Zahlen sowohl zur Anzahlbestimmung (d. h. als Kardinalzahlen) als auch zum Zählen (d. h. als Ordinalzahlen) verwendet. Im Transfiniten besteht dagegen ein wesentlicher Unterschied zwischen Kardinal- und Ordinalzahlen.

Wir sagen, die wohlgeordnete Menge $[M_1, \preceq_1]$ ist *ihrer Ordnung nach kleiner oder gleich der wohlgeordneten Menge* $[M_2, \preceq_2]$ (in Zeichen: $[M_1, \preceq_1] \precsim [M_2, \preceq_2]$), wenn $[M_1, \preceq_1]$ ähnlich einem Anfangsstück von $[M_2, \preceq_2]$ ist. Dabei wird unter einem *Anfangsstück* einer wohlgeordneten Menge $[M, \preceq]$ allgemein eine solche Teilmenge N von M verstanden, die mit einem Element $x \in M$ auch alle $y \in M$ mit $y \preceq x$ enthält, und die man durch die Einschränkung der in M definierten Wohlordnung $\preceq$ auf die Menge N wohlordnet.[1])

Die Beziehung $\precsim$ läßt sich von den wohlgeordneten Mengen sofort repräsentantenweise auf die Ordinalzahlen übertragen und führt zu einer Wohlordnung $\leq$ in der Klasse Ω aller Ordinalzahlen. Der Nachweis hierfür benötigt **nicht** das Auswahlaxiom.

Wir hatten bereits bemerkt, daß als Ordinalzahlen endlicher wohlgeordneter Mengen die natürlichen Zahlen angesehen werden können. Dabei stimmt die hier definierte $\leq$-Beziehung für Ordinalzahlen bei den endlichen Ordinalzahlen mit der üblichen $\leq$-Beziehung für natürliche Zahlen überein. Das übliche Verfahren der Beweise bzw. Definitionen durch vollständige Induktion kann leicht zu einem Beweis- bzw. Definitionsverfahren der *transfiniten Induktion* in der Klasse Ω verallgemeinert werden, worauf wir hier jedoch nicht näher eingehen können.

Die kleinste transfinite Ordinalzahl wird meistens mit ω_0 bezeichnet. Sie wird z. B. durch die Menge aller natürlichen Zahlen in ihrer üblichen Wohlordnung repräsentiert. Allgemein kann als Repräsentant einer beliebigen Ordinalzahl μ der durch die Einschränkung der oben in Ω definierten Wohlordnung $\leq$ wohlgeordnete Abschnitt $\Omega_\mu = \{\alpha \,|\, \alpha \in \Omega,\ \alpha < \mu\}$ genommen werden.[2]) Daraus folgt, daß der unmittelbare Nachfolger von ω_0, den man üblicherweise mit $\omega_0 + 1$ bezeichnet,[3]) durch die wohlgeordnete Menge $(0, 1, 2, \ldots, \omega_0)$ repräsentiert wird. Die runden Klammern sollen dabei andeuten, daß wir uns die hingeschriebene Menge in der Reihenfolge

---

[1]) Dabei ist natürlich zu zeigen, daß diese Einschränkung eine Wohlordnung in N liefert.

[2]) Dabei bedeutet $\alpha < \mu$, daß $\alpha \leq \mu$ und $\alpha \neq \mu$. Die Beziehung $\alpha < \mu$ ist damit äquivalent, daß jeder Repräsentant von α einem echten Anfangsstück jedes Repräsentanten von μ ähnlich ist.

[3]) Diese Bezeichnung ist durch die Arithmetik der Ordinalzahlen begründet, auf die wir hier nicht eingehen können.

der Aufschreibung wohlgeordnet denken. Der unmittelbare Nachfolger von $\omega_0 + 1$, er wird mit $\omega_0 + 2$ bezeichnet, wird dann durch die wohlgeordnete Menge $(0, 1, 2, \ldots, \omega_0, \omega_0 + 1)$ repräsentiert usw. Die kleinste Ordinalzahl, die größer als alle Zahlen der Form $\omega_0 + k$ (k natürliche Zahl) ist, wird mit $\omega_0 + \omega_0$ oder $\omega_0 \cdot 2$ bezeichnet und durch die wohlgeordnete Menge $(0, 1, 2, \ldots, \omega_0, \omega_0 + 1, \omega_0 + 2, \ldots)$ repräsentiert.[1]) Es folgen dann die Ordinalzahlen

$$\omega_0 \cdot 2 + 1, \omega_0 \cdot 2 + 2, \ldots, \omega_0 \cdot 3, \omega_0 \cdot 3 + 1, \ldots, \omega_0 \cdot k_1 + k_0, \ldots$$

$$\ldots, \omega_0 \cdot \omega_0 \ (= \omega_0^2), \omega_0^2 + 1, \ldots, \omega_0^2 + \omega_0, \omega_0^2 + \omega_0 + 1, \ldots$$

$$\ldots, \omega_0^2 \cdot k_2 + \omega_0 \cdot k_1 + k_0, \ldots, \omega_0^3, \ldots, \omega_0^{\omega_0}, \ldots .$$

Eine Betrachtung der bisher genannten Ordinalzahlen lehrt, daß es einerseits transfinite Ordinalzahlen gibt, die einen unmittelbaren Vorgänger besitzen – man nennt diese *isolierte Zahlen* – und daß es andererseits transfinite Ordinalzahlen gibt (wie z. B. $\omega_0, \omega_0 \cdot 2, \ldots, \omega_0^2, \ldots, \omega_0^{\omega_0}$ usw.), die keinen unmittelbaren Vorgänger haben – und diese heißen *Limeszahlen*.

Alle bisher betrachteten und noch viele viele weitere Ordinalzahlen werden durch wohlgeordnete Mengen $[M, \preceq]$ repräsentiert, bei denen M die Mächtigkeit $\aleph_0$ hat. Die Menge aller dieser Ordinalzahlen heißt die zur Kardinalzahl $\aleph_0$ gehörige *Zahlenklasse* und wird mit $Z(\aleph_0)$ bezeichnet.[2]) Nach dem oben Gesagten ist ω_0 die kleinste Zahl in $Z(\aleph_0)$; ω_0 wird daher als *Anfangszahl* von $Z(\aleph_0)$ bezeichnet. Man zeigt leicht, daß $|Z(\aleph_0)| = \aleph_1$ ist. Die kleinste Ordinalzahl, die größer als alle Zahlen aus $Z(\aleph_0)$ ist, d. h. für deren sämtliche Repräsentanten $[M, \preceq]$ die Menge M die Mächtigkeit $\aleph_1$ besitzt, wird mit ω_1 bezeichnet. Sie ist Anfangszahl der Zahlenklasse $Z(\aleph_1)$, die aus allen denjenigen Ordinalzahlen besteht, die durch wohlgeordnete Mengen $[M, \preceq]$ mit $|M| = \aleph_1$ repräsentiert werden. Dabei ist $|Z(\aleph_1)| = \aleph_2$ usw. Man überlegt sich leicht, daß man die oben begonnene Aufzählung $\aleph_0, \aleph_1, \ldots$ der transfiniten Kardinalzahlen ins Transfinite fortsetzen kann, indem man zunächst mit $\aleph_\omega$ die kleinste transfinite Kardinalzahl bezeichnet, die größer ist als alle Kardinalzahlen $\aleph_k$ (k natür-

---

[1]) Man kann natürlich die Zahl $\omega_0 \cdot 2$ ebensogut durch die wohlgeordnete Menge $(0, 2, 4, \ldots, 1, 3, 5, \ldots)$ repräsentieren, d. h. durch die Menge der natürlichen Zahlen mit der folgendermaßen definierten Wohlordnung $\preceq$: $a \preceq b$ genau dann, wenn a gerade und b ungerade oder a, b gerade und $a \leq b$ oder a, b ungerade und $a \leq b$.

[2]) Für die Menge $Z(\aleph_0)$ ist auch die Bezeichnung *zweite Zahlenklasse* üblich, wobei die Menge aller endlichen Ordinalzahlen als *erste Zahlenklasse* angesehen wird.

liche Zahl), den unmittelbaren Nachfolger von $\aleph_\omega$ mit $\aleph_{\omega+1}$ bezeichnet usw. Für eine gegebene Ordinalzahl α ist die Zahlenklasse $Z(\aleph_\alpha)$ die Menge aller Ordinalzahlen, die durch wohlgeordnete Mengen $[M, \preceq]$ mit $|M| = \aleph_\alpha$ repräsentiert werden. Die Anfangszahl der Zahlenklasse $Z(\aleph_\alpha)$ wird allgemein mit ω_α bezeichnet. Nach dem oben Gesagten kann ω_α durch den Abschnitt Ω_{ω_α} repräsentiert werden, der mithin die Mächtigkeit $\aleph_\alpha$ hat. Daraus folgt, daß jede Menge der Mächtigkeit $\aleph_\alpha$ gleichmächtig diesem Abschnitt ist, d.h., daß man jede Menge der Mächtigkeit $\aleph_\alpha$ eineindeutig auf die Menge aller Ordinalzahlen $\nu < \omega_\alpha$ abbilden kann.

Von der zuletzt genannten Möglichkeit machten wir beim Beweis des Satzes (IV*) im Fall $|ausd^B| = \aleph_\alpha$ Gebrauch (vgl. S. 130).

LITERATUR (eine Auswahl)

ACKERMANN, W., Solvable Cases of the Decision Problem, Amsterdam 1971. .
BELL, J. L., and A. B. SLOMSON, Models and Ultraproducts, Amsterdam 1969.
BETH, E. W., The Foundations of Mathematics, Amsterdam 1959.
CHURCH, A., Introduction to Mathematical Logic, Vol. I, Princeton 1956.
HENKIN, L., J. D. MONK and A. TARSKI, Cylindric Algebras I, Amsterdam 1970.
HERMES, H., Einführung in die mathematische Logik, 3. Aufl., Stuttgart 1972.
HILBERT, D., und W. ACKERMANN, Grundzüge der theoretischen Logik, 5. Aufl.,
    Berlin-Heidelberg-New York 1967.
HILBERT, D., und P. BERNAYS, Grundlagen der Mathematik, Bd. I, 2. Aufl., Berlin-
    Heidelberg-New York 1968, Bd. II, 2. Aufl., Berlin-Heidelberg-New York 1970.
KLEENE, S. C., Introduction to Metamathematics, 5th printing, Amsterdam 1967.
KNEEBONE, G. T., Mathematical Logic and the Foundations of Mathematics,
    London-Toronto-New York 1963.
KREISEL, G., et J. L. KRIVINE, Eléments de Logique Mathematique, Paris 1967.
MOSTOWSKI, A., Logika Matematyczna, Warschau-Wrocław 1948.
QUINE, W. V., Mathematical Logic, New York 1962.
QUINE, W. V., Methods of Logic, New York 1950.
RASIOWA, H., and R. SIKORSKI, Mathematics of Metamathematics, Warschau
    1963.
ROBINSON, A., Introduction to Model Theory and to the Metamathematics of
    Algebra, Amsterdam 1965.
SCHOLZ, H., und G. HASENJAEGER, Grundzüge der mathematischen Logik,
    Berlin-Heidelberg-New York 1961.
SCHÜTTE, K., Beweistheorie, Berlin-Heidelberg-New York 1960.
SURÁNYI, J., Reduktionstheorie des Entscheidungsproblems im Prädikatenkalkül
    der ersten Stufe, Budapest-Berlin 1959.
TARSKI, A., Einführung in die mathematische Logik, Göttingen 1966.
Калужнин, Л. А., Что такое математическая логика?, Moskau 1964.
Новиков, П. С., Элементы математической логики, Moskau 1959.

NAMEN- UND SACHVERZEICHNIS